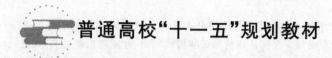

普通高校"十一五"规划教材

模拟电子技术

张 虹 杜 德 主编

李耀明 纪官燚 盖君清 副主编

北京航空航天大学出版社

内容简介

本书是为适应电子信息时代的新形式和应用型本科院校培养应用型人才的迫切需要,并经过教学改革与实践后编写的。本书知识全面,深入浅出,通俗易懂。在保证理论知识够用的同时,注重理论联系实际,培养学生的各方面能力。

全书共分11章:半导体器件基础,放大电路基础,放大电路的频率响应,集成运算放大电路,放大电路中的反馈,集成运算放大器的应用,波形发生电路,功率放大电路,直流稳压电源,模拟电路应用举例,可编程模拟器件 ispPAC 及 EDA 软件设计。各章均配有经典例题和习题,书后附有习题答案。

本书适于作为高等院校计算机、电子、通信、机电一体化等专业本科和专科的教科书,也可作为自学考试和从事电子技术工程的工作人员自学用书。本科总学时为 54~72(不含实验),专科可在此基础上适当增加学时。

图书在版编目(CIP)数据

模拟电子技术/张虹,杜德主编. —北京:北京航空航天大学出版社,2007.6
ISBN 978-7-81124-024-5

Ⅰ.模… Ⅱ.①张…②杜… Ⅲ.模拟电路-电子技术-高等学校-教材 Ⅳ.TN710

中国版本图书馆 CIP 数据核字(2007)第 030497 号

模拟电子技术

张 虹 杜 德 主 编
李耀明 纪官燚 盖君清 副主编
责任编辑 王媛媛

*

北京航空航天大学出版社出版发行
北京市海淀区学院路37号(100083) 发行部电话:010-82317024 传真:010-82328026
http://www.buaapress.com.cn E-mail:bhpress@263.net
北京时代华都印刷有限公司印装 各地书店经销

*

开本:787×960 1/16 印张:21.75 字数:487千字
2007年6月第1版 2007年6月第1次印刷 印数:4 000册
ISBN 978-7-81124-024-5 定价:32.00元

前 言

在我国高等教育由精英阶段向大众化阶段的历史性转变过程中,高等教育系统也在重新构建,新老本科高校都在重新审视和调整自己的办学定位,确定新的发展目标和战略。在新的历史条件下,新建本科院校的出路不能是"再版"传统本科模式,而是要在能够满足社会发展需求的"大众化"、"应用型"领域寻求发展空间。近年来成立的本科院校大都以应用型为办学定位,形成了一批占全国本科高校总数近30%的与传统本科院校不同的应用型本科院校。

应用型本科院校就是培养本科层次应用型人才的高等学校,重点应落在人才培养上,即主要是对这类学校的人才培养目标、规格以及人才类型、层次作出规定。这些院校把人才培养目标定位在科研生产一线或实际岗位群,使其具有适应高新技术发展及自我学习、提高的能力。所以,应用型本科教育既非宽泛的工程科学教育,亦非狭窄的职业技能培训,而是培养适应工业、工程生产第一线现实和发展需要的工程应用型、技术应用型人才,是既保证本科人才的基本素质,又具有现代职业技术教育特征的高等教育。

为此,应用型本科教材的编写就要体现和满足其自身的人才培养模式和培养目标,要充分体现"应用、实用、适用"的特色,适应高等院校培养高层次应用型人才的实际需要,致力于培养应用型人才的创新精神和实践能力。

本书即是围绕以上宗旨进行编写的。参编人员大都是双师型教师,有着丰富的工程实践经验,能够从实用角度出发对问题进行论证和阐述,例题、习题的选取也具有这个特点。总之,本书注重了以下几方面的问题:

(1) 保证基础,加强概念,培养思路。

(2) 精选内容,主次分明,详略得当。

(3) 面向更新,联系实际,理论与实践并重,知识与技能并重。

(4) 问题分析深入浅出,文字叙述通俗易懂,图文并茂,例题精选,便于自学。

(5) 理论知识以够用为目的,重点加强实际应用。例如,考虑到集成电路的发展及应用,本书大幅度压缩分立元件电路的设计和其他次要的内容,加强以集成运放为主的模拟集成电路的功能和应用。

(6) 随着EDA技术的广泛应用,本书在第11章编写了可编程模拟器件ispPAC及EDA软件设计。

参加本书编写的有:张虹(前言,第2、3、5、8章),杜德(第11章),高寒(第1、4章),于钦庆(第6、7章),刘贞德(第9、10章)。本书由张虹、杜德担任主编,并统编全稿。此外,参加本书编写的还有:李耀明、纪官燚、盖君清、张建华、王立梅、刘晓亮、陈光军、李厚荣、张元国、周金玲。

  此外,为了保证内容的系统性和连续性,我们还编写了另外两本规划教材:《数字电路与数字逻辑》和《电路分析》。连同本书《模拟电子技术》一起,将成为应用型本科院校计算机、电子、通信、机电一体化等专业非常实用的教学与学习用书。

  编写过程中,由于时间仓促,加之水平有限,书中错误和不妥之处在所难免,敬请各方面的读者予以批评指正,以便今后不断改进。

编 者
2006 年 12 月

目 录

第1章 半导体器件基础 … 1
1.1 半导体基础知识 … 1
1.1.1 本征半导体 … 1
1.1.2 杂质半导体 … 2
1.1.3 PN结 … 3
1.2 半导体二极管 … 5
1.2.1 二极管的结构和符号 … 5
1.2.2 二极管的伏安特性 … 6
1.2.3 二极管的主要参数 … 7
1.2.4 二极管的应用电路 … 8
1.2.5 特殊二极管 … 11
1.2.6 二极管的简易测试 … 15
1.2.7 二极管使用注意事项 … 16
1.3 晶体三极管 … 16
1.3.1 三极管的结构和符号 … 16
1.3.2 三极管的电流放大原理 … 17
1.3.3 三极管的共射特性曲线 … 19
1.3.4 三极管的主要参数 … 22
1.3.5 三极管的判别及手册的查阅方法 … 24
1.4 场效应管 … 26
1.4.1 结型场效应管 … 26
1.4.2 绝缘栅型场效应管 … 29
1.4.3 场效应管的主要参数 … 32
1.4.4 场效应管的检测及使用注意事项 … 32
1.4.5 各种场效应管比较 … 33
1.4.6 场效应管和三极管比较 … 35
本章小结 … 35
习题1 … 35

第2章 放大电路基础 ... 42
2.1 基本放大电路的方框图及性能指标 ... 42
2.1.1 基本放大电路的方框图 ... 42
2.1.2 放大电路的性能指标 ... 43
2.2 基本放大电路的组成及工作原理 ... 46
2.2.1 放大电路的组成 ... 46
2.2.2 放大电路的工作原理 ... 48
2.3 放大电路的基本分析方法 ... 49
2.3.1 直流通路与交流通路 ... 49
2.3.2 静态工作点的近似估算 ... 50
2.3.3 图解法 ... 51
2.3.4 微变等效电路法 ... 56
2.4 放大电路静态工作点的稳定 ... 62
2.4.1 温度对静态工作点的影响 ... 62
2.4.2 静态工作点稳定电路 ... 63
2.5 放大电路的三种组态及其比较 ... 66
2.5.1 共集电极放大电路 ... 66
2.5.2 共基极放大电路 ... 69
2.5.3 基本放大电路三种组态的性能比较 ... 72
2.6 场效应管放大电路 ... 72
2.6.1 静态分析 ... 72
2.6.2 动态分析 ... 75
2.6.3 共源极放大电路的动态分析 ... 75
2.6.4 共漏极放大电路的动态分析 ... 77
2.7 多级放大电路 ... 78
2.7.1 多级放大电路的耦合方式 ... 78
2.7.2 多级放大电路的动态分析 ... 81
本章小结 ... 84
习题2 ... 84

第3章 放大电路的频率响应 ... 93
3.1 基本概念 ... 93
3.1.1 频率响应 ... 93
3.1.2 幅频特性和相频特性 ... 93
3.1.3 频率失真 ... 93

  3.1.4 频率特性曲线……94
 3.2 三极管的频率参数……98
  3.2.1 共射截止频率 f_β……99
  3.2.2 特征频率 f_T……99
  3.2.3 共基截止频率 f_α……99
 3.3 单管共射放大电路的频率响应……100
  3.3.1 混合 π 型等效电路……100
  3.3.2 阻容耦合单管共射放大电路的频率响应……102
  3.3.3 直接耦合单管共射放大电路的频率响应……109
 3.4 多级放大电路的频率响应……109
 本章小结……110
 习题 3……111

第4章 集成运算放大器……114

 4.1 集成电路概述……114
  4.1.1 集成电路及其发展……114
  4.1.2 集成电路的特点……114
  4.1.3 分　类……115
  4.1.4 集成电路制造工艺简介……117
 4.2 集成运放的基本组成及功能……121
  4.2.1 偏置电路……121
  4.2.2 差动放大输入级……122
 4.3 集成运放的典型电路……131
  4.3.1 集成运算放大器件的识读……131
  4.3.2 集成运放的典型电路……131
 4.4 集成运放的主要参数及其选择……133
  4.4.1 集成运放的主要参数……133
  4.4.2 集成运放的选择……136
 4.5 集成运放的使用……136
  4.5.1 集成运放使用中注意的问题……136
  4.5.2 集成运放的保护……137
 4.6 理想运算放大器……138
  4.6.1 理想运放的技术指标……138
  4.6.2 理想运放的两种工作状态……138
 本章小结……140

习题 4 ·················· 141

第5章 放大电路中的反馈 ·················· 146
5.1 反馈的基本概念及判别方法 ·················· 146
5.1.1 反馈的基本概念 ·················· 146
5.1.2 反馈的分类 ·················· 147
5.1.3 反馈类型的判断方法 ·················· 148
5.1.4 负反馈的4种组态 ·················· 150
5.2 反馈的一般表达式和近似估算法 ·················· 155
5.2.1 反馈的一般表达式 ·················· 155
5.2.2 深度负反馈放大电路电压放大倍数的估算 ·················· 156
5.3 负反馈对放大电路性能的影响 ·················· 159
5.3.1 稳定放大倍数 ·················· 159
5.3.2 改变输入电阻和输出电阻 ·················· 160
5.3.3 展宽频带 ·················· 161
5.3.4 减小非线性失真 ·················· 162
5.4 负反馈放大电路的自激振荡及消除方法 ·················· 163
5.4.1 产生自激振荡的原因及条件 ·················· 163
5.4.2 自激振荡的判断方法 ·················· 163
5.4.3 消除自激振荡的方法 ·················· 164

本章小结 ·················· 165
习题 5 ·················· 166

第6章 集成运算放大器的应用 ·················· 171
6.1 运算电路 ·················· 171
6.1.1 比例运算电路 ·················· 171
6.1.2 加减运算电路 ·················· 176
6.1.3 积分和微分运算电路 ·················· 179
6.1.4 模拟乘法器及其应用 ·················· 181
6.2 有源滤波器 ·················· 185
6.3 电压比较器 ·················· 190
6.3.1 电压比较器概述 ·················· 190
6.3.2 单限比较器 ·················· 192
6.3.3 滞回电压比较器 ·················· 193
6.3.4 双限电压比较器 ·················· 195

本章小结 ·················· 195

习题 6 ··· 196

第 7 章 波形发生电路 ··· 203

7.1 正弦波振荡电路 ·· 203
7.1.1 正弦波振荡电路的基础知识 ··· 203
7.1.2 RC 正弦波振荡电路 ·· 205
7.1.3 LC 正弦波振荡电路 ·· 208
7.1.4 石英晶体正弦波振荡电路 ··· 212

7.2 非正弦波振荡电路 ·· 213
7.2.1 矩形波发生电路 ··· 213
7.2.2 三角波发生电路 ··· 214
7.2.3 锯齿波发生电路 ··· 215

7.3 波形变换电路 ·· 216
7.3.1 三角波变锯齿波电路 ··· 216
7.3.2 三角波变正弦波电路 ··· 218
7.3.3 压控振荡电路 ·· 218

7.4 集成函数发生器 8038 简介 ··· 219

本章小结 ·· 221

习题 7 ··· 222

第 8 章 功率放大电路 ·· 225

8.1 功率放大电路的特点和分类 ·· 225
8.1.1 功率放大电路的特点 ··· 225
8.1.2 功率放大电路的分类 ··· 226

8.2 乙类双电源互补对称功率放大电路 ··· 227
8.2.1 电路组成及工作原理 ··· 227
8.2.2 功率和效率的估算 ·· 228

8.3 OCL 甲乙类互补对称功率放大电路 ·· 230
8.3.1 交越失真及其消除 ·· 230
8.3.2 由复合管组成的 OCL 互补对称功率放大电路 ······························ 231

8.4 单电源互补对称功率放大电路 ··· 233
8.4.1 电路组成及工作原理 ··· 233
8.4.2 功率和效率的估算 ·· 233

8.5 实用功率放大电路举例 ··· 234
8.5.1 OCL 高保真功率放大电路 ··· 234
8.5.2 OTL 音频功率放大电路 ··· 235

8.6 集成功率放大器介绍 ……………………………………………………… 236
  8.6.1 TDA2030A 音频集成功率放大器简介 …………………………… 236
  8.6.2 TDA2030A 集成功放的典型应用 ………………………………… 238
本章小结 ……………………………………………………………………… 239
习题 8 ………………………………………………………………………… 239

第9章 直流稳压电源 …………………………………………………… 242
9.1 直流稳压电源的组成 …………………………………………………… 242
9.2 整流电路 ………………………………………………………………… 243
  9.2.1 单相半波整流电路 ……………………………………………… 243
  9.2.2 单相全波整流电路 ……………………………………………… 244
  9.2.3 单相桥式整流电路 ……………………………………………… 245
  9.2.4 整流电路的主要参数 …………………………………………… 246
9.3 滤波电路 ………………………………………………………………… 249
  9.3.1 电容滤波电路 …………………………………………………… 249
  9.3.2 Ⅱ形 RC 滤波电路 ……………………………………………… 250
  9.3.3 电感滤波电路和 LC 滤波电路 ………………………………… 251
9.4 稳压管稳压电路 ………………………………………………………… 252
  9.4.1 电路组成及稳压原理 …………………………………………… 252
  9.4.2 主要稳压指标 …………………………………………………… 253
  9.4.3 限流电阻的选择 ………………………………………………… 254
9.5 串联型直流稳压电路 …………………………………………………… 256
  9.5.1 电路组成及工作原理 …………………………………………… 256
  9.5.2 稳压电路的保护电路 …………………………………………… 257
9.6 集成稳压电路 …………………………………………………………… 259
  9.6.1 集成稳压电路概述 ……………………………………………… 259
  9.6.2 三端集成稳压器简介 …………………………………………… 259
9.7 开关型稳压电源 ………………………………………………………… 264
  9.7.1 开关型稳压电源的特点和分类 ………………………………… 264
  9.7.2 串联开关型稳压电源 …………………………………………… 265
  9.7.3 隔离式开关型稳压电源 ………………………………………… 268
本章小结 ……………………………………………………………………… 269
习题 9 ………………………………………………………………………… 270

第10章 模拟电路应用举例 ……………………………………………… 274
10.1 模拟电路的读图 ……………………………………………………… 274

10.1.1 模拟电路读图的思路和步骤 274
10.1.2 集成运放应用电路的识别方法 275
10.2 电路举例 276
10.2.1 低频功率放大电路 276
10.2.2 小型温度控制电路 278
10.2.4 多种波形发生电路 282
10.2.5 自动增益控制电路 285
10.2.6 电压-频率转换电路(压控振荡器) 287
本章小结 290
习题 10 290

第 11 章 可编程模拟器件 ispPAC 及其 EDA 软件设计 293
11.1 ispPAC 简介 293
11.1.1 可编程模拟器件概述 293
11.1.2 在系统可编程模拟器件 ispPAC 简介 293
11.2 在系统可编程模拟电路的结构 294
11.2.1 ispPAC10 器件结构 294
11.2.2 ispPAC20 器件结构 296
11.2.3 ispPAC30 器件结构 300
11.2.4 ispPAC80 器件结构 303
11.3 PAC 的接口电路 305
11.4 ispPAC 的增益调整方法 306
11.4.1 通用增益设置 306
11.4.2 分数增益的设置法 309
11.4.3 整数比增益设置法 309
11.5 滤波器设计 310
11.6 PAC-Designer 软件的使用方法 313
11.6.1 PAC-Designer 软件的安装 313
11.6.2 PAC-Designer 软件的使用方法 313
本章小结 320
习题 11 320
习题参考答案 321
参考文献

第1章 半导体器件基础

1.1 半导体基础知识

1.1.1 本征半导体

导电能力介于导体和绝缘体之间的物质称为半导体。一般来说,半导体的电阻率在 $(10^{-4} \sim 10^9)\Omega \cdot m$ 的范围内。半导体是构成电子元器件的重要材料,最常用的半导体材料是硅(Si)和锗(Ge)两种元素。纯净的晶体结构的半导体称为本征半导体。

本征半导体是通过一定的工艺过程形成的单晶体,其中每个硅或锗原子最外层的4个价电子,均与它们相邻的4个原子的价电子共用,从而形成共价键,如图1.1(a)所示。

本征半导体中原子间的共价键具有较强的束缚力,每个原子都趋于稳定,它们是否有足够的能量挣脱共价键的束缚,与热运动、即温度紧密相关。在热力学温度 0 K(约 -273℃)时,价电子基本不能移动,因而在外电场作用下半导体中电流为零,此时它相当于绝缘体。但在常温下,由于热运动价电子被激活,有些获得足够能量的价电子会挣脱共价键成为自由电子,与此同时共价键中就流下一个空位,称为空穴。这种现象称为本征激发,如图1.1(b)所示。由于电子带负电荷,所以空穴表示缺少一个负电荷,即空穴具有正电荷粒子的特性。

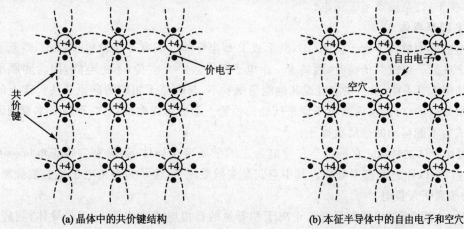

(a) 晶体中的共价键结构　　　　　　(b) 本征半导体中的自由电子和空穴

图 1.1　本征半导体

在电子-空穴对产生的同时,运动中的自由电子也有可能去填补空穴,使电子和空穴成对消失,这种现象称为复合。在外电场作用下,一方面带负电荷的自由电子做定向移动,形成电子电流;另一方面价电子会按电场方向依次填补空穴,产生空穴的定向移动,形成空穴电流。能够运动的、可以参与导电的带点粒子称为载流子,因而自由电子和空穴是半导体中的两种载流子。由于它们所带电荷极性相反,所以电子电流和空穴电流的方向相反。

在一定温度下,电子-空穴对的产生和复合都在不停地进行,最终处于动态平衡状态,使半导体中载流子的浓度一定。当温度升高时,本征半导体中载流子浓度将增大。由于导电能力决定于载流子数目,因此半导体的导电能力将随温度升高而增强。温度是影响半导体器件性能的一个重要的外部因素,半导体材料的这种特性称为热敏性。此外,还有光敏性和掺杂性。

1.1.2 杂质半导体

在常温下,本征半导体中载流子浓度很低,因而导电能力很弱。为了改善导电性能并使其具有可控性,需在本征半导体中掺入微量的其他元素(称为杂质)。这种掺入杂质的半导体称为杂质半导体。因掺入杂质的性质不同,可分为N型半导体和P型半导体。

1. N型半导体

在本征半导体硅(或锗,此处以硅为例)中掺入微量的5价元素磷(P),就形成N型半导体。由于磷原子最外层的5个价电子中有4个与相邻硅原子组成共价键,如图1.2(a)所示,多余一个价电子受磷原子核的束缚力很小,很容易成为自由电子,而磷原子本身因失去电子成为不能移动的杂质正离子。

N型半导体的特点:它是以电子导电为主的杂质型半导体,因为电子带负电(negative electricity),所以称为N型半导体。其中自由电子是多数载流子(简称多子),空穴是少数载流子(简称少子)。杂质离子带正电。

2. P型半导体

在本征硅中掺入3价元素硼(B),就形成P型半导体。硼有3个价电子,每个硼原子与相邻的4个硅原子组成共价键时,因缺少一个电子而产生一个空位(不是空穴,因为硼原子仍呈中性),如图1.2(b)所示。在室温或其他能量激发下,与硼原子相邻的硅原子共价键上的电子就可能填补这些空位,从而在电子原来所处的位置上形成带正电的空穴,硼原子本身则因获得电子而成为不能移动的杂质负离子。

P型半导体的特点:它是以空穴导电为主的杂质型半导体,因为空穴带正电(positive electricity),所以称为P型半导体。其中空穴是多数载流子(多子),自由电子是少数载流子(少子)。杂质离子带负电。

今后,为简单起见,通常只画出正离子和等量的自由电子来表示N型半导体;同样地,只画出负离子和等量的空穴来表示P型半导体,分别如图1.3(a)和图1.3(b)所示。

综上所述,掺入杂质后,由于载流子的浓度提高,因而杂质半导体的导电性能将增强,而且

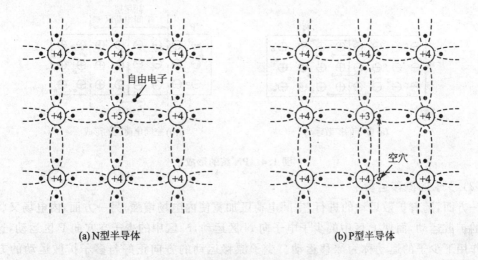

(a) N型半导体   (b) P型半导体

图 1.2 杂质半导体结构示意图

掺入的杂质越多,多子浓度越高,导电性能也就越强,实现了导电性能的可控性。例如,在 4 价的硅中掺入 1% 的 3 价杂质硼后,在室温时的电阻率与本征半导体相比,将下降到 $\frac{1}{5\times10^5}$,可见导电能力大大提高了。当然,仅仅提高导电能力不是最终目的,因为导体的导电能力更强。杂质半导体的奇妙之处在

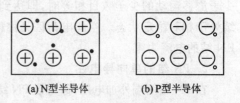

(a) N型半导体   (b) P型半导体

图 1.3 杂质半导体的简化画法

于,掺入不同性质、不同浓度的杂质,并使 P 型半导体和 N 型半导体采用不同的方式组合,可以制造出形形色色、品种繁多、用途各异的半导体器件。

1.1.3 PN 结

如果将一块半导体的一侧掺杂成为 P 型半导体,而另一侧掺杂成为 N 型半导体,则在二者的交界处将形成一个特殊的薄层,此即 PN 结。

1. PN 结的形成

(1) 多子的扩散运动

将 P 型半导体和 N 型半导体制作在一起,在两种半导体的交界面就出现了电子和空穴的浓度差。物质总是从浓度高的地方向浓度低的地方扩散,自由电子和空穴也不例外。因此,P 区中的多子(即空穴)将向 N 区扩散,而 N 区中的多子(即自由电子)将向 P 区扩散。扩散运动的结果就使两种半导体交界面附近出现了不能移动的带电离子区,P 区出现负离子区,N 区出现正离子区,如图 1.4 所示。这些带电离子形成了一个很薄的空间电荷区,产生了内电场。

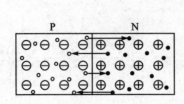 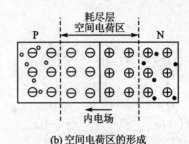

(a) 多子的扩散运动　　　　　(b) 空间电荷区的形成

图 1.4　PN 结的形成

(2) 少子的漂移运动

一方面,随着扩散运动的进行,空间电荷区加宽使内电场增强;另一方面,内电场又将阻止多子的扩散运动,而使 P 区中的少子电子向 N 区运动,N 区中的少子空穴向 P 区运动,这种在电场作用下少子的运动称为漂移运动。少子漂移运动的方向正好与多子扩散运动的方向相反,因而漂移运动的结果是使空间电荷区变窄,使内电场减弱。当参与扩散运动的多子与参与少子漂移运动的少子数目相等时,即达到了动态平衡,此时,空间电荷区的宽度不再变化,PN 结处于相对稳定状态。空间电荷区又称耗尽层。若无外加电压或其他激发因素作用时,流过 PN 结的电流为零。

2. PN 结的单向导电性

在 PN 结两端外加电压,称为给 PN 结加上偏置。当 P 区电位高于 N 区时称为正向偏置,简称正偏;反之,当 N 区电位高于 P 区时称为反向偏置,简称反偏。PN 结最重要的特性就是单向导电性。

(1) PN 结正向偏置

给 PN 结加正向偏置电压,如图 1.5 所示。这时外电场与内电场方向相反,外电场削弱了内电场,空间电荷区变窄,正向电流 I 较大,PN 结在正向偏置时呈现较小电阻,PN 结变为导通状态。正向偏置电压稍有增加,PN 结的正向电流 I 急剧增加,为了防止大的正向电流把 PN 结烧毁,实际电路都要串接限流电阻 R。

(2) PN 结反向偏置

给 PN 结加反向偏置电压,如图 1.6 所示。这时外电场与内电场方向相同,空间电荷区变宽,内电场增强,因而有利于少子的漂移而不利于多子的扩散。由于电源的作用,少子的漂移形成了反向电流 I_S。但是,少子的浓度非常低,使得反向电流很小,一般为 μA(微安)数量级。所以可以认为 PN 结反向偏置时基本不导电。

综上所述,PN 结正向偏置时导通,表现出的正向电阻很小,正向电流 I 较大;反向偏置时截止,表现出的反向电阻很大,此时正向电流为零,只有很小的反向饱和电流 I_S。

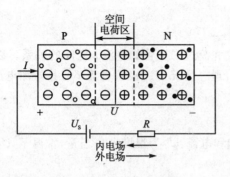
图 1.5 PN 结正向偏置

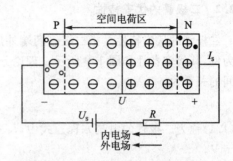
图 1.6 PN 结反向偏置

1.2 半导体二极管

1.2.1 二极管的结构和符号

在 PN 结的两端引出两个电极并将其封装在金属或塑料管壳内,就构成二极管。二极管通常由管芯、管壳和电极三部分组成,管壳起保护管芯的作用,如图 1.7 所示。从 P 区引出的电极称为正极或阳极,从 N 区引出的电极称为负极或阴极。二极管的外形图和图形符号如图 1.8 所示。二极管一般用字母 D 表示。

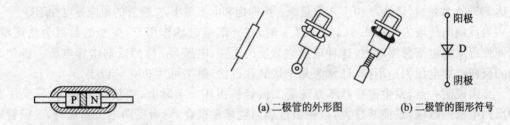

图 1.7 二极管结构示意图 　　图 1.8 二极管的外形和图形符号

二极管的种类很多,分类方法也不同。按制造所用材料分类,主要有硅二极管和锗二极管;按其结构分类,有点接触型和面接触型二极管。

点接触型二极管的结面积小,极间电容小,不能承受高的反向电压和大的正向电流。这种类型的二极管适于作高频检波和脉冲数字电路里的开关元件。

面接触型二极管的结面积大,可承受较大的电流,但极间电容也大,适合于低频整流。

小电流二极管常用玻璃壳或塑料壳封装,为便于散热,大电流二极管一般使用金属外壳。通过电流在 1 A 以上的二极管常加散热片以帮助散热。

1.2.2 二极管的伏安特性

二极管的伏安特性是指二极管两端外加电压 u 和流过二极管的电流 i 之间的关系。以硅管为例,其伏安特性如图 1.9 所示。理论分析指出,理想情况下二极管电流 i 与其外加电压 u 之间的关系为

$$i = I_S(e^{\frac{u}{U_T}} - 1) \tag{1.1}$$

式(1.1)称为二极管的电流方程。式中,I_S 为反向饱和电流,U_T 为温度电压当量,常温下,$U_T \approx 26\ \text{mV}$。

1. 正向特性

二极管两端不加电压时,其电流为零,故特性曲线从坐标原点开始,如图 1.9(a)所示。当外加正向电压时,二极管内有正向电流通过。正向电压较小,且小于 U_{on} 时,外电场不足以克服内电场,故多数载流子的扩散运动仍受较大阻碍,二极管的正向电流很小,此时二极管工作于死区,称 U_{on} 为死区的开启电压。硅管的 U_{on} 约为 0.5 V,锗管约为 0.2 V。当正向电压超过 U_{on} 后,内电场被大大削弱,电流将随正向电压的增大按指数规律增大,二极管呈现出很小的电阻。硅管的正向导通电压为 0.6~0.8 V(通常取 0.7 V),锗管为 0.1~0.3 V。

2. 反向特性

当外加反向电压时,外电场和内电场方向相同,阻碍扩散运动进行,有利于漂移运动。二极管中由少子形成反向电流。反向电压增大时,反向电流随着稍有增加,当反向电压大到一定程度时,反向电流将基本不变,即达到饱和,因而称该反向电流为反向饱和电流,用 I_S 表示。通常硅管的 I_S 可达 10^{-9} A 数量级,锗管为 10^{-6} A 数量级。反向饱和电流越小,二极管的单向导电性越好。

当反向电压增大到图 1.9(a)中的 U_{BR} 时,在外部强电场作用下,少子的数目会急剧增加,因而使得反向电流急剧增大,这种现象称为反向击穿,电压 U_{BR} 称为反向击穿电压。各类二极管的反向击穿电压大小不同,通常为几十伏到几百伏,最高可达 300 V 以上。

必须说明一点,发生击穿并不意味着二极管被损坏。实际上,当反向击穿时,只要注意控制反向电流的数值,不使其过大,以免因过热而烧坏二极管,则当反向电压降低时,二极管的性能可能恢复正常。

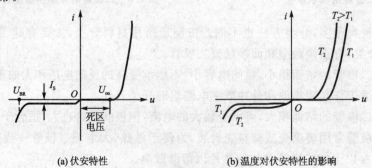

(a) 伏安特性　　　　　　(b) 温度对伏安特性的影响

图 1.9　二极管的伏安特性

前面已指出,半导体中的少子浓度受温度影响,因而二极管的伏安特性对温度很敏感。实验证明,当温度升高时,正向特性曲线向左移,反向特性曲线向下移,如图1.9(b)所示。

需要指出的是,有时为了分析方便,将二极管理想化,忽略其正向导通电压和反向饱和电流,于是得到图1.10所示理想二极管的伏安特性。对于理想二极管,认为正偏导通时相当于开关闭合,反偏截止时相当于开关断开。

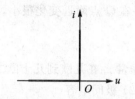

图 1.10 理想二极管的伏安特性

1.2.3 二极管的主要参数

每种半导体器件都有一系列表示其性能特点的参数,并汇集成器件手册,供使用者查找选择。

1. 直流参数

(1) 最大整流电流 I_F

指二极管长期运行时,允许通过管子的最大正向平均电流。使用时,平均电流不得超过此值,否则可能使二极管过热而损坏。

(2) 最高反向工作电压 U_R

工作时加在二极管两端的反向电压不得超过此值,否则二极管可能被击穿。为了留有余地,通常将击穿电压 U_{BR} 的一半定为 U_R。

(3) 反向电流 I_R

I_R 是指在室温条件下,在二极管两端加上规定的反向电压时,流过二极管的反向电流。通常希望 I_R 值愈小愈好。反向电流愈小,说明二极管的单向导电性愈好。此时,由于反向电流是由少数载流子形成,所以 I_R 受温度的影响很大。

2. 交流参数

(1) 微变电阻 r_D

微变电阻是指二极管两端电压在某一直流值附近作微小变化时所呈现出的等效电阻,如图1.11所示。图中曲线为正向伏安特性,在 Q 点二极管的电流为直流量 I_{DQ},r_D 可用 Q 点处切线斜率的倒数来表示,即

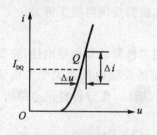

图 1.11 微变电阻 r_D 的几何意义

$$r_D = \frac{\Delta u}{\Delta i} \tag{1.2}$$

r_D 也可从二极管的电流方程求出,求 i 对 u 的微分,即

$$g_D = \frac{\mathrm{d}i}{\mathrm{d}u} = \frac{\mathrm{d}[I_S(e^{\frac{u}{U_T}}-1)]}{\mathrm{d}u} = \frac{I_S e^{\frac{u}{U_T}}}{U_T} \approx \frac{i}{U_T} \tag{1.3}$$

由于 i 在 Q 点附近变化很小，因而可用 I_{DQ} 取代之，所以

$$r_D = \frac{1}{g_D} \approx \frac{U_T}{i} \approx \frac{U_T}{I_{DQ}} \tag{1.4}$$

通常 r_D 在几欧到几十欧之间。

(2) 极间电容

极间电容分为势垒电容 C_b 和扩散电容 C_d 两种。

① 势垒电容 C_b：在二极管外加电压变化时，空间电荷量发生变化，类似电容的充、放电，PN 结这种电容效应等效为势垒电容 C_b。

② 扩散电容 C_d：当二极管正向偏置时，多子的扩散形成正向电流。在正向电压变化时，扩散路程中载流子的浓度和浓度差也产生变化，这种变化相当于电荷量的积累与释放，因而显示出电容效应，其所对应的电容称为扩散电容 C_d。

二极管的结电容 $C_j = C_b + C_d$，正向偏置时以扩散电容 C_d 为主；反向偏置时以势垒电容 C_b 为主。C_b 和 C_d 的取值取决于结面积、外加电压、通过的电流等因素。

(3) 最高工作频率 f_M

当二极管在高频条件下工作时，将受到极间电容的影响。f_M 主要决定于极间电容的大小。极间电容愈大，则二极管允许的最高工作频率愈低。当工作频率超过 f_M 时，二极管将失去单向导电性。

1.2.4 二极管的应用电路

在二极管的应用电路中，主要是利用二极管的单向导电性。在分析应用电路时，应当掌握一条基本原则，即判断二极管是处于导通状态还是截止状态，其方法是先将二极管断开，然后观察（或计算）阳、阴两极是正向电压还是反向电压，若为正向电压则二极管导通，否则截止。二极管导通时，一般用电压源 $U_D = 0.7$ V（硅管，若是锗管则用 0.3 V）代替，或近似用短路线代替（理想二极管）；二极管截止时，一般将二极管断开，即认为二极管反向电阻无穷大。

1. 整流电路

整流电路是直流稳压电源的组成部分。所谓整流，就是利用二极管的单向导电性，将交流电压变成单方向的脉动直流电压。在整流电路中，加在电路两端的交流电压远大于二极管的导通电压 U_{on}，而整流输出电流远大于二极管的反向饱和电流 I_S，所以，在分析整流电路时，二极管均用理想模型代替。

小功率整流电路形式有单向半波整流电路、单向全波整流电路和单向桥式整流电路 3 种。此处先以单向半波整流电路为例介绍整流电路的工作原理，后面稳压电源部分还会全面介绍。

例 1.1 图 1.12(a) 所示整流电路中，二极管 D 为理想二极管。已知输入电压 u_i 为图 1.12(b) 所示的正弦波，试画出输出电压 u_o 的波形。

解：因为 D 为理想二极管，所以

当 $u_i>0$ 时,二极管 D 正偏导通,相当于开关闭合,故 $u_o=u_i$;

当 $u_i<0$ 时,二极管 D 反偏截止,相当于开关断开,故 $u_o=0$。

由以上分析画出 u_o 的波形,如图 1.12(c)所示。从 u_o 的波形可知,电阻 R 上得到了单向脉动直流电压。

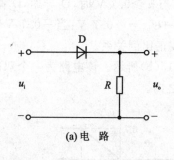
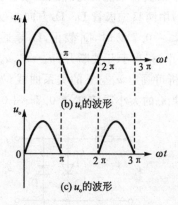

图 1.12 例 1.1 用图

2. 限幅电路

当输入信号电压在一定范围内变化时,输出电压随输入电压相应变化;而当输入电压超出该范围时,输出电压保持不变,这种电路就是限幅电路。通常将输出电压 u_o 保持不变的电压值称为限幅电平,当输入电压高于限幅电平时,输出电压保持不变的限幅称为上限幅;当输入电压低于限幅电平时,输出电压保持不变的限幅称为下限幅。二极管限幅电路有串联、并联、双向限幅电路。在图 1.13 所示电路中,二极管与输出端并联,所以此电路叫做并联限幅电路。当输入正弦信号 u_i 处于正半周,且其数值大于二极管的导通电压 U_{on} 时,二极管导通,$u_o=U_{on}$。当 u_i 处于负半周或其数值小于二极管的导通电压 U_{on} 时,二极管截止,此时 u_i 的波形全部传送到输出端,即 $u_o=u_i$,输出电压 u_o 的波形如图 1.14 所示。并联限幅电路限制了信号的正半周。

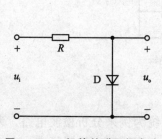

图 1.13 二极管并联限幅电路

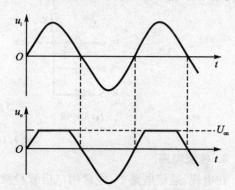

图 1.14 二极管并联限幅电路波形图

下面是双向限幅电路的例子。

例 1.2 在图 1.15(a)所示电路中,已知两只二极管的导通压降 U_{on} 均为 0.7 V,试画出输出电压 u_o 与输入电压 u_i 的关系曲线(即电压传输特性)。

解:此题中二极管不能视为理想二极管。

图 1.15(a)中两只二极管 D_1、D_2 方向相反,所以当 $u_i \geqslant 0.7$ V 时,D_1 导通,D_2 截止,$u_o = U_{on} = 0.7$ V;当 $u_i \leqslant -0.7$ V 时,D_1 截止,D_2 导通,$u_o = -U_{on} = -0.7$ V;当 -0.7 V $< u_i < 0.7$ V 时,D_1、D_2 均截止,相当于开关断开,$u_o = u_i$,u_o 与 u_i 成正比例关系。

由以上分析可画出 u_o 与 u_i 的关系曲线,如图 1.15(b)所示。该电路为一个双向限幅电路,D_1、D_2 的接法使 u_o 的大小限定在 $-0.7 \sim +0.7$ V 之内。

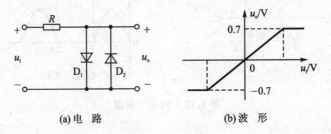

图 1.15 例 1.2 用图

3. 逻辑运算(开关)电路

在开关电路中,一般把二极管看成理想模型,即二极管导通时两端电压为零,截止时两端电阻为无穷大。在图 1.16(a)所示电路中只要有一路输入信号为低电平,输出即为低电平,仅当全部输入为高电平时,输出才为高电平,这在逻辑运算中称为"与"逻辑运算。图 1.16(b)电路中,只要有一路输入信号为高电平,输出即为高电平,仅当全部输入为低电平时,输出才为低电平,这种运算称为"或"逻辑运算。

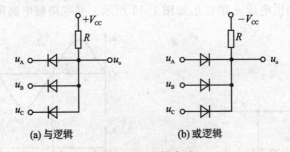

图 1.16 逻辑电路

4. 检波电路

在电视、通信电路中,经常用二极管检波,现以广播系统为例来分析检波电路。为了使频率较低的语音信号能远距离传输,往往用表达语音信号的电压波形去控制频率一定的高频正弦波电压的幅度,称为调制。调制后的高频信号经天线可以发送到远方。这种幅度被调制的调幅波被收音机输入调谐回路"捕获"后,经放大,可由检波电路检出调制的语音信号。图1.17为接收这种广播信号的示意图,并画出了由二极管组成的检波电路。

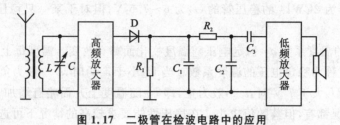

图 1.17 二极管在检波电路中的应用

1.2.5 特殊二极管

1. 稳压二极管

（1）伏安特性及图形符号

由二极管的特性曲线可知,如果二极管工作在反向击穿区,则当反向电流的变化量 ΔI 较大时,二极管两端相应的电压变化量 ΔU 却很小,说明其具有"稳压"特性。利用这种特性可以做成稳压管。所以,稳压管实质上就是一个二极管,但它通常工作在反向击穿区。只要击穿后的反向电流不超过允许范围,稳压管就不会发生热击穿损坏。为此,必须在电路中串接一个限流电阻。

反向击穿后,当流过稳压二极管(简称稳压管)的电流在很大范围内变化时,其两端的电压几乎不变,从而可以获得一个稳定的电压。

综上所述,在使用稳压管组成稳压电路时,需要注意几个问题:首先,稳压管正常工作是在反向击穿状态,即外加电源正极接稳压管的阴极,负极接阳极;其次,稳压管应与负载并联,由于稳压管两端电压变化量很小,因而使得输出电压比较稳定;最后,必须限制流过稳压管的电流,使其不超过规定值,以免因过热而烧毁稳压管。同时,还应保证流过稳压管的电流大于某一数值(稳定电流),以确保稳压管有良好的稳压特性。稳压管的伏安特性及图形符号如图 1.18(a)和图 1.18(b)所示。

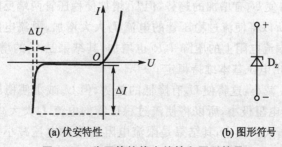

(a) 伏安特性　　　　　　(b) 图形符号

图 1.18 稳压管的伏安特性和图形符号

(2) 主要参数

① 稳定电压 U_Z：当稳压管反向击穿，且使流过的电流为规定的测试电流时，稳压管两端的电压值即为稳定电压 U_Z。对于同一种型号的稳压管，U_Z 有一定的分散性，因此一般都给出其范围。例如型号为 2CW14 的稳压管的 U_Z 为 6～7.5 V，但对于某一只稳压管，U_Z 为一个确定值。

② 稳定电压的温度系数 a：稳定电压随温度变化而略有改变。温度每上升 1℃时，稳定电压变化的百分数就称为稳定电压的温度系数。当 U_Z 小于 4 V 时，a 一般为负，即 U_Z 随温度上升而略有减小；当 U_Z 大于 7 V 时，a 一般为正，即 U_Z 随温度上升而略有增加；当 U_Z 在 4～7 V 之间时，则两种情况都有，但其数值较小。在稳压性能要求较高的情况下可选用温度补偿型稳压管。

③ 稳定电流 I_Z：稳定电流 I_Z 是保证稳压管正常稳压的最小工作电流，电流低于此值时稳压效果不好。I_Z 一般为毫安数量级，如 5 mA 或 10 mA。

④ 最大耗散功率 P_{ZM} 和最大稳定电流 I_{ZM}：当稳压管工作在稳压状态时，其消耗的功率等于稳定电压 U_Z 与流过稳压管电流的乘积，该功率将转化为 PN 结的温升。最大耗散功率 P_{ZM} 是在结温升允许情况下的最大功率，一般为几十毫瓦至几百毫瓦。因 $P_{ZM}=U_Z I_{ZM}$，由此即可确定最大稳定电流 I_{ZM}。

⑤ 动态电阻 r_Z：动态电阻 r_Z 的定义为：稳压管两端的稳定电压 ΔU_Z 与相应的电流变化量 ΔI_Z 之比，即 $r_Z=\Delta U_Z/\Delta I_Z$。不同的稳压管，$r_Z$ 各不相同。r_Z 越小，表明在电流变化时，稳定电压变化越小，即稳压效果越好。r_Z 一般为几欧到几十欧。

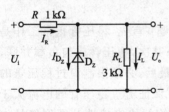

图 1.19 例 1.3 用图

例 1.3 图 1.19 所示是利用稳压管组成的稳压电路。其中 U_i 为未经稳定的直流输入电压，R 为限流电阻，U_o 为稳压电路的输出电压。试分析此电路的稳压原理。

解：使 U_o 不稳定的原因有两个：一是 U_i 的变化，另一个是负载电阻 R_L 的变化。下面分析当这两个因素变化时，电路是如何稳定输出电压的。

由电路图可知，$U_o=U_i-I_R R=U_Z$（稳定电压）。当 U_i 不稳定时，设 U_i 增加，这将使 U_o 有增加的趋势，但 U_o 增加使稳压管两端反向电压 U_Z 增加。由于稳压管动态电阻极小，所以将使流过稳压管的电流 I_Z 大大增加，限流电阻 R 上的电流 $I_R=I_Z+I_L$ 也跟着大大增加，限流电阻上的压降 $I_R R$ 也增加，其结果是 U_i 的增加量绝大部分降在限流电阻 R 上，从而使输出电压基本维持恒定。

当 R_L 变化时，设 R_L 减小，这将使 U_o 有降低的趋势，但 U_o 减小使稳压管两端反向电压 U_Z 减小。由于稳压管动态电阻极小，所以将使流过稳压管的电流 I_Z 大大减小，限流电阻 R 上的电流 $I_R=I_Z+I_L$ 也跟着大大减小，其结果是限流电阻 R 上的电压减小，补偿了 U_o 的下降，使输出电压 U_o 几乎不减小，稳定在 U_Z 的数值。

例 1.4 在图 1.19 所示电路中,已知输入电压 $U_i = 12$ V,稳压管 D_Z 的稳定电压 $U_Z = 6$ V,稳定电流 $I_Z = 5$ mA,额定功耗 $P_{ZM} = 90$ mW,试问输出电压 U_o 能否等于 6 V。

解:稳压管正常稳压时,其工作电流 I_{D_Z} 应满足 $I_Z < I_{D_Z} < I_{Z,\max}$,而

$$I_{Z,\max} = \frac{P_{ZM}}{U_Z} = \frac{90 \text{ mW}}{6 \text{ V}} = 15 \text{ mA}$$

即

$$5 \text{ mA} < I_{D_Z} < 15 \text{ mA} \tag{1.5}$$

设电路中 D_Z 能正常稳压,则 $U_o = U_Z = 6$ V。由图 1.19 中可求出

$$I_{D_Z} = I_R - I_L = \frac{U_i - U_Z}{R} - \frac{U_Z}{R_L} = 4 \text{ mA}$$

I_{D_Z} 不在式(1.5)的范围内,因此不能正常稳压,U_o 将小于 U_Z。若要电路能够稳压,则应减小 R 的阻值。

2. 发光二极管

发光二极管是一种将电能转换成光能的半导体器件。其基本结构是一个 PN 结,采用砷化镓、磷化镓等半导体材料制造而成。它的伏安特性与普通二极管类似,但由于材料特殊,其正向导通电压较大,为 1~2 V。当发光二极管正向导通时将会发光。

发光二极管简写为 LED(light emitting diode)。发光二极管具有体积小、工作电压低、工作电流小(10~30 mA)、发光均匀稳定、响应速度快和寿命长等优点。常用作显示器件,如指示灯、七段显示器、矩阵显示器等。

常见的 LED 发光颜色有红、黄、绿等,还有发出不可见光的红外发光二极管。

发光二极管的图形符号和外形如图 1.20 所示。图 1.21 所示为七段数码管显示器的外形和电路图。

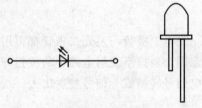

(a) 图形符号　　(b) 外形图

图 1.20 发光二极管

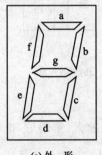

(a) 外　形

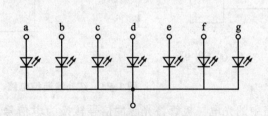

(b) 电路图

图 1.21 七段数码管显示器

3. 光电二极管

光电二极管又称光敏二极管，是一种能将光信号转换为电信号的器件。光电二极管的基本结构也是一个 PN 结，但管壳上有一个窗口，使光线可以照射到 PN 结上。

光电二极管工作在反偏状态下。当无光照时，与普通二极管一样，反向电流很小，称为暗电流。当有光照时，其反向电流随光照强度的增加而增加，称为光电流。图 1.22 所示为光电二极管的图形符号和特性曲线。

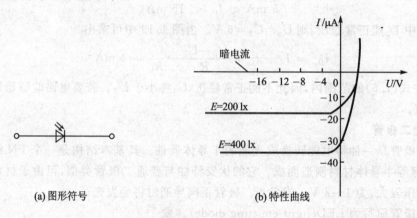

图 1.22 光电二极管

光电二极管与发光二极管都可用于构成红外线遥控电路。图 1.23 所示为红外遥控电路示意图。当按下发射电路中的按钮开关时，编码器电路产生出调制的脉冲信号，由发光二极管将电信号转换成光信号发射出去。

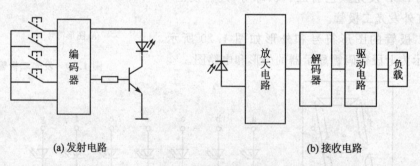

图 1.23 红外线遥控电路

接收电路中的光电二极管将光脉冲信号转换为电信号，经放大、解码后，由驱动电路驱动负载动作。

当按下不同按钮时，编码器产生不同的脉冲信号，以示区别。接收电路中的解码器可以解调出这些信号，并控制负载做出不同的动作。

4. 变容二极管

利用 PN 结的势垒电容随外加反向电压变化的特性可制成变容二极管。变容二极管工作在反偏状态下,此时,PN 结结电容的数值随外加电压的大小而变化。因此,变容二极管可作可变电容使用。图 1.24 所示为变容二极管的图形符号和 $C-U$ 关系曲线。

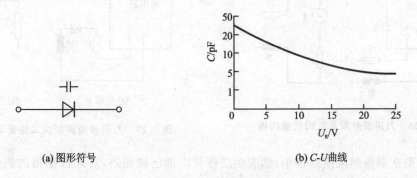

(a) 图形符号　　　　　　　　(b) $C-U$ 曲线

图 1.24　变容二极管

变容二极管在高频电路中得到广泛应用,可用于自动调谐、调频、调相等。图 1.25 所示为变容二极管的应用电路,这是一个电调谐改变 LC 回路谐振频率的回路。变容二极管 D 与电感 L 组成 LC 谐振回路,当改变电位器的中心触点位置时,加在 D 上的反偏电压发生变化,其电容量相应改变,从而改变了 LC 回路的谐振频率。图 1.25 中的 C 为隔直流电容器。

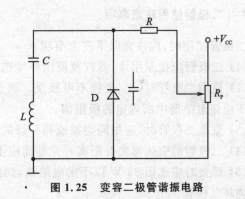

图 1.25　变容二极管谐振电路

1.2.6　二极管的简易测试

测试二极管一方面是测试其性能的好坏,即是否具有单向导电性,另一方面通过测试找出二极管的正、负极。二极管的测试方法很多,本节只介绍用万用表测试的方法。

万用表及其欧姆档的内部等效电路如实验图 1.26 所示。图中 E 为表内电源,r 为等效内阻,I 为被测回路中的实际电流。由图可见,黑表笔接表内电源正端,红表笔接表内电源的负端。

进行测试时,将万用表的档位选择开关打向 $R\times100(\Omega)$ 或 $R\times 1\text{ k}(\Omega)$ 档($R\times 1\ \Omega$ 档电流太大,用 $R\times 10\text{ k}(\Omega)$ 档电压太大,都易损坏二极管),并将两表笔分别接到二极管的两端,如图 1.27 所示,若测得阻值小,再将红黑表笔对调测试,若测得阻值大,则表明二极管是好的;在测得阻值小的那一次中,与黑表笔相连的引脚为二极管的正极,与红表笔相连的引脚为二极管的负极。

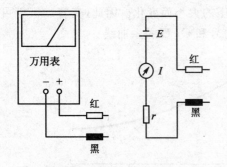

图 1.26　万用表外观及欧姆挡结构图

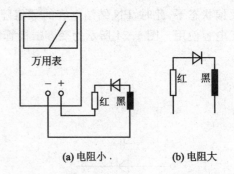

(a) 电阻小　　　　　(b) 电阻大

图 1.27　万用表简易测试二极管示意图

若上述两次测得的阻值都很小,则表明二极管内部已被短路;若两次测得的阻值都很大,则表明二极管内部已经断路。出现短路或断路时,说明二极管已损坏。

1.2.7　二极管使用注意事项

二极管使用时,应注意以下注意事项:

(1) 二极管应按照用途、参数及使用环境选择。

(2) 使用二极管时,正、负极不可接反。通过二极管的电流、承受的反向电压及环境温度等都不应超过手册中所规定的极限值。

(3) 更换二极管时,应用同类型或高一级的代替。

(4) 二极管的引线弯曲处距离外壳端面应不小于 2 mm,以免造成引线折断或外壳破裂。

(5) 焊接时应选用 35 W 以下的电烙铁,焊接要迅速,并用镊子夹住引线根部,以助散热,防止烧坏二极管。

(6) 安装时,应避免靠近发热元件,对功率较大的二极管,应注意良好的散热。

(7) 二极管在容性负载电路中工作时,二极管整流电流应大于负载电流的 20%。

1.3　晶体三极管

晶体三极管又称为半导体三极管、双极型晶体管,简称晶体管或三极管。它具有电流放大作用,是构成各种电子电路的基本元件。

1.3.1　三极管的结构和符号

三极管内部由两个 PN 结组成。根据组成的不同,三极管有 NPN 型和 PNP 型两种类型,它们的结构示意图及图形符号如图 1.28 所示。

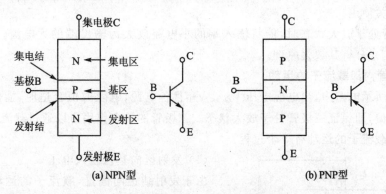

图 1.28 三极管的结构示意图及图形符号

三极管有 3 个区、3 个电极和 2 个 PN 结:中间层称为基区,外面两层分别称为发射区和集电区;从 3 个区各引一个电极出来,分别称为基极(B)、发射极(E)和集电极(C);基区与集电区之间的 PN 结称为集电结,基区与发射区之间的 PN 结称为发射结。

三极管的内部结构在制造工艺上的特点如下:

(1) 发射区的掺杂浓度远大于集电区的掺杂浓度;

(2) 基区很薄,一般为 1 μm 至几 μm;

(3) 集电结面积大于发射结面积。

三极管按材料不同分为硅管和锗管。目前我国制造的硅管多为 NPN 型,锗管多为 PNP 型。不论是硅管还是锗管,NPN 管还是 PNP 管,其基本工作原理是相同的。本节主要讨论 NPN 管。三极管的外形如图 1.29 所示。

图 1.29 几种三极管的外形

1.3.2 三极管的电流放大原理

通过改变加在三极管 3 个电极上的电压即可改变其两个 PN 结的偏置电压,从而使三极管有 3 种工作状态:当发射结和集电结均反偏时,处于截止状态;当发射结正偏、集电结反偏时,处于放大状态;当发射结和集电结均正偏时,处于饱和状态。模拟电子线路中,三极管主要工作在放大状态,是构成放大电路的核心元件;数字电子线路中,三极管则工作在截止和饱和状态,充当开关使用。

当三极管处于放大状态时,能将输入端的小电流放大为输出端的大电流。下面以 NPN 型三极管为例来分析其放大原理。

1. 三极管内部载流子的运动

图 1.30 所示电路中,当电源电压 $V_{CC} > V_{BB}$ 且各电源、电阻取值合适时,能保证发射结正偏、集电结反偏,即保证三极管处于放大状态。三极管的放大作用可以通过载流子的运动体现出来,其内部载流子的运动有 3 个过程:

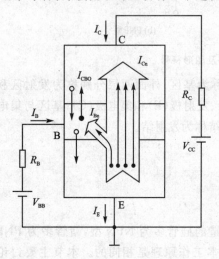

图 1.30 三极管内部载流子的运动

(1) 发射区向基区注入电子

由于发射结正向偏置,载流子的运动主要以多子的扩散运动为主。发射区的多子(电子)不断通过发射结扩散到基区,基区的多子(空穴)也通过发射结扩散到发射区,如图 1.30 所示。这两种多子的扩散运动形成的扩散电流即为发射极电流 I_E。由于发射区的掺杂浓度远大于基区,因而 I_E 主要以电子电流为主,空穴电流可以忽略不计。

(2) 电子在基区的扩散和复合

发射区的电子注入基区后,靠近发射结附近浓度很高,离结越远浓度越低。由于浓度差电子将继续向集电结方向扩散,又由于基区很薄、杂质浓度低,电子在扩散过程中只有很少一部分与基区的空穴复合掉,形成基极电流 I_{Bn}。

(3) 集电区收集电子

由于集电结反向偏置,有利于少子的漂移运动。从发射区注入基区的电子便成为了基区的少子,它们扩散到集电结附近后很容易在集电结电场作用下漂移到集电区,被集电区收集,形成集电极电流 I_{Cn}。

与此同时,由于集电结反向偏置,基区本身的少子(电子)与集电区的少子(空穴)将在结电场的作用下形成漂移电流,即反向饱和电流,称为 I_{CBO}。I_{CBO} 数值很小,可以忽略不计,但由于它受温度影响大,将影响三极管的性能。

由以上分析可知,三极管内部有两种载流子参与导电,故称为双极型晶体管。三极管三个电极电流 I_B、I_C、I_E 分别为

$$I_B = I_{Bn} - I_{CBO} \tag{1.6}$$

$$I_C = I_{Cn} + I_{CBO} \tag{1.7}$$

$$I_E = I_{Cn} + I_{Bn} = (I_{Cn} + I_{CBO}) + (I_{Bn} - I_{CBO}) = I_C + I_B \tag{1.8}$$

2. 各极电流之间的关系

在图 1.30 所示电路中,I_B 所在回路称为输入回路,I_C 所在回路称为输出回路,而发射极为两个回路的公共端,因此,该电路称为共射放大电路。该电路中电流 I_E 主要是由发射区扩散到基区的电子而产生的;I_B 主要是由发射区扩散过来的电子在基区与空穴复合而产生的;I_C 主要是由发射区注入基区的电子漂移到集电区而形成的。当三极管制成以后,复合和漂移所占的比例就确定了,也就是说 I_C 与 I_B 的比值也接确定了,这个比值称为共发射极直流电流放大系数 $\bar{\beta}$,$\bar{\beta}$ 满足以下关系:

$$\bar{\beta} = \frac{I_C}{I_B} \tag{1.9}$$

由于 I_B 远小于 I_C,因此 $\bar{\beta} \gg 1$,一般 NPN 型三极管的 $\bar{\beta}$ 为几十倍至一百多倍。

实际电路中,三极管主要用于放大动态信号。当输入回路加上动态信号后,将引起发射结电压的变化,从而使发射极电流、基极电流变化,集电极电流也将随之变化。集电极电流的变化量与基极电流变化量的比值称为共发射极交流电流放大系数 β,则

$$\beta = \frac{\Delta i_C}{\Delta i_B} \tag{1.10}$$

式(1.10)表明三极管具有将基极电流变化量放大 β 倍的能力,这就是三极管的电流放大作用。

因为在近似分析中可以认为 $\beta = \bar{\beta}$,故在实际应用中不再加以区分。

1.3.3 三极管的共射特性曲线

三极管的共射特性曲线是指三极管在共射接法下各电极电压与电流之间的关系曲线,分为输入特性曲线和输出特性曲线。本节主要介绍 NPN 三极管的共射特性曲线。

1. 输入特性

输入特性是指当 U_{CE} 不变时,基极电流 I_B 与电压 U_{BE} 之间的关系曲线,即

$$I_B = f(U_{BE}) \big|_{U_{CE}=\text{常数}}$$

图 1.31 中给出了 U_{CE} 在两种不同取值情况下的输入特性。输入特性有如下特点:

(1) 当 $U_{CE} = 0$ 时,相当于两个 PN 结(发射结与集电结)并联,此时输入特性与二极管伏安特性相似。

(2) 当 $U_{CE} > 0$ 时,随着 U_{CE} 的增大,特性曲线右移,这时集电结电场对发射区注入基区的电子的吸引力增强,因而使基区内与空穴复合的电子减少,表现为在相同 U_{BE} 下对应的 I_B 减少。当 U_{CE} 大于某一数值(例如 1 V)以后,特性曲线右移很少。这是因为集电结反偏后,其反偏电压足以将注入基区的电子基本上都收集到集电极,即使 U_{CE} 再增大,I_B 也不会减小很多。所以,常常用 $U_{CE} > 1$ V 的一条曲线(例如 $U_{CE} = 2$ V)来代表 U_{CE} 更高的情况。

2. 输出特性

输出特性是指当 I_B 不变时,集电极电流 I_C 与电压 U_{CE} 之间的关系曲线,即

$$I_C = f(U_{CE})\bigg|_{I_B=\text{常数}}$$

三极管的输出特性如图 1.32 所示。

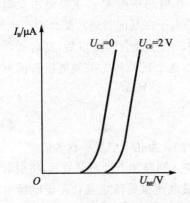

图 1.31 三极管的输入特性

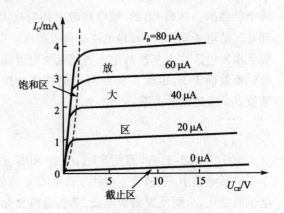

图 1.32 三极管的输出特性

从图 1.32 中可以看出，三极管的输出特性为一组曲线，对应不同的 I_B，输出特性不同，但它们的形状基本相同。在输出特性曲线上可以划分为 3 个区域：截止区、放大区和饱和区。

(1) 截止区

一般将 $I_B \leqslant 0$ 的区域称为截止区，在图 1.32 中为 $I_B = 0$ 的一条曲线以下部分。此时，集电结和发射结均处于反向偏置，I_C 也近似为零，三极管处于截止状态，没有放大作用。

(2) 放大区

在放大区内，各条输出特性曲线比较平坦，近似为水平的直线，表示当 I_B 一定时，I_C 的值基本上不随 U_{CE} 而变化。而当基极电流有一个微小的变化量 ΔI_B 时，相应的集电极电流将产生较大的变化量 ΔI_C，且满足 $\Delta I_C = \beta \Delta I_B$，体现出三极管的电流放大作用。

在放大区，三极管的发射结正向偏置、集电结反向偏置。对于 NPN 型三极管来说，$U_{BE} > 0$，而 $U_{BC} < 0$，即各电极电位为 $V_C > V_B > V_E$；对于 PNP 型三极管来说，$U_{BE} < 0$，而 $U_{BC} > 0$，即各电极电位为 $V_C < V_B < V_E$。

(3) 饱和区

图 1.32 中靠近纵坐标的附近，各条输出特性曲线的上升部分属于三极管的饱和区。此时，集电结和发射结均处于正向偏置。由于集电结正偏，不利于少子漂移，因而不利于集电区收集从发射区注入基区的电子，使得在相同的 I_B 下 I_C 比放大区的小。在饱和区，不满足 $\Delta I_C = \beta \Delta I_B$。一般称 $U_{CE} = U_{BE}$ 时三极管的工作状态为临界饱和状态。饱和时的 U_{CE} 称为饱和管压降，记作 U_{CES}，一般小功率硅三极管的 $U_{CES} < 0.4 \text{ V}$。

例 1.5 图 1.33 中三极管各电极电位已标出，试判断三极管分别处于何种工作状态（饱和、放大、截止或已损坏），若处于放大或饱和状态，请判断是硅管还是锗管。

解:判断三极管的工作状态主要是分析其两个 PN 结的偏置状态;而判断三极管的材料主要是看其导通时发射结的压降,若 $|U_{BE}|=0.7$ V 左右为硅管,$|U_{BE}|=0.2$ V 左右为锗管。

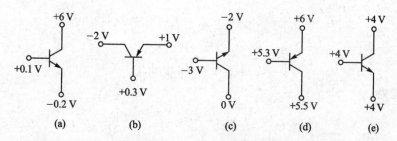

图 1.33 例 1.5 用图

(a) NPN 型管,$U_{BE}=[0.1-(-0.2)]$ V $=0.3$ V,发射结正偏;$U_{BC}=(0.1-6)$ V $=-5.9$ V,集电结反偏,故该管工作在放大状态,且为锗管。

(b) PNP 型管,$U_{BE}=(0.3-1)$ V $=-0.7$ V,发射结正偏;$U_{BC}=[0.3-(-2)]$ V $=2.3$ V,集电结反偏,故该管工作在放大状态,且为硅管。

(c) NPN 型管,$U_{BE}=[-3-(-2)]$ V $=-1$ V,发射结反偏;$U_{BC}=(-3-0)$ V $=-3$ V,集电结反偏,该管工作在截止状态。

(d) PNP 型管,$U_{BE}=(5.3-6)$ V $=-0.7$ V,发射结正偏;$U_{BC}=(5.3-5.5)$ V $=-0.2$ V,集电结正偏,该管工作在饱和状态,硅管。

(e) NPN 型管,$U_{BE}=(4-4)$ V $=0$ V,发射结压降为零;$U_{BC}=(4-4)$ V $=0$ V,集电结压降也为零,故该管可能被击穿,已损坏;也可能因电路连线问题而使之截止。

例 1.6 在图 1.34(a)所示电路中,已知三极管发射结正偏时 $U_{on}=0.7$ V,深度饱和时其管压降 $U_{CES}=0$,$\beta=60$。

(1) 试分析 $u_i=0$ V 和 5 V 时,三极管处于何种工作状态,并求 u_o;

(2) 分析 $u_i=1$ V 时,三极管处于何种工作状态,并求电路中电流 i_C 和输出电压 u_o。

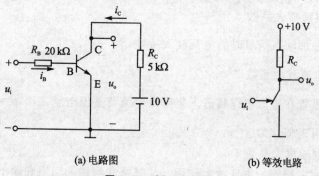

(a) 电路图 (b) 等效电路

图 1.34 例 1.6 用图

解：(1) 当 $u_i=0$ V 时，发射结压降也将为零，即 $u_{BE}=0$ V$<U_{on}$，因而三极管处于截止状态，此时，$i_B=i_C=0$，因而 $u_o=V_{CC}=10$ V。

当 $u_i=5$ V 时，发射结将正偏，即 $u_{BE}=0.7$ V，从输入回路可计算出

$$i_B = \frac{u_i - u_{BE}}{R_B} = \left(\frac{5-0.7}{20}\right) \text{mA} \approx 0.215 \text{ mA}$$

则

$$i_C = \beta i_B = 12.9 \text{ mA}$$

而 i_C 最大只能为

$$i_{C,\max} = \frac{V_{CC} - U_{CE}}{R_C} \approx \frac{V_{CC}}{R_C} = 2 \text{ mA}$$

因而

$$i_{C,\max} < \beta i_B = 12.9 \text{ mA}$$

所以三极管处于饱和状态。此时，输出电压 $u_o=U_{CES}=0$ V。

由以上分析可知，三极管就如同一受 u_i 控制的开关，如图 1.34(b)所示，当 $u_i=0$ 时开关断开，$u_o=V_{CC}=10$ V；当 $u_i=5$ V 时开关闭合，$u_o=U_{CES}=0$。

(2) 当 $u_i=1$ V 时，发射结正偏，$u_{BE}=0.7$ V，则

$$i_B = \frac{u_i - u_{BE}}{R_B} = \left(\frac{1-0.7}{20}\right) \text{mA} = 15 \text{ }\mu\text{A}$$

由于 $\beta i_B=0.9$ mA$<i_{C,\max}=2$ mA，说明三极管处于放大状态。输出电压

$$u_o = V_{CC} - i_C R_C = (10 - 5 \times 0.9) \text{ V} = 5.5 \text{ V}$$

$u_{CE}=u_o>u_{BE}$，因而集电结反偏，从另一角度说明三极管处于放大状态。

1.3.4 三极管的主要参数

1. 电流放大系数

三极管的电流放大系数是表征其放大作用大小的参数。综合前面的讨论，有以下几个参数：

(1) 共射交流电流放大系数 β

它反映三极管在加动态信号时的电流放大特性，$\beta = \dfrac{\Delta I_C}{\Delta I_B}\bigg|_{U_{CE}=\text{常数}}$

(2) 共射直流电流放大系数 $\bar{\beta}$

该参数反映三极管在直流工作状态下集电极电流与基极电流之比，$\bar{\beta} = \dfrac{I_C}{I_B}$

在实际应用中可近似认为 $\beta=\bar{\beta}$。

(3) 共基交流电流放大系数 α

体现共基接法时三极管的电流放大作用。共基接法指输入回路和输出回路的公共端为基

极。α 的定义是集电极电流与发射极电流的变化量之比，即 $\alpha = \dfrac{\Delta I_C}{\Delta I_E}$。

(4) 共基直流电流放大系数 $\bar{\alpha}$

该参数反映三极管在直流工作状态下集电极电流与发射极电流之比，即 $\bar{\alpha} = \dfrac{I_C}{I_E}$。

在实际应用中可近似认为 $\alpha = \bar{\alpha}$。

β 和 α 这两个参数不是独立的，而是互相联系，两者之间存在以下关系：

$$\alpha = \frac{\beta}{1+\beta} \quad \text{或} \quad \beta = \frac{\alpha}{1-\alpha}$$

2. 反向饱和电流

(1) 集电极-基极反向饱和电流 I_{CBO}：I_{CBO} 是指发射极 E 开路时集电极 C 和基极 B 之间的反向电流。一般小功率锗管的 I_{CBO} 为几微安至几十微安；硅三极管的 I_{CBO} 要小得多，有的可以达到纳安数量级。

(2) 集电极-发射极间的穿透电流 I_{CEO}：I_{CEO} 是指基极 B 开路时集电极 C 和发射 E 间加上一定电压时所产生的集电极电流。$I_{CEO} = (1+\bar{\beta})I_{CBO}$。

因为 I_{CBO} 和 I_{CEO} 都是少数载流子运动形成的，所以对温度非常敏感。I_{CBO} 和 I_{CEO} 愈小，表明三极管的质量愈高。

3. 极限参数

三极管的极限参数是指使用时不得超过的限度。

(1) 集电极最大允许电流 I_{CM}

当集电极电流过大，超过一定值时，三极管的 β 值就要减小，且三极管有损坏的危险，该电流值即为 I_{CM}。

(2) 集电极最大允许功耗 P_{CM}

三极管的功率损耗大部分消耗在反向偏置的集电结上，并表现为结温升高，P_{CM} 是在三极管温升允许的条件下集电极所消耗的最大功率。超过此值，三极管将被烧毁。

(3) 反向击穿电压

三极管的两个结上所加反向电压超过一定值时都将被击穿，因此，必须了解三极管的反向击穿电压。极间反向击穿电压主要有以下几项：

$U_{(BR)CEO}$：基极开路时，集电极和发射极之间的反向击穿电压。

$U_{(BR)CBO}$：发射极开路时，集电极和基极之间的反向击穿电压。

三极管正常工作时，其安全工作区如图 1.35 所示。

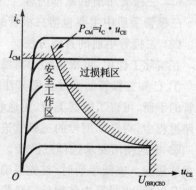

图 1.35 三极管的安全工作区

1.3.5 三极管的判别及手册的查阅方法

三极管的判别主要包括确定三极管的类型、性能和参数。可用专门的测量仪器进行测试,但一般粗略判别三极管的类型和引脚时,可直接通过三极管的型号简单判断,也可利用万用表测量的方法判断。

1. 三极管型号的意义

三极管的型号一般由五大部分组成,如 3AX31A、3DG12B、3CG14G 等。下面以 3DG110B 为例说明各部分的命名意义。

$$\underset{(1)}{3} \quad \underset{(2)}{D} \quad \underset{(3)}{G} \quad \underset{(4)}{110} \quad \underset{(5)}{B}$$

(1) 由数字组成,代表电极数,"3"代表三极管。

(2) 由字母组成,表示三极管的材料与类型。如 A 表示 PNP 型锗管,B 表示 NPN 型锗管,C 表示 PNP 型硅管,D 表示 NPN 型硅管。

(3) 由字母组成,表示三极管的功能。如 G 表示高频小功率管,X 为低频小功率管,A 为高频大功率管,D 为低频大功率管,K 为开关管等。

(4) 由数字组成,表示三极管的序号。

(5) 由字母组成,表示三极管的规格号。

2. 三极管手册的查阅方法

三极管手册中给出了三极管的技术参数和使用方法,是正确使用三极管的依据。

三极管的种类很多,其性能、用途和参数指标也各不相同。在使用时,如不了解就无法准确地选择出电路中所需要的三极管,甚至会因三极管的某项参数不满足电路的要求,而损坏三极管或使电路的性能达不到实际要求。因此,要准确使用三极管,正确使用的前提是掌握必要的查阅三极管手册的方法。

(1) 三极管手册的基本内容

三极管手册中主要包括三极管的型号、电参数符号说明、主要用途及主要参数。

(2) 三极管手册的查阅方法

在实际工作中,可根据实际需要来查阅三极管手册,一般分以下两种情况:

① 已知三极管的型号查阅其性能参数和使用范围。若已知三极管的型号,则通过查阅三极管的手册,可以了解其类型、用途和主要参数等技术指标。这种情况常出现于在设计、制作电路过程中,对已知型号的三极管进行分析,看其是否满足电路的要求。

② 根据使用要求选择三极管。根据手册选择满足电路要求的三极管,是三极管手册的另一重要用途。查阅手册时,首先要确定所选三极管的类型,在手册中查找对应三极管栏目。确定栏目以后,将栏目中各型号三极管参数逐一与要求参数比较,看是否满足电路的要求,来确定所用三极管的型号。

3. 判别三极管的管型和引脚

(1) 根据三极管外壳上的型号,初判其类型。

(2) 根据三极管的外形特点,初判其引脚,常见典型三极管的引脚排列如图 1.36 所示。

(3) 用万用表判别三极管的引脚及管型。

① 基极的判别。因为基极对集电极和发射极的 PN 结方向相同,所以,首先确定基极比较容易。具体方法是:将万用表的欧姆档置 $R\times 1\ k(\Omega)$ 档,并调零,用黑(红)表笔接三极管的某一电极,用红(黑)表笔分别接另外两个电极,轮流测试,直到测出的两个电阻都很小时为止,则该电极为基极。这时,若黑表笔接基极,则该管为 NPN 管;若红表笔接基极,则该管为 PNP 管。

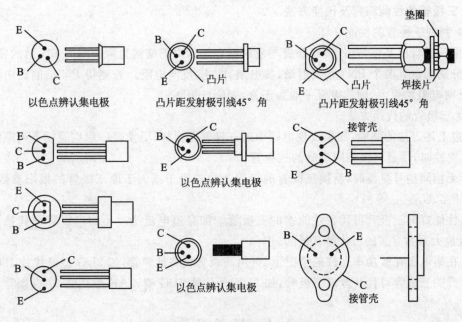

图 1.36 典型三极管的引脚排列图

② 集电极和发射极的判别。将上述测出的基极开路,将万用表拨至 $R\times 1\ k(\Omega)$ 档,调零后,用万用表的黑、红表笔去接触另外两电极,测得一阻值,再将黑、红表笔对调,又测得一阻值,比较两个阻值的大小。综合分析可知,对于 NPN 管,在阻值略小的那一次中,红表笔所接电极为集电极,则另一电极为发射极;对于 NPN 管,可在基极与黑表笔之间接上一个 100 Ω 的电阻,用上述同样的方法再测量,在阻值略小的那一次中,黑表笔所接电极为集电极,则另一电极为发射极。

③ 根据硅管的发射结正向压降大于锗管的正向压降的特点,来判断其材料。一般常温下,锗管正向压降为 0.2~0.3 V,硅管的正向压降为 0.6~0.7 V。根据图 1.37 所示电路进行测量,由电压表的读数大小确定是硅管还是锗管。

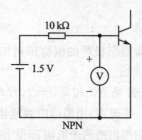 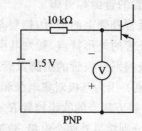

图 1.37 判断硅管和锗管的电路

4. 三极管的性能粗判及代换方法

(1) 判别三极管的性能好坏

根据三极管的基极与集电极、基极与发射极之间的内部结构为两个同向 PN 结的特点,用万用表分别测量其两个 PN 结(发射结、集电结)的正、反向电阻。若测得 PN 结的正向电阻均很小,反向电阻均很大,则三极管一般为正常,否则已损坏。

(2) 三极管的代换方法

通过上述方法的判断,如果发现电路中的三极管已损坏,更换时一般应遵循下列原则:

① 更换时,尽量更换相同型号的三极管。

② 无相同型号更换时,新换三极管的极限参数应等于或大于原三极管的极限参数,如参数 I_{CM}、P_{CM}、$U_{(BR)CEO}$ 等。

③ 性能好的三极管可代替性能差的三极管。如穿透电流 I_{CEO} 小的三极管可代换 I_{CEO} 大的,电流放大系数 β 高的可代替 β 低的。

④ 在集电极耗散功率允许的情况下,可用高频管代替低频管,如 3DG 型可代替 3DX 型。

⑤ 开关三极管可代替普通三极管,如 3DK 型代替 3DG 型,3AK 型代替 3AG 型管。

1.4 场效应管

前面介绍的半导体三极管为双极型晶体管,原因是其内部有两种载流子(多子和少子)参与导电。现在将要讨论另一种类型的半导体器件,它们内部只有一种载流子(多子)参与导电,故称其为单极型晶体管。单极型晶体管是利用电场效应来控制电流的,因此又称为场效应管,可缩写为 FET(field effect transistor)。场效应管分为两大类:一类是结型场效应管 JFET(junction FET),另一类是绝缘栅型场效应管 IGFET(insutated gate FET)。

1.4.1 结型场效应管

1. 结 构

在 N 型半导体两边用扩散法或其他工艺形成两个高浓度的 P 型区(用 P^+ 表示),将这两个 P$^+$ 区各引出一个电极并连在一起称为栅极 G，在 N 型半导体的两端各引出一个电极，分别称为源极 S 和漏极 D，如图 1.38(a)所示，这样就制成了 N 沟道 JFET。两个 P$^+$ 区与 N 型半导体之间形成了两个 PN 结，PN 结中间的 N 型区域称为导电沟道。用同样方法可制成 P 沟道的 JFET。

N 沟道和 P 沟道 JFET 的图形符号分别如图 1.38(b)和图 1.38(c)所示。其中箭头表示栅结(PN 结)的方向，从 P 指向 N，因而可根据箭头方向识别这个场效应管属于 N 沟道管还是 P 沟道管。

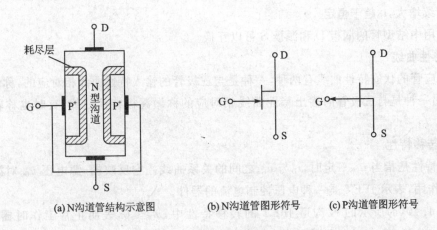

(a) N 沟道管结构示意图　　(b) N 沟道管图形符号　　(c) P 沟道管图形符号

图 1.38　结型场效应管

2. 工作原理

改变 JFET 栅极 G 和源极 S 之间的电压 u_{GS}，即可改变导电沟道的宽度，从而改变通过漏极和源极的电流 i_D 的大小。JFET 工作时常接成如图 1.39 所示的共源接法，以源极为公共端。

图 1.39 中 V_{DD} 为正电源，保证 D、S 间电压足够大，而 V_{GG} 应为负电源。当 $V_{GG}=0$ 时，$u_{GS}=0$，漏极与源极之间存在导电沟道，因而存在漏极电流 i_D。当 V_{GG} 逐渐增大时，u_{GS} 逐渐变负，由于两个 PN 结均反向偏置，耗尽层均变宽而向导电沟道内扩展，使导电沟道变窄，沟道电阻增大，因而电流 i_D 减小；当 V_{GG} 的数值继续增大到某一个值 U_P 时，两个 PN 结的耗尽层将彼此相遇，使导电沟道被夹断，$i_D=0$；此时的栅-源电压 U_P 称为夹断电压。由此可见，改变栅-源电压 u_{GS} 便可控制漏极电流 i_D。由于栅极为两个反向偏置的 PN 结，栅极几乎没有电流，因此 JFET 的输入

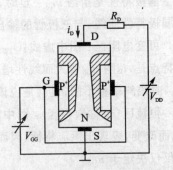

图 1.39　N 沟道 JEFT 共源接法

电阻很高,可达 $10^6 \sim 10^9$ Ω。若 $u_{GS}>0$,则两个 PN 结处于正向偏置,将有较大的栅极电流,JFET 将失去输入阻抗很高的特点。

另外,当 u_{GS} 一定(即 V_{GG} 不变),且 $|u_{GS}|<|U_P|$ 时,漏-源电压 u_{DS} 对 i_D 也有一定的控制作用。图 1.39 中由于电源 V_{DD} 与 V_{GG} 串联,因而在漏极附近的 PN 结上反向电压(约为 $V_{DD}+|V_{GG}|$)比源极附近(约为 $|V_{GG}|$)要高,所以在漏极附近的耗尽层最宽,导电沟道自上而下逐渐变宽。当 u_{DS} 从零开始增加时,i_D 随之增加;但当 u_{DS} 增加到一定程度时,即 $u_{DS}-|u_{GS}|=|U_P|$ 时,耗尽层将互相靠拢,并且使漏极附近最先靠拢,导电沟道极窄。此时即使 u_{DS} 再增大,也无法使 i_D 继续增大,i_D 趋于恒定。

在使用中结型管的漏极 D 和源极 S 可以互换。

3. 特性曲线

场效应管的伏安特性曲线有两种,一种是与三极管的输入特性曲线相对应的,称做转移特性曲线;另一种是与三极管的输出特性曲线相对应的称做漏极特性曲线,有时也称输出特性曲线。

(1) 转移特性

转移特性是指当 u_{DS} 一定时,i_D 与 u_{GS} 之间的关系曲线。它反映栅-源电压 u_{GS} 对漏极电流 i_D 的控制作用,表示 JFET 是一种电压控制电流的器件。

在图 1.40(a)所示的 N 沟道 JFET 的转移特性中,$u_{GS} \leqslant 0$,表明正常工作时栅-源电压不能为正;当 $U_P<u_{GS}<0$ 时,电流随 $|u_{GS}|$ 减小而增大,当 $|u_{GS}|=0$ 时的 i_D 称为饱和漏极电流,记作 I_{DSS},而电压 U_P 称为夹断电压。近似计算时,i_D 与 u_{GS} 之间的关系表示如下:

$$i_D = I_{DSS}\left[1-\frac{u_{GS}}{U_P}\right]^2 \quad (U_P \leqslant u_{GS} \leqslant 0) \tag{1.11}$$

(2) 漏极特性

漏极特性是指当 u_{GS} 一定时,i_D 与 u_{DS} 之间的关系曲线。图 1.40(b)所示为 N 沟道 JFET 的漏极特性曲线,与三极管的输出特性类似,也可分为 3 个工作区。

可变电阻区:图中虚线 $|U_{DS}-U_{GS}|=|U_P|$(称为预夹断轨迹)左边部分即为可变电阻区。其特点是,i_D 随 u_{DS} 增大而线性增加,曲线的斜率表现为漏-源间的等效电阻 r_{DS}。对应不同的 u_{GS},曲线斜率将不同,也就是说该区是一个由 u_{GS} 控制的可变电阻区。

恒流区(也称饱和区):图中虚线右边曲线近似水平的部分为恒流区。其特点是,i_D 不随 u_{DS} 而改变,表现出恒流特性,因而称为恒流区。JFET 用于放大时应工作在该区域,此时 i_D 几乎仅仅决定于 u_{GS}。

夹断区:图 1.40 中靠近横轴的部分称为夹断区,此时 $u_{GS}<U_P$,导电沟道被夹断,$i_D=0$,此时 JFET 的 3 个电极均相当于开路。

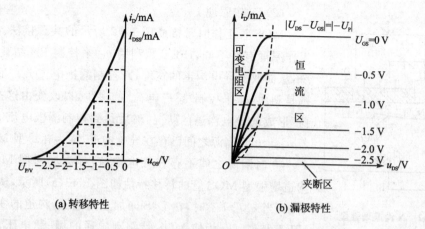

(a) 转移特性 (b) 漏极特性

图 1.40 N 沟道 JFET 特性曲线

1.4.2 绝缘栅型场效应管

绝缘栅型场效应管(IGFET)比结型场效应管的输入电阻更大,可达 10^{12} Ω 或更高。目前 IGFET 用得最多的是 MOSFET(metal - oxide - semiconductor FET),简称为 MOS 管。与 JFET 不同,MOS 管除了分为 P 沟道和 N 沟道两类外,每类又分为增强型和耗尽型两种。

1. N 沟道增强型 MOS 管

(1) 结 构

图 1.41(a)为 N 沟道增强型 MOS 管的结构图,在一块低掺杂的 P 型硅片上扩散出两个高掺杂的 N 型区(称为 N^+ 区),然后在半导体表面覆盖一层很薄的二氧化硅绝缘层。从两个 N^+ 区表面及它们之间的二氧化硅表面分别引出 3 个铝电极:源极 S、漏极 D 和栅极 G,其中 S 常与衬底连在一起。N 沟道增强型 MOS 管的图形符号如图 1.41(b)所示。

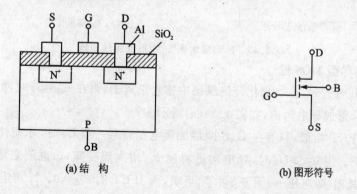

(a) 结 构 (b) 图形符号

图 1.41 N 沟道增强型 MOS 管的结构图和图形符号

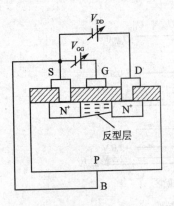

图 1.42 N 沟道增强型 MOS 管工作原理

(2) 工作原理

MOS 管工作时常接成图 1.42 所示的共源接法。与 JFET 工作原理有所不同，JFET 是利用 u_{GS} 来控制 PN 结耗尽层的宽窄，从而改变导电沟道的宽度，以控制漏极电流 i_D。而 MOS 管则是利用 u_{GS} 来控制"感应电荷"的多少，以改变由这些"感应电荷"形成的导电沟道的状况，然后达到控制漏极电流 i_D 的目的。若 $u_{GS}=0$ 时漏源之间已存在导电沟道，称为耗尽型 MOS 管；若 $u_{GS}=0$ 时漏源之间不存在导电沟道，称为增强型 MOS 管。N 沟道增强型 MOS 管的转移特性如图 1.43(a)所示，从曲线可以看出，当 $u_{GS}>U_T$ 时，在 D、S 间加正向电压，沟道的变化情况与 JFET 相似，U_T 为使 MOS 管刚刚导通的栅-源电压，称为开启电压。图 1.43(b)为 N 沟道增强型 MOS 管的漏极特性，其 3 个工作区也与 JFET 相似。同样也可用方程来近似分析 i_D 与 u_{GS} 的关系：

$$i_D = I_{D0}\left[\frac{u_{GS}}{U_T}-1\right]^2 \quad [u_{GS}>U_T] \tag{1.12}$$

式中，I_{D0} 为 $u_{GS}=2U_T$ 时的 i_D。

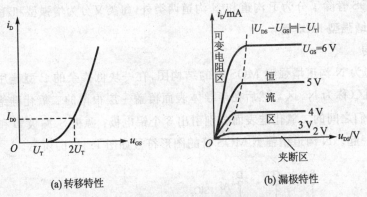

(a) 转移特性　　　　　　(b) 漏极特性

图 1.43 N 沟道增强型 MOS 管特性曲线

2. N 沟道耗尽型 MOS 管

若在制作 MOS 管时，在二氧化硅绝缘层中掺入正离子，则在 $u_{GS}=0$ 时两个 N^+ 区之间也能感应出负电荷，形成导电沟道，如图 1.44(a)所示。

与 N 沟道 JFET 相似，只有在 G、S 两端加负电压到某一值 U_P 时，才能使导电沟道夹断，称 U_P 为夹断电压。当 $u_{GS}>U_P$ 时，导电沟道将随 u_{GS} 增大而变宽，i_D 也随之增大。与 N 沟道 JFET 不同的是其栅-源电压 u_{GS} 可正、可零、可负，而 JFET 的 $u_{GS} \leqslant 0$。N 沟道耗尽型 MOS 管图形符号如图 1.44(b)所示。

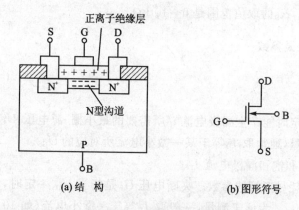

(a) 结 构   (b) 图形符号

图 1.44 N 沟道耗尽型 MOS 管的结构图符号和图形

例 1.7 电路如图 1.45 所示,已知 JFET 的夹断电压 $U_P = -2$ V,饱和漏极电流 $I_{DSS} = 2$ mA,试求漏极电流 i_D。

解:由于 MOS 管的直流输入阻抗很高,栅极电流为零,因而图 1.45 中电路中 $u_{GS} = 0$。从 JFET 的转移特性可得此时 $i_D = I_{DSS} = 2$ mA。图 1.45 所示电路实际上是一个自偏压的恒流源,当选定了 MOS 管后,i_D 也就随之确定。

例 1.8 在图 1.46(a)所示电路中,已知 MOS 管的漏极特性如图 1.46(b)所示。试分析当 R_D 在何范围内 MOS 管工作在恒流区。

解:由图 1.46(a)可知 $U_{GS} = 4$ V。

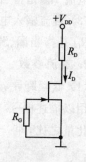

图 1.45 例 1.7 用图

由图 1.46(b)可以看出 $U_T = 2$ V;当 $U_{GS} = 4$ V 时,所对应的漏极特性恒流区的 $I_D = 1$ mA。MOS 管工作在恒流区时要求:$U_{DS} > U_{GS} - U_T = (4-2)$ V $= 2$ V,即要求

$$12\ \text{V} - R_D I_D > 2\ \text{V}$$

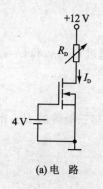

(a) 电 路

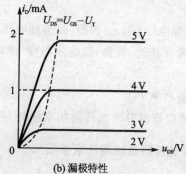

(b) 漏极特性

图 1.46 例 1.8 用图

于是可得 $R_D<10\text{ k}\Omega$。R_D 的取值范围是 $0\sim10\text{ k}\Omega$。

1.4.3 场效应管的主要参数

1. 直流参数

(1) 开启电压 U_T

U_T 是指当 U_{DS} 一定时能产生漏极电流 i_D 所需要的最小栅-源电压 $|U_{GS}|$，这是增强型 MOS 管的参数。为便于测量，通常取 I_D 等于某一微小电流所对应的 U_{GS}。

(2) 夹断电压 U_P 和饱和漏极电流 I_{DSS}

这两个参数都是耗尽型管的参数。夹断电压 U_P 是指当 U_{DS} 一定时，为使漏极电流 $I_D=0$ 所需加的栅-源电压 U_{GS}。为便于测量，一般取 I_D 等于一微小电流（如 $10\ \mu\text{A}$）时的 U_{GS}。饱和漏极电流 I_{DSS} 是指当 $U_{GS}=0$、$|U_{DS}|>|U_P|$ 时的漏极电流。

(3) 直流输入电阻 R_{GS}

R_{GS} 是指当漏、源之间短路时，栅-源电压与栅极电流之比。

2. 交流参数

(1) 低频跨导 g_m

用以描述栅-源电压 U_{GS} 对漏极电流 I_D 的控制作用。它的定义是当 U_{DS} 一定时，I_D 与 U_{GS} 的变化量之比，即

$$g_m = \left.\frac{\Delta I_D}{\Delta U_{GS}}\right|_{U_{DS}=\text{常数}} \tag{1.13}$$

若 I_D 的单位是 mA(毫安)，U_{GS} 的单位是 V(伏)，则 g_m 的单位是 mS(毫西门子)。

(2) 极间电容

场效应管的 3 个电极之间均存在极间电容，即栅-源电容 C_{GS}，栅-漏电容 C_{GD} 和漏-源电容 C_{DS}，场效应管工作在高频条件时应考虑这些电容的影响。

3. 极限参数

(1) 漏-源击穿电压 $U_{(BR)DS}$ 和栅-源击穿电压 $U_{(BR)GS}$

场效应管正常工作时，其漏-源电压和栅-源电压不允许超过 $U_{(BR)DS}$ 和 $U_{(BR)GS}$，否则场效应管会损坏。

(2) 最大耗散功率 P_{DM}

P_{DM} 是指场效应管温升所允许的功率损耗，$P_{DM}=I_D U_{DS}$，与三极管的 P_{CM} 相似。

1.4.4 场效应管的检测及使用注意事项

1. 检 测

由于绝缘栅型场效应(MOS)管输入阻抗很高，不宜用万用表测量，必须用测试仪测量，而

且测试仪必须良好接地,测试结束后应先短接各电极,以防外来感应电势将栅极击穿。

结型场效应管可用万用表判别其引脚和性能的优劣。

(1) 引脚的判别:首先确定栅极,将万用表置 $R\times 1$ k(Ω)或 $R\times 100$(Ω)档,用黑表笔碰接假设的栅极,再用红表笔分别接另外两脚。若测得的阻值小,黑、红表笔对调阻值很大,则假设的栅极正确,并知它是 N 沟道场效应管,反之为 P 沟道场效应管。其次,确定源极和漏极,对于结型场效应管,由于漏、源极是对称的,可以互换,因此,剩余的两只引脚中任何一只都可以作为源极或漏极。

(2) 质量判定:把万用表置 $R\times 1$ k(Ω)或 $R\times 100$(Ω)档,红、黑两表笔分别交替接源极和漏极,阻值均小。随后将黑表笔接栅极,红表笔分别接源极和漏极,对 N 沟道场效应管,阻值应很小;对 P 沟道场效应管,阻值应很大。再将红、黑表笔对调,测得的数值相反,这样的场效应管基本上是好的。否则,要么击穿,要么断路。

2. 使用注意事项

(1) 场效应管栅、源极之间的电阻很高,使得栅极的感应电荷不易泄放,又因极间电容很小,故会造成电压过高使绝缘层击穿。因此,保存场效应管时应使 3 个电极短接,避免栅极悬空。焊接时,电烙铁的外壳应良好接地,或烧热电烙铁后切断电源再焊。

(2) 有些场效应管将衬底引出,故有 4 个引脚,这种场效应管的漏极与源极可互换使用。但有些场效应管在内部已将衬底与源极接在一起,只引出 3 个电极,这种场效应管的漏极与源极不能互换。

(3) 使用场效应管时各极必须加正确的工作电压。

(4) 在使用场效应管时,要注意漏源电压、漏源电流及耗散功率等,不要超过规定的最大允许值。

1.4.5 各种场效应管比较

结型场效应管有 N 沟道和 P 沟道两种,且均为耗尽型,不同之处是它们的栅-源电压 u_{GS} 和漏-源电压 u_{DS} 的极性相反。P 沟道 MOS 管的两种类型在结构上与 N 沟道 MOS 管类似,二者相比,在导电时它们的栅-源电压 u_{GS} 和漏-源电压 u_{DS} 的极性相反。N 沟道增强型 MOS 管与耗尽型 MOS 管相比,在导电时前者 $u_{GS}>0$,而后者 u_{GS} 可正、可零、可负;P 沟道增强型 MOS 管与耗尽型 MOS 管相比,在导通时前者 $u_{GS}<0$,而后者 u_{GS} 可正、可零、可负。现将各种场效应管的符号和特性曲线如表 1.1 所列。

表1.1 各种场效应管的符号和特性曲线

结构种类	工作方式	符号	电压极性 u_{GS}	电压极性 u_{DS}	转移特性 $i_D=f(u_{GS})$	输出特性 $i_D=f(u_{DS})$
绝缘栅 N型沟道	耗尽型		− +	+		$u_{GS}=0.2\,\text{V},\ 0\,\text{V},\ -0.2\,\text{V},\ -0.4\,\text{V}$
绝缘栅 N型沟道	增强型		+	+		$u_{GS}=5\,\text{V},\ 4\,\text{V},\ 3\,\text{V}$
绝缘栅 P型沟道	耗尽型		+ −	−		$u_{GS}=-1\,\text{V},\ 0\,\text{V},\ 1\,\text{V},\ 2\,\text{V}$
绝缘栅 P型沟道	增强型		−	−		$u_{GS}=-6\,\text{V},\ -5\,\text{V},\ -4\,\text{V}$
结型 P型沟道	耗尽型		+	−		$u_{GS}=0\,\text{V},\ 1\,\text{V},\ 2\,\text{V},\ 3\,\text{V}$
结型 N型沟道	耗尽型		−	+		$u_{GS}=0\,\text{V},\ -1\,\text{V},\ -2\,\text{V},\ -3\,\text{V}$

1.4.6 场效应管和三极管比较

(1) 三极管是两种载流子(多子和少子)参与导电,故称双极型晶体管。而场效应管是由一种载流子(多子)参与导电,N 沟道管是电子,P 沟道管是空穴,故称单极型晶体管。所以场效应管的温度稳定性好,因此,若使用条件恶劣,宜选用场效应管。

(2) 三极管的集电极电流 I_C 受基极电流 I_B 的控制,若工作在放大区可视为电流控制的电流源(CCCS)。场效应管的漏极电流 I_D 受栅源电压 U_{GS} 的控制,是电压控制元件。若工作在放大区可视为电压控制的电流源(VCCS)。

(3) 三极管的输入电阻低($10^2 \sim 10^4$ Ω),而场效应管的输入电阻可高达 $10^6 \sim 10^{15}$ Ω。

(4) 三极管的制造工艺较复杂,场效应管的制造工艺较简单,因而成本低,适用于大规模和超大规模集成电路中。

有些场效应管的漏极和源极可以互换使用,而三极管正常工作时集电极和发射极不能互换使用,这是基于结构和工作原理所致。

场效应管产生的电噪声比三极管小,所以低噪声放大器的前级常选用场效应管。

(5) 三极管分 NPN 型和 PNP 型两种,有硅管和锗管之分。场效应管分结型和绝缘栅型两大类,每类场效应管又可分为 N 沟道和 P 沟道两种,都是由硅片制成。

本章小结

(1) 半导体材料是制造半导体器件的物理基础,利用半导体的掺杂性,控制其导电能力,从而把无用的本征半导体变成有用的 P 型和 N 型两种杂质半导体。

(2) PN 结是制造半导体器件的基础,最主要的特性是单向导电性。因此,正确地理解它的特性对于了解和使用各种半导体器件有着十分重要的意义。

(3) 半导体二极管由一个 PN 结构成。它的伏安特性形象地反映了二极管的单向导电性和反向击穿特性。普通二极管工作在正向导通区,而稳压管工作在反向击穿区。

(4) 三极管由两个 PN 结构成,当发射结正偏、集电结反偏时,三极管的基极电流对集电极电流具有控制作用,即电流放大作用。3 个电极电流具有以下关系:$I_C \approx \beta I_B$,$I_E = I_B + I_C \approx (1+\beta)I_B$。三极管有截止、放大、饱和 3 种工作状态。注意其不同的外部偏置条件。

(5) 场效应管是一种新型半导体器件,它的工作原理与三极管不同,具有很高的输入电阻和较低的噪声系数,适合用作放大器的前置级。

习题 1

1.1 说明下列名词的意义,并指出它们的特点和区别。

(1) 自由电子、空穴、载流子和正、负离子。

(2) 导体导电、半导体导电;自由电子导电、空穴导电;N 型半导体、P 型半导体;本征半导体导电、杂质半导体导电。

1.2 在温度升高时,本征半导体的导电能力为什么会增强?

1.3 杂质半导体中多数载流子和少数载流子的含义是什么?

1.4 什么是 PN 结的偏置?PN 结正向偏置与反向偏置时各有什么特点?

1.5 欲使二极管具有良好的单向导电性,二极管的正向电阻和反向电阻分别为大一些好,还是小一些好?

1.6 判断下列各题是否正确,对者打"√"错者打"×"。

(1) 半导体中的空穴带正电。( )

(2) 本征半导体温度升高后两种载流子的浓度仍然相等。( )

(3) P 型半导体带正电,N 型半导体带负电。( )

(4) 未加外部电压时,PN 结中电流从 P 区流向 N 区。( )

(5) 稳压管工作在反向击穿状态时,其两端电压恒为 U_Z。( )

(6) 若三极管将集电极和发射极互换,则仍有较大的电流放大作用。( )

(7) 增强型场效应管当其栅-源电压为 0 时,不存在导电沟道。( )

(8) MOS 管的直流输入电阻比结型场效应管的大。( )

1.7 选择填空

(1) P 型半导体中的多数载流子是____,N 型半导体中的多数载流子是____。

　　A. 电子　　　　B. 空穴　　　　C. 正离子　　　　D. 负离子

(2) 杂质半导体中少数载流子的浓度____本征半导体中载流子浓度。

　　A. 大于　　　　B. 等于　　　　C. 小于

(3) 室温附近,当温度升高时,杂志半导体中____浓度明显增加。

　　A. 载流子　　　B. 多数载流子　C. 少数载流子

(4) 硅二极管的正向导通压降比锗二极管____,反向饱和电流比锗二极管____。

　　A. 大　　　　　B. 小　　　　　C. 相等

(5) 温度升高时,二极管在正向电流不变的情况下的正向压降____,反向电流____。

　　A. 增大　　　　B. 减小　　　　C. 不变

(6) 工作在放大状态的晶体管,流过发射结的是____电流,流过集电结的是____电流。

　　A. 扩散　　　　B. 漂移

(7) 当晶体管工作在放大区时,各极电位关系为:
NPN 管的 u_C____u_B____u_E,PNP 管的 u_C____u_B____u_E;工作在饱和区时,i_C____βi_B;工作在截止区时,若忽略 I_{CBO} 和 I_{CEO},则 i_B____ 0,i_C____ 0。

　　A. >　　　　　B. <　　　　　C. =

(8) 三极管通过改变____来控制____;而场效应管是通过改变____来控制____,是一种____控制器件。

A. 基极电流　　B. 栅-源电压　　C. 集电极电流　　D. 漏极电流
E. 电压　　　　F. 电流

(9) 三极管电流由____形成,而场效应管的电流由____形成。因此三极管电流受温度的影响比场效应管____。

A. 一种载流子　　B. 两种载流子　　C. 大　　　　D. 小

(10) JFET 和耗尽型 MOS 管的栅-源电压为 0 时____导电沟道,而增强型 MOS 管则____导电沟道。

A. 存在　　　　B. 不存在

1.8　已知在题图 1.1(a)中,$u_i = 10\sin(\omega t)$ V,$R_L = 1$ kΩ,试对应地画出二极管的电流 i_D、电压 u_D 以及输出电压 u_o 的波形,并在波形图上标出幅值。设二极管为理想二极管。

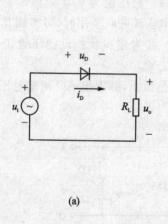

(a)

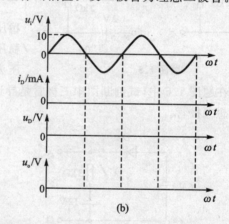

(b)

题图 1.1

1.9　题图 1.2 中,D_1、D_2 都是理想二极管,求电阻 R 中的电流和电压 U。已知 $R = 6$ kΩ,$U_1 = 6$ V,$U_2 = 12$ V。

1.10　题图 1.3 中,D_1、D_2 都是理想二极管,直流电压 $U_1 > U_2$,u_i、u_o 是交流电压信号的瞬时值。试求:

(1) 当 $u_i > U_1$ 时,u_o 的值;

(2) 当 $u_i < U_2$ 时,u_o 的值。

1.11　题图 1.4 中二极管均为理想二极管,请判断它们是否导通,并求出 u_o。

1.12　题图 1.5 所示电路中,已知二极管为理想二极管,u_i 为峰值 $U_{im} = 5$ V 的正弦波。试画出电压 u_o 的波形,并标明幅值。

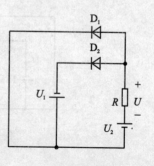

题图 1.2

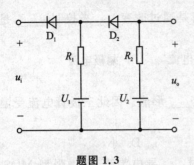

题图 1.3

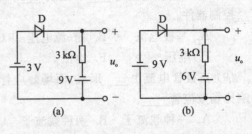

题图 1.4

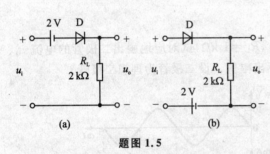

题图 1.5

1.13 在室温（300 K）情况下，若二极管的反向饱和电流为 1 nA，问它的正向电流为 0.5 mA 时应加多大电压？

1.14 稳压值为 7.5 V 和 8.5 V 的两只稳压管串联或并联使用时，可得到几种不同的稳压值？各为多少伏？设稳压管正向导通电压为 0.7 V。

1.15 在题图 1.6 中，试判断图中三极管是导通还是截止，并求出 AO 两端电压 U_{AO}。设二极管为理想二极管。

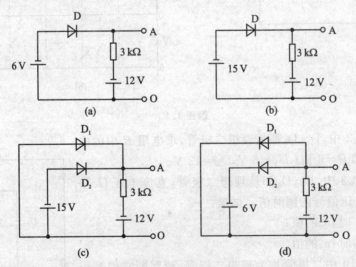

题图 1.6

1.16 由理想二极管组成电路如题图 1.7 所示，试确定各电路的输出电压 U_o。

1.17 设题图 1.8 所示电路中，二极管为理想器件，输入电压由 0 V 变化到 140 V。试画

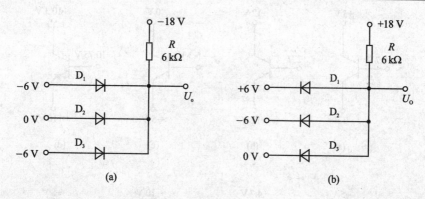

题图 1.7

出电路的电压传输特性。

1.18 稳压管接成题图 1.9 所示电路。(1) 近似计算稳压管的耗散功率 P_Z;(2) 计算负载电阻 R_2 所吸收的功率 P_{R_2};(3) 限流电阻 R_1 所消耗的功率 P_{R_1} 为多少?

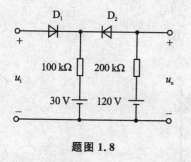

题图 1.8

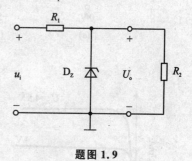

题图 1.9

1.19 在题图 1.9 所示电路中,当稳压管的稳压值为 6 V 时,在下面 4 种情况下,分别求出输出电压 U_o。

(1) $U_i=12$ V,$R_1=4$ kΩ,$R_2=8$ kΩ;
(2) $U_i=12$ V,$R_1=4$ kΩ,$R_2=4$ kΩ;
(3) $U_i=24$ V,$R_1=4$ kΩ,$R_2=2$ kΩ;
(4) $U_i=24$ V,$R_1=4$ kΩ,$R_2=1$ kΩ。

1.20 有两个三极管,其中一只三极管的 $\beta=150$,$I_{CEO}=200$ μA,另一只三极管的 $\beta=50$,$I_{CEO}=10$ μA,其他参数一样。应选择哪只三极管? 为什么?

1.21 测得某电路中几个三极管的各电极电位如题图 1.10 所示,试判断各三极管分别工作在截止区、放大区还是饱和区。

1.22 已知一个 N 沟道增强型 MOS 管的漏极特性曲线如题图 1.11(a) 所示,试在图 1.11(b) 中作出 $U_{DS}=15$ V 时的转移特性曲线,并由特性曲线求出该场效应管的开启电压 U_T 和 I_{D0} 值,以及当 $U_{DS}=15$ V,$U_{GS}=4$ V 时的跨导 g_m。

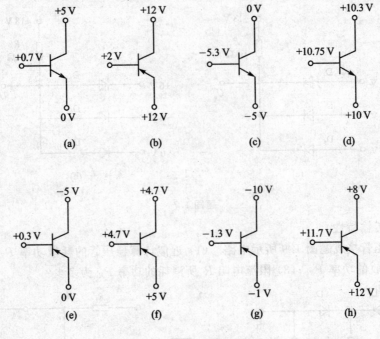

题图 1.10

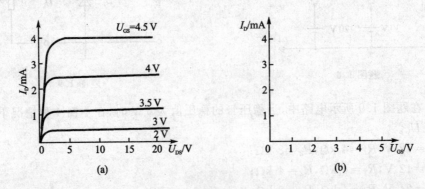

题图 1.11

1.23 分别测得两个放大电路中三极管的各电极电位如题图 1.12(a)和题图 1.12(b)所示,试判别它们的引脚,分别标上 E、B、C,并判断这两个三极管是 NPN 型还是 PNP 型,是硅管还是锗管。

1.24 在题图 1.13 中,已知电源电压 $V=10$ V,$R=200$ Ω,$R_L=1$ kΩ,稳压管的 $U_Z=6$ V,试求:

(1) 稳压管中的电流 I_Z;

(2) 当电源电压 V 升高到 12 V 时,I_Z 将变为多少?

(3) 当 V 仍为 10 V,但 R_L 改为 2 kΩ 时,I_Z 将变为多少?

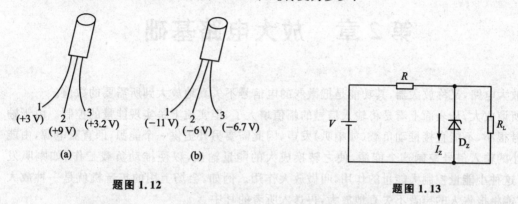

题图 1.12   题图 1.13

1.25 试判断题图 1.14 所示各场效应管的类型;设各管均导通,试判断电源 V_{DD} 和 V_{GG} 的极性。

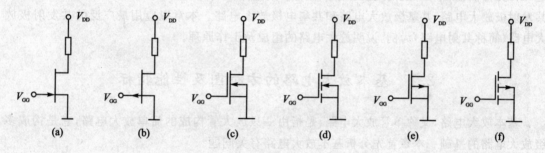

题图 1.14

第 2 章　放大电路基础

放大电路,又称放大器,其功能是把微弱的电信号不失真地放大到所需要的数值。

所谓放大,从表面上看是将输入信号的幅值增大了,但实质上是实现能量的控制。由于输入信号很小,不能直接推动负载(如喇叭)发声,因此需要另外提供一个能源,即直流电源,由能量较小的输入信号控制这个能源,使之转换成大的能量输出,以便推动负载工作(如喇叭发声)。这种小能量控制大能量的作用,叫做放大作用。例如,会场上用的扩音机就是一种放大器,它能将报告人的声音不失真地放大,再送入听者的耳中。

三极管就是一种具有能量控制作用的半导体器件,它是构成放大电路的基本元件,但它只是一种元件而已,不是能源。由三极管组成放大电路共有三种形式,也称三种组态,分别是:共发射极放大电路、共基极放大电路和共集电极放大电路。本章以应用最广泛的共发射极放大电路(简称共射电路)为例,说明放大电路的组成及工作原理。

2.1　基本放大电路的方框图及性能指标

基本放大电路,又称单管放大电路,是指由一只放大管构成的简单放大电路,它是构成多级放大电路的基础。本章首先分析基本放大电路有关问题。

2.1.1　基本放大电路的方框图

放大电路中的放大管可以是三极管、场效应管或集成运放等,它们统称为有源器件,具有能量控制作用。此外,还有电阻、电容等无源元件与之共同组成放大电路。不论电路的组成形式如何,均可用一个方框代替,如图 2.1 所示。放大电路的输入端 A、B 接信号源,即

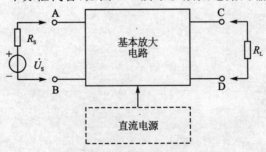

图 2.1　基本放大电路方框图

放大对象,输出端 C、D 接负载 R_L。为了保证三极管处于正常的放大状态,必须提供直流电源。通常,为了突出放大电路本身,直流电源也可不画出,所以,这里用虚线方框代替。当信号源提供一个微弱的动态信号(例如正弦信号)时,经放大后,在负载上得到一个不失真的放大了的信号。

2.1.2 放大电路的性能指标

为了评价一个放大电路质量的优劣,通常需要规定若干项性能指标。测试指标时,一般在放大电路的输入端加上一个正弦测试电压,如图 2.2 所示。放大电路的主要技术指标有以下几项:

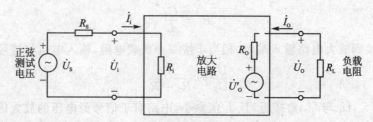

图 2.2 放大电路性能指标测试电路

1. 放大倍数

放大倍数(又称"增益")是衡量一个放大电路放大能力的指标,用 R_o 表示。放大倍数愈大,则放大电路的放大能力愈强。

放大倍数定义为输出信号与输入信号的变化量之比。根据输入、输出端所取的是电压信号还是电流信号,放大倍数又分为电压放大倍数和电流放大倍数。

(1) 电压放大倍数

测试电压放大倍数指标时,通常在放大电路的输入端加上一个正弦波电压信号,假设其相量为 $\dot{U}_i$,然后在输出端测得输出电压的相量为 $\dot{U}_o$,此时可用 $\dot{U}_o$ 与 $\dot{U}_i$ 之比表示放大电路的电压放大倍数 $\dot{A}_u$,即

$$\dot{A}_u = \frac{\dot{U}_o}{\dot{U}_i} \tag{2.1}$$

一般情况下,放大电路中输入与输出信号近似为同相,因此可用电压有效值之比表示电压放大倍数,即 $A_u = U_o/U_i$。

(2) 电流放大倍数

同理,可用输出电流与输入电流相量之比表示电流放大倍数,即

$$\dot{A}_i = \frac{\dot{I}_o}{\dot{I}_i} \tag{2.2}$$

也可用有效值之比 $A_i = I_o/I_i$ 表示电流放大倍数。

以上两式中，最常用的是电压放大倍数 A_u。这是因为一方面，很多放大电路均为电压放大电路，即要求电路在微弱电压信号作用下，使负载上获得较大的电压；另一方面在放大电路的动态测试中，一般均采用测量动态电位的方法求出放大倍数。

2. 输入电阻

输入电阻衡量一个放大电路向信号源索取信号大小的能力。输入电阻愈大，放大电路向信号源索取信号的能力愈强，也就是放大电路输入端得到的电压 U_i 与信号源电压 U_S 的数值愈接近。

放大电路的输入电阻是指从输入端看进去的等效电阻，用 R_i 表示。R_i 是输入电压有效值 U_i 与输入电流有效值 I_i 之比，即

$$R_i = \frac{U_i}{I_i} \tag{2.3}$$

当信号源接到放大电路输入端时，相当于接一个负载电阻，输入电压与信号源电压之比为

$$\frac{\dot{U}_i}{\dot{U}_S} = \frac{R_i}{R_S + R_i} \tag{2.4}$$

可见，R_i 愈大，$\dot{U}_i$ 与 $\dot{U}_S$ 愈接近，且 $\dot{I}_i$ 值愈小，电路对于信号源电压的放大倍数为

$$\dot{A}_{u_S} = \frac{\dot{U}_o}{\dot{U}_S} = \frac{\dot{U}_i}{\dot{U}_S} \cdot \frac{\dot{U}_o}{\dot{U}_i} = \frac{R_i}{R_S + R_i} \cdot \dot{A}_u \tag{2.5}$$

因此，R_i 愈大，$\dot{A}_{u_S}$ 与 $\dot{A}_u$ 愈接近。

3. 输出电阻

输出电阻是衡量一个放大电路带负载能力的指标，用 R_o 表示。输出电阻愈小，则放大电路的带负载能力愈强。

任何放大电路的输出回路均可等效成一个有内阻的电压源，从放大电路输出端看进去的等效内阻就是输出电阻。它的定义是：当输入端信号电压 U_S 等于零（但保留信号源内阻 R_S），输出端开路，即负载电阻 R_L 为无穷大时，外加的输出电压 U_o 与相应的输出电流 I_o 之比，即

$$R_o = \left.\frac{U_o}{I_o}\right|_{U_S=0,\,R_L=\infty} \tag{2.6}$$

上述结论的理论依据是戴维南定理。实际测试放大电路的输出电阻时，常常在输入端加上一个正弦信号电压 U_S，首先测出负载开路时的输出电压 U'_o，然后接上阻值已知的电阻 R_L，再测出此时的输出电压 U_o。由图 2.2 可得

$$U_o = \frac{R_L}{R_o + R_L} U'_o \tag{2.7}$$

于是可计算出放大电路的输出电阻为

$$R_o = \left(\frac{U'_o}{U_o} - 1\right) R_L \tag{2.8}$$

由式(2.7)可见，当输出电阻较小时，在放大电路带上负载电阻 R_L 后，其输出电压 U_o 的值

下降较小,即 U_o 值比较接近于负载开路时的输出电压 U_o',说明该放大电路的带负载能力比较强。在理想情况下,假设输出电阻 $R_o=0$,则无论带上多大的负载电阻 R_L,输出电压 U_o 总是等于 U_o'。

4. 通频带

通频带是衡量一个放大电路对不同频率的输入信号适应能力的指标。

一般来说,由于放大电路中耦合电容、三极管极间电容以及其他电抗元件的存在,使放大倍数在信号频率比较低或比较高时,不但数值下降,还产生相移。可见放大倍数是频率的函数。通常在中间一段频率范围内(中频段),由于各种电抗性元件的作用可以忽略,因此放大倍数基本不变,而当频率过高或过低时,放大倍数都将下降,当信号频率趋近于零或无穷大时,放大倍数的数值将趋近于零。放大倍数 A_u 与频率 f 的关系如图 2.3 所示。

放大倍数下降到中频放大倍数 A_{um} 的 0.707 倍的两个点所限定的频率范围定义为放大电路的通频带,用符号 f_{BW} 表示,如图 2.3 所示,其中 f_L 称为下限频率,f_H 称做上限频率,f_L 与 f_H 之间的频率范围即为通频带,用式子表示为

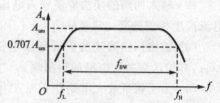

图 2.3 放大电路的通频带

$$f_{BW} = f_H - f_L \tag{2.9}$$

5. 最大输出幅度

最大输出幅度用来衡量一个放大电路输出电压(或电流)的幅值能够达到的最大限度,如果超出这个限度,输出波形将产生明显失真。

最大输出幅度一般用电压的有效值表示,符号为 $U_{o,max}$。也可用电压的峰-峰值表示,电压的峰-峰值是有效值的 $\sqrt{2}$ 倍。

6. 最大输出功率与效率

放大电路的最大输出功率,表示在输出波形基本上不失真的情况下,能够向负载提供的最大交变功率,用符号 P_{om} 表示。

前面曾提到,放大电路的输出功率是通过三极管的控制作用把电源的直流功率转化为随信号变化的交变功率而得到的,因此就存在一个功率转化的效率问题。最大输出功率 P_{om} 与直流电源消耗的额定功率 P_V 之比定义为放大电路的效率,用 η 表示,即

$$\eta = \frac{P_{om}}{P_V} \tag{2.10}$$

以上介绍了放大电路的几项主要技术指标,此外,针对不同的使用场合,还可能涉及到其他指标,如电源的容量、抗干扰能力、信号噪声比、允许工作温度范围等。

2.2 基本放大电路的组成及工作原理

2.2.1 放大电路的组成

本节以最常用的单管共射放大电路为例介绍基本放大电路的组成及工作原理。为了实现不失真地放大变化的信号,放大电路的组成必须遵循以下 4 项原则:

(1) 直流电源的极性必须使三极管处于放大状态,即发射结正偏,集电结反偏,否则管子无电流放大作用;

(2) 输入回路的接法应使输入电压的变化量 Δu_i 能够传送到三极管的基极回路,并使基极电流产生相应的变化量 Δi_B;

(3) 输出回路的接法应保证集电极电流的变化量 Δi_C 能够转化为集电极电压的变化量 Δu_{CE},并传送到放大电路的输出端;

(4) 为了保证放大电路能正常工作,必须在未加动态信号时,使三极管不仅处于放大状态,还要有一个合适的直流工作电压和电流,称为合理地设置静态工作点。

一个正常工作的放大电路必须同时满足这四项原则。图 2.4 就是按以上原则组成的放大电路。图中,T 是一只 NPN 型三极管,担负着放大作用,是放大电路的核心器件,V_{CC} 是集电极回路的电源,为输出信号提供能量;R_C 是集电极负载电阻,通过它可以将集电极电流的变化量 Δi_C 转换为集电极电压的变化量 Δu_{CE},然后传送到放大电路的输出端。基极直流电源 V_{BB} 和基极电阻 R_b 一方面为三极管的发射结提供正向偏置电压,同时二者共同决定了当不加输入电压时三极管基极回路的电流 I_B,这个电流称为静态基流,以后将会看到,I_B 的大小对放大作用的优劣以及放大电路的其他性能有着密切的关系。同时还要指出,为了使三极管能够工作在正常的放大状态,如前所述,必须保证集电结反偏,发射结正偏,为此,V_{CC}、R_C、V_{BB} 和 R_B 等元件的参数应与电路中三极管的输入、输出特性有适当的配合关系。

图 2.4 所示单管共射放大电路作为实际应用有两个缺点,一是需要两路直流电源 V_{CC} 和 V_{BB},不方便也不经济;二是输入电压 u_i 与输出电压 u_o 不共地,实际应用时不可取。为此,需对此电路进行改进。

针对上述缺点,首先省去直流电源 V_{BB},利用 V_{CC} 的极性保证发射结正向偏置。其次,将输入电压 u_i 的一端接至公共端,与 u_o 共地。改进后的电路如图 2.5 所示。

图中电容 C_1 和 C_2 的作用是隔直通交,因此称为隔

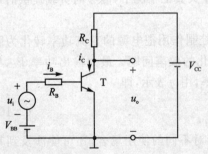

图 2.4 单管共射放大电路原理图

直电容或耦合电容。C_1 接到三极管的基极,在一定的信号频率时,输入电压中的交流成分能够基本上没有衰减地通过电容到达基极,但其中的直流成分则不能通过。同样,集电极通过电容 C_2 接到输出端,使放大后的交流成分得以输出,而直流成分被隔断。

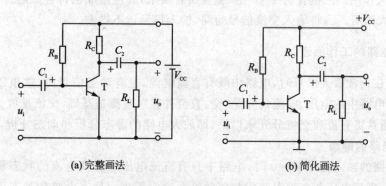

图 2.5 单管共射放大电路

例 2.1 试判断图 2.6 所示各电路能否对输入信号不失真地进行放大,并简述理由。

解:本题练习根据放大电路的组成原则判断电路能否正常工作的方法。

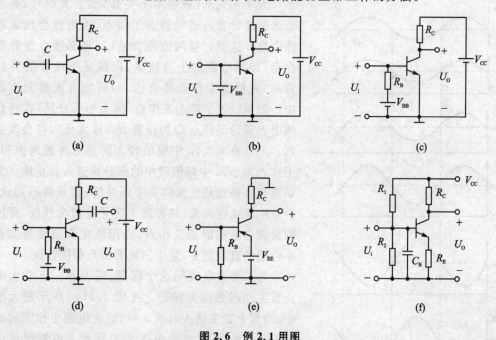

图 2.6 例 2.1 用图

(a) 无放大作用。静态基极电流 $I_{BQ}=0$。

(b) 无放大作用。V_{BB} 交流通路短路,输入信号送不进去。

(c) 有放大作用。符合组成原则。

(d) 无放大作用。三极管发射结反向偏置。

(e) 有放大作用。三极管为 PNP 型,偏置符合要求,其他组成也符合原则。

(f) 无放大作用。C_B 将输入交流信号短路,输入信号送不进去。

2.2.2 放大电路的工作原理

放大电路在正常放大信号时,电路中既有直流电源,也有动态信号源(这里以正弦交流信号源为例),即电路中的电压、电流信号是"交、直流并存",直流是基础,交流是放大的对象。为了便于分析,通常将直流和交流分开来讨论,即放大电路的静态分析和动态分析。

1. 放大电路的静态

当放大电路的输入信号 $u_i=0$ 时,电路中只有直流电压和直流电流的状态称为静态。电路参数确定后,直流电压和直流电流的数值便唯一确定下来。静态电流和静态电压的数值将在三极管的特性曲线上确定一点,这一点称为静态工作点,用 Q 表示,所以静态工作点可以用 I_{BQ}、U_{BEQ}、I_{CQ} 和 U_{CEQ} 4 个物理量来表示。

为了不失真(或基本不失真)地放大信号,必须给放大电路设置合适的静态工作点,否则就会出现非线性失真。这里包括两方面含义,一是必须设置静态工作点,即给电路加上直流量,以保证三极管的外部偏置;二是静态工作点要合适,即所加直流量大小要适中。如果设置了静态工作点,但大小不合适(在特性曲线上表现为工作点 Q 的位置太高或太低),将会发生失真。工作点太大,u_i 中幅值较大的部分将进入饱和区,工作点太小,u_i 中幅值较小的部分将进入截止区。无论是饱和区还是截止区都是非线性的,信号得不到放大,会发生非线性失真,只有放大区才近似为线性,所以必须设置合适的静态工作点,以保证交流信号叠加在大小合适的直流量上,处于三极管的近似线性区。

为了更直观说明这个问题,可以看一下放大电路正常工作时各信号波形。在图 2.5(b) 所示放大电路中,当加上正弦输入电压 u_i 时,放大电路中相应的 u_{BE}、i_B、i_C、u_{CE} 和 u_o 的波形如图 2.7 所示。由波形可以看出:(1) 当输入一个正弦电压 u_i 时,放大电路中三极管的各电极电压和电流都是围绕各自的静态值,即 u_{BE}、i_B、i_C 和 u_{CE} 的波形均为在原来静态直流量的基础上,再

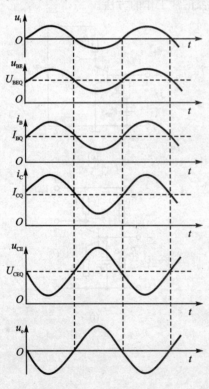

图 2.7 单管共射放大电路的电压电流波形

叠加一个正弦交流成分,成为交直流并存的状态。(2)当输入电压有一个微小的变化量时,通过放大电路,在输出端可得到一个比较大的电压变化量,可见单管共射放大电路能够实现电压放大作用。(3)输出电压 u_o 的相位与输入电压 u_i 相反,通常称之为单管共射放大电路的倒相作用。

由以上分析可知,放大电路中的信号是交直流并存,交流信号是"驮载"在直流分量上进行放大的,直流是交流的"基石",其高低都将影响到交流信号能否进入线性放大区进行正常的放大。也就是说,静态工作点必须合适,以保证交流信号 u_i 叠加上直流量后整个周期的波形都能处于放大区。

应当指出,虽然 Q 点的设置首先要解决的问题是不失真,但是因为 Q 点影响着放大电路的多数动态参数,所以设置合适的 Q 点不但会消除失真,而且可以改变放大电路的性能指标。

2. 放大电路的动态

当放大电路加上交流信号后,信号电量叠加在原静态值上,此时电路中的电流、电压既有直流成分,也有交流成分。为了分析方便,通常将直流和交流分开考虑(仅是一种分析方法)。现只考虑交流的情况,如果在放大电路的输入端加上一个微小的输入电压变化量 Δu_i,则三极管的基极与发射极之间的电压随之发生变化,产生 Δu_{BE}。因三极管的发射结处于正向偏置状态,故当发射结电压发生变化时,将引起基极电流产生变化,得到 Δi_B。因为三极管处于放大状态,具有电流放大作用,即 $\Delta i_C = \beta \Delta i_B$,$\Delta i_C$ 通过集电极负载电阻 R_C,使集电极电压发生变化。因为 R_C 上的电压与 u_{CE} 之和等于 V_{CC},而 V_{CC} 是直流电源,恒定不变,所以 u_{CE} 的变化量 Δu_{CE} 与 Δi_C 在 R_C 上产生的电压变化量数值相等而极性相反,即 $\Delta u_{CE} = -\Delta i_C R_C$。

总之,当输入电压有一个变化量 Δu_i 时,在放大电路中将依次产生如下变化量:Δu_{BE}、Δi_B、Δu_{CE} 和 Δu_o。而输出变化量 Δu_o 比输入变化量 Δu_i 大得多,从而实现了放大作用。

2.3 放大电路的基本分析方法

分析放大电路就是求解其静态工作点及各项动态性能指标,通常遵循"先静态,后动态"的原则。只有静态工作点合适,电路没产生失真,动态分析才有意义。

2.3.1 直流通路与交流通路

从基本共射放大电路工作原理的分析可知,直流量与交流量共存于放大电路之中,前者是直流电源 V_{CC} 作用的结果,后者是输入交流电压 u_i 作用的结果;而且由于电容、电感等电抗元件的存在,使直流量与交流量所流经的通路将有所不同。因此,为了研究问题方便,将放大电路分为直流通路和交流通路。所谓直流通路,就是直流电源作用形成的电路通路;所谓交流通路,就是交流信号作用所形成的电路通路。为了正确画出放大电路的直流通路和交流通路,需要了解放大电路中的电抗元件对直流信号和交流信号不同的电抗作用。以下分别介绍电路中一些元器件的电抗作用：

(1) 电容：根据电容元件容抗表达式 $X_C = \dfrac{1}{\omega C}$ 可知，电容对直流信号的阻抗无穷大，不允许直流信号通过，可以视为开路；但对于交流信号来说，当电容值足够大时，电容的阻抗非常小，可以视为短路。

(2) 电感：根据电感元件感抗表达式 $X_L = \omega L$ 可知，电感对直流信号的阻抗很小，几乎为零，相当于短路；但对于交流信号而言，电感的阻抗很大，这一特点与电容正好相反。

(3) 理想电压源：由于其电压值恒定不变（如 V_{CC} 等），故对于交流信号相当于短路。

(4) 理想电流源：由于其电流值恒定不变，故对于交流信号相当于开路。

现以图 2.5(b) 单管共射放大电路为例，画出其直流通路和交流通路。

根据以上分析，在直流通路中，电容 C_1、C_2 相当于开路，在交流通路中，电容 C_1、C_2 相当于短路。此外，集电极直流电压源 V_{CC} 在交流通路中相当于短路。因此单管共射放大电路的直流通路和交流通路如图 2.8 所示。

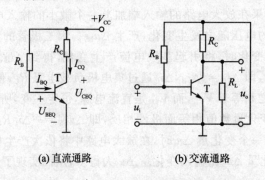

(a) 直流通路　　　　　　　(b) 交流通路

图 2.8　单管共射放大电路的直流通路和交流通路

对于放大电路，在画出其直流通路和交流通路后，可分别对其进行静态分析和动态分析。

2.3.2　静态工作点的近似估算

放大电路静态分析的目的是求解静态工作点，实际上就是求 4 个直流量：I_{BQ}、U_{BEQ}、I_{CQ} 和 U_{CEQ}。通常 U_{BEQ} 作为已知量，因此只需求 I_{BQ}、I_{CQ} 和 U_{CEQ} 三个物理量。静态分析时，有时采用一些简单实用的近似估算法，这在工程上是允许的。

图 2.8(a) 所示直流通路中，各直流量及其参考方向已标出，由图首先可求得单管共射放大电路的基极电流 I_{BQ} 为

$$I_{BQ} = \dfrac{V_{CC} - U_{BEQ}}{R_B} \tag{2.11}$$

由三极管的特性可知，U_{BEQ} 变化范围非常小，可近认为

硅管 $U_{BEQ}=0.6\sim 0.8$ V   通常取 $U_{BEQ}=0.7$ V

锗管 $U_{BEQ}=0.1\sim 0.3$ V   通常取 $U_{BEQ}=0.2$ V   (2.12)

由三极管内部载流子的运动分析可知,三极管基极电流和集电极电流之间的关系是 $I_C \approx \bar{\beta} I_B$,且 $\bar{\beta} \approx \beta$,所以静态集电极电流为

$$I_{CQ} \approx \beta I_{BQ} \tag{2.13}$$

然后由图 2.8(a)中的直流通路可得

$$U_{CEQ} = V_{CC} - I_{CQ}R_C \tag{2.14}$$

例 2.2 在图 2.5(b)所示单管放大电路中,已知 $V_{CC}=12$ V,$R_C=3$ kΩ,$R_B=280$ kΩ,NPN 型硅管 $\beta=50$,试估算静态工作点。

解:由于是硅三极管,可取 $U_{BEQ}=0.7$ V

$$I_{BQ} = \frac{V_{CC} - U_{BEQ}}{R_B} = \left(\frac{12-0.7}{280}\right) \text{ mA} = 0.04 \text{ mA} = 40 \text{ μA}$$

$$I_{CQ} = \beta I_{BQ} = (50 \times 0.04) \text{ mA} = 2 \text{ mA}$$

$$U_{CEQ} = V_{CC} - I_{CQ}R_C = (12 - 2 \times 3) \text{ V} = 6 \text{ V}$$

2.3.3 图解法

前面已经学习过,三极管输入回路电流与电压之间的关系可以用输入特性曲线来描述;输出回路电流与电压之间的关系可以用输出特性曲线来描述。在三极管特性曲线上,用作图的方法定量地分析放大电路的工作情况,称为图解分析法。图解分析法可以分析静态,也可以分析动态。其原则是:将直流分量和交流分量分开,先作直流负载线,定出工作点,然后作出交流负载线,绘出各极电压电流波形,以确定交流分量。

1. 图解法分析静态

(1) 图解法估算静态工作点

图 2.5(b)所示的基本放大电路,其直流通路如图 2.8(a)所示,由直流通路不难看出,在输入回路中,I_B 和 U_{BE} 同时满足下列方程:

$$\left.\begin{array}{l} I_B = f(U_{BE}) \\ U_{BE} = V_{CC} - I_B R_B \end{array}\right\}$$

其中,$I_B=f(U_{BE})$ 表示三极管的伏安特性,是由三极管内部结构决定的,故称为输入回路内部方程式。$U_{BE}=V_{CC}-I_B R_B$ 是由三极管以外的元器件决定的,故称为输入回路外部方程式。

同样,在输出回路中,I_C 和 U_{CE} 同时满足下列方程:

$$\left.\begin{array}{l} I_C = f(U_{CE}) \\ U_{CE} = V_{CC} - I_C R_C \end{array}\right\}$$

显然,方程式 $U_{BE}=V_{CC}-I_B R_B$ 和 $U_{CE}=V_{CC}-I_C R_C$ 都表示一条直线。画直线最简便的方法是找出两个特殊点:

令 $I_B=0$,则 $U_{BE}=V_{CC}$;令 $U_{BE}=0$,则 $I_B=V_{CC}/R_B$。

令 $I_C=0$,则 $U_{CE}=V_{CC}$;令 $U_{CE}=0$,则 $I_C=V_{CC}/R_C$。

根据以上分析,分别在三极管输入特性曲线和输出特性曲线上画出直流负载线,如图2.9所示。其中,图2.9(a)中所示直线为输入回路直流负载线,它的斜率等于 $-1/R_B$;图2.9(b)中所示直线为输出回路直流负载线,它的斜率等于 $-1/R_C$。

通常在实际应用中,输入特性不易测得准确,而用近似估算法较为理想,即先估算出 I_{BQ},然后,再从输出特性曲线上定出 Q 点。所以输出回路直流负载线相对重要,直流负载线一般指输出回路直流负载线。

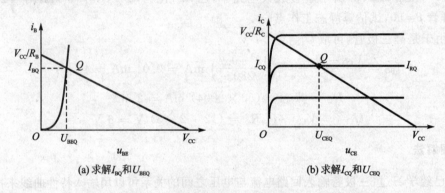

(a) 求解 I_{BQ} 和 U_{BEQ}　　(b) 求解 I_{CQ} 和 U_{CEQ}

图2.9　利用图解法求静态工作点

例2.3　在图2.10(a)所示的单管共射放大电路中,已知 $R_B=280\ \text{k}\Omega$,$R_C=3\ \text{k}\Omega$,集电极直流电源 $V_{CC}=12\ \text{V}$,三极管的输出特性曲线如图2.10(b)所示。试用图解分析法确定静态工作点。

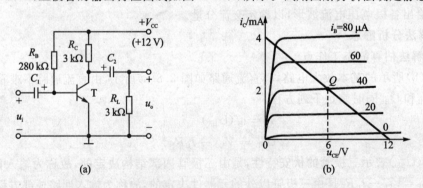

图2.10　例2.3用图

解:首先利用近似估算法估算出 I_{BQ}。

$$I_{BQ}=\frac{V_{CC}-U_{BEQ}}{R_B}=\left(\frac{12-0.7}{280}\right)\text{mA}=0.04\ \text{mA}=40\ \mu\text{A}$$

然后在输出特性曲线上作直流负载线,如图2.10(b)所示。直流负载线上两个特殊点为:

当 $I_C=0$ 时,$U_{CE}=12$ V;当 $U_{CE}=0$ 时,$I_C=4$ mA。连接以上两点,即为直流负载线。

直流负载线与 $I_B=40$ μA 的一条输出特性曲线的交点就是静态工作点 Q。此时由图 2.10(b)可得在静态工作点 Q 处,$I_{CQ}=2$ mA,$U_{CEQ}=6$ V。

(2) 电路参数对静态工作点的影响

① R_B 的影响

R_B 增大时,I_{BQ} 相应减小,由于 V_{CC}、R_C 不变,直流负载线不变,静态工作点 Q 沿直流负载线向截止区移动,如图 2.11(a)所示,I_{CQ} 减小,U_{CEQ} 增大;反之,R_B 减小时,I_{BQ} 相应增大,静态工作点 Q 沿直流负载线向饱和区移动,I_{CQ} 增大,U_{CEQ} 减小。

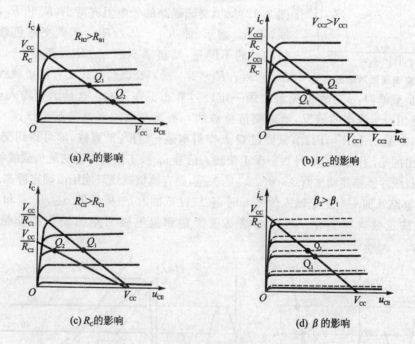

图 2.11 电路参数对静态工作点的影响

② V_{CC} 的影响

V_{CC} 增大,因为 R_C 不变,负载线斜率不变,所以负载线向右平移。而 I_{BQ} 增大,则 Q 点向右上方移动,如图 2.11(b)所示,I_{CQ} 增大,U_{CEQ} 也增大。

③ R_C 的影响

R_C 增大,根据直流负载线方程式 $U_{CEQ}=V_{CC}-I_{CQ}R_C$,直流负载线与横轴的交点 V_{CC} 不变,与纵轴的交点 V_{CC}/R_C 下降,因此直流负载线比原来的平坦,静态工作点 Q 沿 I_{BQ} 向左移动,如图 2.11(c)所示。I_{CQ} 基本不变,U_{CEQ} 减小;反之 R_C 减小,直流负载线变陡,Q 点沿 I_{BQ} 向右移动,I_{CQ} 基本不变,U_{CEQ} 增大。

④ β 的影响

β 值变化主要是因为更换管子或温度变化引起的 β 值增大,伏安特性间距加大,如图 2.11(d)中虚线所示。如果 I_{BQ} 不变,则 Q 点向饱和区移动,I_{CQ} 增大,U_{CEQ} 减小。

2. 图解法分析动态

现根据放大电路的交流通路,分析它的动态工作情况。为此将图 2.8(b)中的交流通路画在图 2.12 中。因为是动态,图中集电极电流和集电极电压分别用变化量 Δi_C 和 Δu_{CE} 来表示。

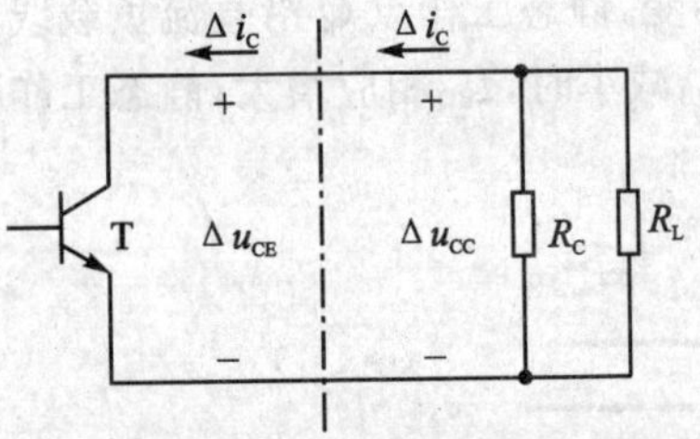

交流通路的外电路伏安特性称为交流负载线。由图 2.12 可见,交流通路的外电阻有两个,R_C 和 R_L,两者相并联,用 R'_L 表示,即 $R'_L = R_C // R_L$。因此交流负载线与直流负载线的不同是,其斜率不是 $-1/R_C$,而是 $-1/R'_L$,因为 $R'_L = R_C // R_L < R_C$,所以交流负载线比直流负载线更陡。

图 2.12 交流通路的输出回路

画交流负载线时,一方面交流负载线一定经过静态工作点 Q。这是因为输入电压 $u_i = 0$ 时,放大电路相当于静态的情况,所以交流负载线和直流负载线都过静态工作点 Q。另一方面,又知其斜率是 $-1/R'_L$,因此,只要过 Q 点作斜率是 $-1/R'_L$ 的直线,即可得到交流负载线。

需要指出的是,当放大电路外加一个正弦输入信号 u_i 时,工作点将沿交流负载线移动。所以只有交流负载线才能描述动态时 Δi_C 和 Δu_{CE} 的关系,而直流负载线只能用以确定静态工作点 Q。

在放大电路外加一个正弦输入信号 u_i 时,在线性范围内,三极管的 u_{BE}、i_B、i_C 和 u_{CE} 都将围绕其静态值按正弦规律变化。放大电路基极回路和集电极回路的动态工作情况分别如图 2.13 所示。

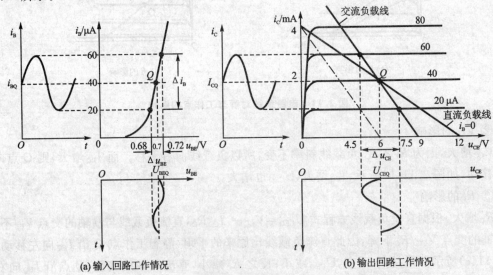

(a) 输入回路工作情况　　　(b) 输出回路工作情况

图 2.13 加正弦输入信号时放大电路的工作情况

可利用图解法求放大电路电压放大倍数,方法是:先假设基极电流在静态值附近有一个变化量 Δi_B,在输入特性上找到相应的 Δu_{BE}。然后再根据 Δi_B,在输出特性的交流负载线上找到 Δu_{CE},如图 2.13(b)所示,则电压放大倍数为

$$A_u = \frac{\Delta u_o}{\Delta u_i} = \frac{\Delta u_{CE}}{\Delta u_{BE}} \tag{2.15}$$

3. 图解法的一般步骤

(1) 由放大电路的直流通路画出输出回路的直流负载线。

(2) 估算静态基极电流 I_{BQ},直流负载线与 $i_B = I_{BQ}$ 的一条输出线的交点即为静态工作点 Q,由图可得到 I_{CQ}、U_{CEQ} 的值。

(3) 由放大电路的交流通路,计算等效交流负载电阻 $R'_L = R_C // R_L$,在三极管输出特性曲线上,过 Q 作斜率是 $-1/R'_L$ 的直线,即可得到交流负载线。

(4) 求出放大电路电压放大倍数

$$A_u = \frac{\Delta u_o}{\Delta u_i} = \frac{\Delta u_{CE}}{\Delta u_{BE}}$$

4. 图解法的应用

利用图解法,除了分析放大电路的静态和动态之外,在实际工作中还有其他一些重要作用。

(1) 利用图解法分析非线性失真

静态工作点的位置必须设置合适,否则,放大电路的输出波形容易产生非线性失真。

在图 2.14(a)中,静态工作点设置过低,在输入信号的负半周,工作点进入截止区,使 i_B、i_C 等于零,致使 i_B、i_C、u_{CE} 的波形发生失真,这种失真叫截止失真。对于由 NPN 型三极管组成的共射放大电路,当发生截止失真时,输出信号 u_{CE} 的波形出现顶部失真。

在图 2.14(b)中,静态工作点设置过高,在输入信号的正半周,工作点进入饱和区,此时,当 i_B 增大时,i_C 不再随之增大,致使 i_C、u_{CE} 的波形发生失真,这种失真叫饱和失真。对于由 NPN 型三极管组成的共射放大电路,当发生饱和失真时,输出信号 u_{CE} 的波形出现底部失真。

关于 PNP 三极管的非线性失真问题,同样可利用图解法进行分析。

(2) 利用图解法估算最大输出幅度

放大电路在参数给定的条件下,输出端不产生饱和失真和截止失真时,输出电压的最大幅值称为最大输出幅度,记为 U_{om}。

由图 2.15 可见,A、B 两点分别处于饱和区和截止区的临界处,所以,输出波形不产生明显失真的工作范围可由交流负载线上 A、B 两点决定。

静态工作点 Q 应尽量设置在线段 AB 的中点,使得 $AQ = QB$,$CD = DE$。此时最大不失真输出幅度为 $U_{om} = \dfrac{CD}{\sqrt{2}} = \dfrac{DE}{\sqrt{2}}$。

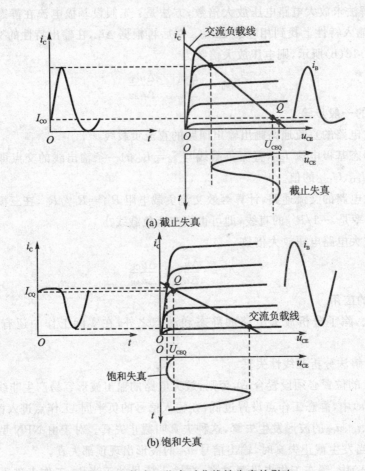

图 2.14 静态工作点对非线性失真的影响

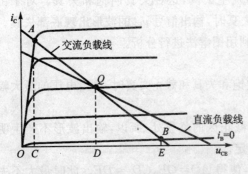

图 2.15 用图解法估算最大输出幅度

如果静态工作点 Q 没有设置在线段 AB 的中点,则 U_{om} 由 CD 和 DE 中的较小者决定。

2.3.4 微变等效电路法

如果放大电路的输入信号较小,三极管工作在输入特性曲线和输出特性曲线的线性区(严格说,应该是近似线性区)。因此,对于微变量(小信号)来说,三极管可以近似看成是一个线性元件,可以用一个与之等效的线性电路来表示。这样,放大电路的交流通路就可以转换为一个线性电路。此时,可以用线性电路的分析方法来分析放大电路。这种分析方法得出的结果与实际测量结果基本一致,此法称为微变等效电路法。微变等效电路法主要进行的是动态分析。

1. 简化的 h 参数等效电路

三极管特性曲线局部线性化如图 2.16 所示。当三极管工作在放大区时,在静态工作点 Q 附近,输入特性曲线基本上是一条直线,如图 2.16(a)所示。即 Δi_B 与 Δu_{BE} 成正比,因而可以用一个等效电阻 r_{be} 来代表输入电压和输入电流之间的关系,即

$$r_{be} = \frac{\Delta u_{BE}}{\Delta i_B} \tag{2.16}$$

从输出特性曲线图 2.16(b)来看,在 Q 点附近一个微小范围内,特性曲线基本上是水平的。i_B 变化相等的数值,特性曲线平行移动,且间距相等,即 β 是一个常数。Δi_C 仅由 Δi_B 决定而与 u_{CE} 无关,所以三极管的集电极与发射极之间可以等效为一个电流控制的受控电流源,它的大小和方向均受 Δi_B 控制,恒流源的大小 $\Delta i_C = \beta \Delta i_B$,其方向随着 Δi_B 的方向时刻在变化。在这个等效电路中,忽略了 u_{CE} 对 i_C 的影响,也没有考虑 u_{CE} 对输入特性的影响,所以称为简化的 h 参数等效电路,如图 2.17 所示。

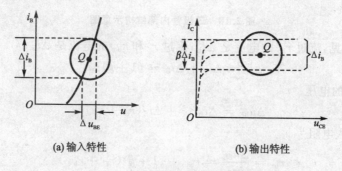

图 2.16 三极管特性曲线的局部线性化

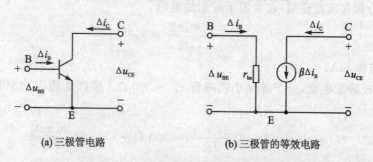

图 2.17 三极管的简化 h 参数等效电路

2. r_{be} 的计算

由于输入特性曲线往往手册上不给出,而且也较难测准,因此对于 r_{be} 参数可以用一个简

便公式进行计算。

图 2.18 所示为三极管结构示意图。三个区对载流子的运动呈现一定的电阻,称为半导体的体电阻,阻值较小,$r_{bb'}$ 为基区体电阻,$r_{E'}$ 为发射区体电阻。发射结和集电结对载流子的运动存在结电阻,阻值较大,$r_{b'e'}$ 为发射结电阻。

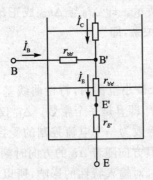
(a) 三极管的体电阻

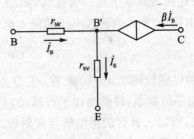
(b) 三极管内部等效电路

图 2.18 三极管内部结构示意图

由图 2.18 可见,流过 $r_{bb'}$ 的电流是 Δi_B;流过 $r_{E'}$ 和 $r_{b'e'}$ 的电流是 Δi_E

$$\Delta i_E = \Delta i_B + \Delta i_C = (1+\beta)\Delta i_B$$

加在 B、E 间的电压

$$\Delta u_{BE} = \Delta i_B r_{bb'} + \Delta i_E (r_{E'} + r_{b'e'})$$

三极管的输入电阻

$$r_{be} = \frac{\Delta u_{BE}}{\Delta i_B} = r_{bb'} + (1+\beta)(r_{E'} + r_{b'e'})$$

根据理论分析和实验证明,在常温下发射结电阻

$$r_{b'e'} = \frac{26 \text{ mV}}{I_{EQ}} \gg r_{E'}$$

式中,I_{EQ} 的单位为 mA。

I_{EQ} 是发射极静态电流,对于低频小功率管 $r_{bb'} \approx 300\ \Omega$。所以低频小功率管的 r_{be} 可用下列公式计算

$$r_{be} = r_{bb'} + (1+\beta)\frac{26 \text{ mV}}{I_{EQ}} = 300\ \Omega + (1+\beta)\frac{26 \text{ mV}}{I_{EQ}} \tag{2.17}$$

式中,I_{EQ} 的单位为 mA。

3. 用微变等效电路法分析基本放大电路

微变等效电路法是进行动态分析的方法。动态分析的目的是求解放大电路的几个主要性能指标,如电压放大倍数 $\dot A_u$、输入电阻 R_i、输出电阻 R_o。

用微变等效电路法分析放大电路时,首先需要画出交流通路的微变等效电路,在微变等效电路中进行几个动态指标的求解。由交流通路画微变等效电路时,只须将交流通路中的三极管用图2.17(b)所示三极管的等效电路代替,其余部分按照交流通路原样画上即可。所以说,关键还是画对交流通路。

单管共射放大电路如图2.19(a)所示。根据以上分析可画出其微变等效电路如图2.19(b)所示。

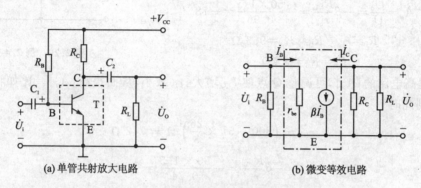

图2.19 单管共射放大电路的等效电路

在求放大电路的电压放大倍数 $\dot{A}_u$、输入电阻 R_i、输出电阻 R_o 时,根据定义,它们都决定于电压和电流变化量之间的比例关系。现将输入端加一正弦输入电压,图中 $\dot{U}_i$、$\dot{U}_o$、$\dot{I}_B$ 和 $\dot{I}_C$ 等分别表示相关电压和电流的正弦相量。

则由输入回路求得

$$\dot{U}_i = \dot{I}_B r_{be}$$

由输出回路求得

$$\dot{I}_C = \beta \dot{I}_B$$

$$\dot{U}_o = -\dot{I}_C R'_L$$

式中,$R'_L = R_C // R_L$。

则

$$\dot{U}_o = -\frac{\beta \dot{U}_i}{r_{be}} R'_L$$

所以电压放大倍数

$$\dot{A}_u = \frac{\dot{U}_o}{\dot{U}_i} = -\beta \frac{R'_L}{r_{be}} \tag{2.18}$$

再从图2.19(b)中求出基本放大电路的输入电阻 R_i、输出电阻 R_o 为

$$R_i = r_{be} // R_B \tag{2.19}$$

$$R_o = R_C \tag{2.20}$$

例 2.4 在图2.20所示的放大电路中,已知 $R_L = 3\ \text{k}\Omega$,试估算三极管的 r_{be} 以及 $\dot{A}_u$、R_i 和 R_o。如欲提高电路的 $|\dot{A}_u|$,可采取什么措施,应调整电路中的哪些参数?

解：用静态工作点的近似估算法不难求出：$I_{EQ} \approx I_{CQ} = 2$ mA。

则 $r_{be} = 300 \text{ }\Omega + (1+\beta)\dfrac{26 \text{ mV}}{I_{EQ}} = \left(300 + 51 \times \dfrac{26}{2}\right)\Omega = 963 \text{ }\Omega$

$R'_L = R_C // R_L = \left(\dfrac{3 \times 3}{3+3}\right) \text{k}\Omega = 1.5 \text{ k}\Omega$

$\dot{A}_u = \dfrac{\dot{U}_o}{\dot{U}_i} = -\beta\dfrac{R'_L}{r_{be}} = -\dfrac{50 \times 1.5}{0.96} = -78$

$R_i = r_{be} // R_B \approx r_{be} = 963 \text{ }\Omega$

$R_o = R_C = 3 \text{ k}\Omega$

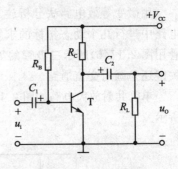

图 2.20 例 2.4 用图

如欲提高电路的 $|\dot{A}_u|$，可调整 Q 点使 I_{EQ} 增大，r_{be} 减小，从而提高 $|\dot{A}_u|$。比如将 I_{EQ} 增大至 3 mA，则此时

$r_{be} = \left(300 + 51 \times \dfrac{26}{3}\right)\Omega = 742 \text{ }\Omega$

$\dot{A}_u = -\beta\dfrac{R'_L}{r_{be}} = -\dfrac{50 \times 1.5}{0.74} = -101$

为了增大 I_{EQ}，在 V_{CC}、R_C 等电路参数不变的情况下，减小基极电阻 R_B，则 I_{BQ}、I_{CQ}、I_{EQ} 将随之增大。

但应注意，在调节 $|\dot{A}_u|$ 大小的同时，要考虑到 Q 点的位置（Q 点应在放大区的中心区域），二者应兼顾。

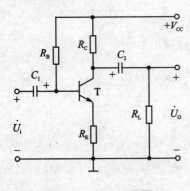

图 2.21 例 2.5 用图

例 2.5 图 2.21 所示放大电路中，已知：$\beta = 50$，$R_B = 470$ kΩ，$R_E = 1$ kΩ，$R_C = 3.9$ kΩ，$R_L = 3.9$ kΩ。要求：(1) 用估算法求静态工作点；(2) 画出其微变等效电路；(3) 求电压放大倍数 $\dot{A}_u$、输入电阻 R_i、输出电阻 R_o。

解：(1) 根据直流通路可得下列方程

$V_{CC} = I_{BQ}R_C + U_{BEQ} + I_{EQ}R_E$

而 $I_{EQ} = (1+\beta)I_{BQ}$，所以可解出 I_{BQ}

$I_{BQ} = \dfrac{V_{CC} - U_{BEQ}}{R_B + (1+\beta)R_E} = \left(\dfrac{12 - 0.6}{470 + 51 \times 1}\right) \text{mA} \approx \dfrac{12}{521} \text{mA} = 0.023 \text{ mA}$

$I_{CQ} = \beta I_{BQ} = (50 \times 0.023) \text{ mA} = 1.15 \text{ mA}$

根据直流通路又可得下列方程

$V_{CC} = I_{CQ}R_C + U_{CEQ} + I_{EQ}R_E$

所以 $U_{CEQ} \approx V_{CC} - I_{CQ}(R_C + R_E) = [12 - 1.15(3.9+1)] \text{ V} = 6.4 \text{ V}$

所以静态工作点 Q 为

$$I_{BQ} = 23 \ \mu A, \quad U_{BEQ} = 0.6 \ V, \quad I_{CQ} = 1.15 \ mA, \quad U_{CEQ} = 6.4 \ V$$

(2) 画出微变等效电路,如图 2.22 所示,根据图 2.22 可以列出以下关系式

$$\dot{U}_i = \dot{I}_B r_{be} + \dot{I}_E R_E$$

式中

$$\dot{I}_E = (1+\beta)\dot{I}_B$$

所以

$$\dot{U}_i = [r_{be} + (1+\beta)R_E]\dot{I}_B$$

式中

$$r_{be} = 300 \ \Omega + (1+\beta)\frac{26 \ mV}{I_{EQ}} =$$

$$\left(300 + 51 \times \frac{26}{1.15}\right) \Omega = 1.5 \ k\Omega$$

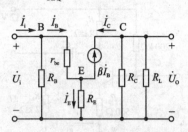

图 2.22 例 2.5 的微变等效电路

而

$$\dot{U}_o = -\dot{I}_C R'_L = -\beta \dot{I}_B R'_L$$

式中

$$R'_L = R_C // R_L = \frac{1}{2} \times 3.9 \ k\Omega = 1.95 \ k\Omega$$

则电压放大倍数为

$$\dot{A}_u = \frac{\dot{U}_o}{\dot{U}_i} = -\beta \frac{R'_L}{r_{be} + (1+\beta)R_E} = -\frac{50 \times 1.95}{1.5 + 51 \times 1} = -1.86$$

可见,引入发射极电阻 R_E 之后,电压放大倍数下降了,但改善了放大电路其他一些性能。

(3) 若存在条件 $(1+\beta)R_E \gg r_{be}$,则上式可简化为

$$\dot{A}_u \approx -\frac{R'_L}{R_E}$$

放大电路的输入电阻为

$$R_i = [r_{be} + (1+\beta)R_E] // R_B = [470 // (1.5 + 51 \times 1)] = 47.2 \ k\Omega$$

可见,引入发射极电阻 R_E 之后,输入电阻增大了。

放大电路的输出电阻为

$$R_o = R_C = 3.9 \ k\Omega$$

例 2.6 试用微变等效电路法估算图 2.23(a)所示放大电路的电压放大倍数和输入、输出电阻。已知三极管的 $\beta = 50, r_{bb'} = 100 \ \Omega$,假设电容 C_1、C_2 和 C_E 足够大。

解:首先分别画出放大电路的直流通路和微变等效电路,分别如图 2.23(b)和(c)所示,以便估算静态工作点和动态指标。

根据直流通路的基极回路可列出以下方程

$$I_{BQ}R_B + U_{BEQ} + I_{EQ}(R_{E1} + R_{E2}) = V_{CC}$$

则

$$I_{BQ} = \frac{V_{CC} - U_{BEQ}}{R_B + (1+\beta)(R_{E1} + R_{E2})} = \left(\frac{12 - 0.7}{200 + 51 \times (0.5 + 1.1)}\right) mA = 0.04 \ mA = 40 \ \mu A$$

$$I_{CQ} = \beta I_{BQ} = (50 \times 0.04) \ mA = 2 \ mA \approx I_{EQ}$$

根据 I_{EQ} 可估算三极管的 r_{be}

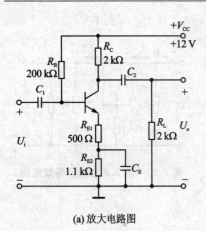 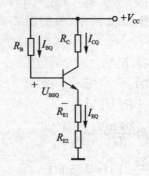 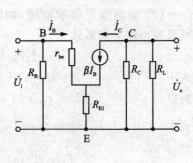

(a) 放大电路图　　　　　　　(b) 直流通路　　　　　　　(c) 微变等效电路

图 2.23　例 2.6 用图

$$r_{be} = r_{bb'} + (1+\beta)\frac{26\text{ mV}}{I_{EQ}} = \left(100 + \frac{51 \times 26}{2}\right)\Omega = 763\ \Omega$$

由图 2.23(c)的交流通路,可知放大电路的电压放大倍数为

$$\dot{A}_u = -\beta\frac{R'_L}{r_{be}+(1+\beta)R_{E1}} = -\frac{50 \times 1}{0.76 + 51 \times 0.5} = -1.9$$

输入电阻为　　$R_i = [r_{be}+(1+\beta)R_{E1}] // R_B = [200 // (0.76 + 51 \times 0.5)]\text{ k}\Omega = 23.2\text{ k}\Omega$

若不考虑三极管的 r_{ce},则输出电阻为

$$R_o = R_C = 2\text{ k}\Omega$$

2.4　放大电路静态工作点的稳定

放大电路的多项重要技术指标均与静态工作点的位置直接相关。如果静态工作点不稳定,则放大电路的某些性能也将发生变化。因此,如何保持静态工作点稳定,是一个十分重要的问题。

本节首先介绍影响静态工作点稳定性的因素,然后重点讲述典型的工作点稳定电路及其稳定工作点的基本原理。

2.4.1　温度对静态工作点的影响

一般来说,放大电路中电源电压的变化、元器件老化引起参数的变化、三极管特性随温度的变化等,都将使静态工作点 Q 发生变化。前两种因素引起的 Q 点变化可通过采用高稳定度电源和在使用元件前进行老化实验加以消除,所以半导体器件对温度的敏感性成为 Q 点不稳定的主要因素。

当温度变化时,三极管的特性参数(I_{CBO}、U_{BE}、β 等)将随之变化。温度对工作点的影响主要体现在以下三个方面:

(1) 从输入特性曲线看,当温度升高,U_{BE} 将减小。在共射基本放大电路中,由于 $I_{BQ}=(V_{CC}-U_{BEQ})/R_B$,使 I_{BQ} 增大,则 I_{CQ} 也增大。

(2) 从输出特性曲线看,温度升高,输出特性曲线间距增大,即 β 增大,在相同的 I_{BQ} 条件下 I_{CQ} 也增大。

(3) 当温度升高,三极管的反向饱和电流 I_{CBO} 增大,穿透电流 I_{CEO} 更大,使 I_{CQ} 增大。

还需要说明的是:I_{CBO}、U_{BE}、β 对硅管和锗管的影响是不完全相同的。硅管的 I_{CBO} 小,因此工作点不稳定的主要内因是 U_{BE}、β 随温度变化。而锗管的 I_{CBO} 大,工作点不稳定的主要原因是 I_{CBO} 随温度变化。因此对于同类电路,硅管静态工作点比锗管稳定。

综上所述,温度升高对三极管的影响最终将导致集电流 I_{CQ} 增大,如图 2.24 所示,该放大电路在常温下能够正常工作,但当温度升高时,静态工作点移进饱和区,使波形产生严重失真。

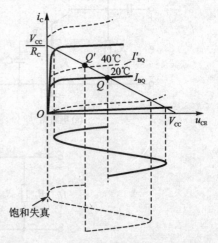

图 2.24 温度对 Q 点和输出波形的影响

2.4.2 静态工作点稳定电路

1. 电路组成

从上面分析可知,三极管参数 I_{CBO}、U_{BE}、β 随温度变化对工作点的影响,最终都表现在使静态电流 I_{CQ} 增大。从这一现象出发,如果能设法使 I_{CQ} 近似维持稳定,问题就可以得到解决。为此,可采取以下两方面措施:

(1) 针对 I_{CBO}、β 的影响,可设法使基极电流 I_B 随温度的升高而自动减小;

(2) 针对 U_{BE} 的影响,可设法使发射结的外加电压随温度的升高而自动减小。

图 2.25(a)所示电路——分压式工作点稳定电路便是实现上面两点设想的电路。图 2.25(b)、(c)分别是它的直流通路和交流微变等效电路。

在图 2.25(a)所示电路中,发射极接有电阻 R_E 和电容 C_E;直流电源 V_{CC} 经电阻 R_{B1}、R_{B2} 分压接到三极管的基极,所以通常称为分压式工作点稳定电路。

由于三极管的基极电位 U_{BQ} 是由 V_{CC} 分压后得到的,故可以认为它不受温度变化的影响,基本是恒定的。当集电极电流 I_{CQ} 随温度的升高而增大时,发射极电流 I_{EQ} 也将相应增大,此电流流过 R_E,使发射极电位 U_{EQ} 升高,则三极管的发射结电压 $U_{BEQ}=U_{BQ}-U_{EQ}$ 将降低,从而使静态基极电流 I_{BQ} 减小,于是 I_{CQ} 也随之减小,结果使静态工作点 Q 稳定。简述上面过程如下:

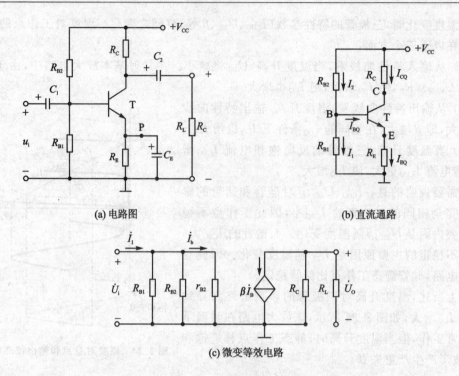

图 2.25 分压式工作点稳定电路

$T\uparrow \to I_{CQ}\ (I_{EQ})\uparrow \to U_{EQ}\uparrow \to U_{BEQ}\downarrow$（因为$U_{BQ}$基本不变）$\to I_{BQ}\downarrow$
$I_{CQ}\downarrow$

同理可分析出，当温度降低时，各物理量与上述过程变化相反，即

$T\downarrow \to I_{CQ}\ (I_{EQ})\downarrow \to U_{EQ}\downarrow \to U_{BEQ}\uparrow$（因为$U_{BQ}$基本不变）$\to I_{BQ}\uparrow$
$I_{CQ}\uparrow$

上述过程是通过发射极电流的负反馈作用牵制集电极电流的变化的，使静态工作点 Q 稳定，所以此电路也称为电流反馈式工作点稳定电路。

显然，R_E 越大，同样的 I_{EQ} 变化量所产生的 U_{EQ} 变化量也越大，则电路的稳定性越好。但是，R_E 增大后，U_{EQ} 随之增大，为了得到同样的输出电压幅度，必须增大 V_{CC}，因此需兼顾考虑。

另外，接入 R_E 后，使电压放大倍数大大下降，为此，在 R_E 两端并联一个大电容 C_E，此时电阻 R_E 和电容 C_E 的接入对电压放大倍数基本没有影响。C_E 称为旁路电容。

2．静态分析与动态分析

（1）静态分析

由图 2.25(b) 所示直流通路，可进行分压式电路的静态分析。首先可先从估算 U_{BQ} 入手。由于电路设计使 I_{BQ} 很小，可以忽略，所以 $I_1\approx I_2$，R_{B1}、R_{B2} 近似为串联，根据串联分压，可得

$$U_{BQ} \approx \frac{R_{B1}}{R_{B1}+R_{B2}} V_{CC} \tag{2.21}$$

静态发射极电流

$$I_{EQ} = \frac{U_{EQ}}{R_E} = \frac{U_{BQ}-U_{BEQ}}{R_E} \tag{2.22}$$

静态集电极电流

$$I_{CQ} \approx I_{EQ} = \frac{U_{BQ}-U_{BEQ}}{R_E} \tag{2.23}$$

三极管 C、E 之间的静态电压为

$$U_{CEQ} = V_{CC} - I_{CQ}R_C - I_{EQ}R_E \approx V_{CC} - I_{CQ}(R_C+R_E) \tag{2.24}$$

三极管静态基极电流

$$I_{BQ} \approx \frac{I_{CQ}}{\beta} \tag{2.25}$$

(2) 动态分析

由于旁路电容 C_E 足够大，使发射极对地交流短路，这样，分压式工作点稳定电路实际上也是一个共射放大电路，通过利用图 2.25(c)所示微变等效电路法分析，可知电压放大倍数与共射放大电路电压放大倍数相同，即

$$\dot{A}_u = -\beta \frac{R'_L}{r_{be}} \tag{2.26}$$

式中，$R'_L = R_C // R_L$。

输入电阻为

$$R_i = r_{be} // R_{B1} // R_{B2} \tag{2.27}$$

输出电阻为

$$R_o = R_C \tag{2.28}$$

例 2.7 如图 2.25(a)所示电路中，已知三极管为硅管，其 $\beta=50$，$R_{B1}=10$ kΩ，$R_{B2}=20$ kΩ，$R_C=2$ kΩ，$R_E=2$ kΩ，$R_L=4$ kΩ，电容 C_1、C_2、C_E 足够大。求：(1) 静态工作点 Q；(2) 电压放大倍数 $\dot{A}_u$、输入电阻 R_i、输出电阻 R_o；(3) 若更换管子使 $\beta=100$，计算静态工作点，与(1)比较说明什么？

解：(1) 根据图 2.25(b)所示的直流通路，估算静态工作点

$$U_{BQ} = \frac{R_{B1}}{R_{B1}+R_{B2}} V_{CC} = \left(\frac{10 \times 12}{10+20}\right) \text{V} = 4 \text{ V}$$

$$U_{EQ} = U_{BQ} - U_{BEQ} = (4-0.7) \text{ V} = 3.3 \text{ V}$$

$$I_{EQ} = \frac{U_{EQ}}{R_E} = \left(\frac{3.3}{2}\right) \text{mA} = 1.65 \text{ mA}$$

$$I_{BQ} = I_{EQ}/(1+\beta) = (1.65/51) \text{ mA} = 32.3 \text{ μA}$$

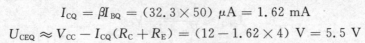

$$I_{CQ} = \beta I_{BQ} = (32.3 \times 50)\,\mu A = 1.62\,mA$$
$$U_{CEQ} \approx V_{CC} - I_{CQ}(R_C + R_E) = (12 - 1.62 \times 4)\,V = 5.5\,V$$

(2) 求 $\dot{A}_u$、R_i、R_o。

画出微变等效电路如图 2.25(c)所示,由于 C_E 对交流短路,所以与共射基本放大电路的微变等效电路相同,即

$$\dot{A}_u = -\beta \frac{R'_L}{r_{be}}$$

式中,$R'_L = R_C \,/\!/\, R_L = (2\,/\!/\,4)\,k\Omega = 1.33\,k\Omega$

$$r_{be} = 300\,\Omega + (1+\beta)\frac{26\,mV}{I_{EQ}} = \left(300 + 51 \times \frac{26}{1.65}\right)\Omega = 1.1\,k\Omega$$

$$\dot{A}_u = -\frac{50 \times 1.33}{1.1} = -60.4$$

$$R_i = R_{B1} \,/\!/\, R_{B2} \,/\!/\, r_{be} \approx 0.94\,k\Omega$$
$$R_o = R_C = 2\,k\Omega$$

(3) 当 $\beta = 100$ 时

$$U_{BQ} = \frac{R_{B1}}{R_{B1} + R_{B2}} V_{CC} = \left(\frac{10 \times 12}{10 + 20}\right)V = 4\,V$$

$$U_{EQ} = U_{BQ} - U_{BEQ} = (4 - 0.7)\,V = 3.3\,V$$

$$I_{EQ} = \frac{U_{EQ}}{R_E} = \left(\frac{3.3}{2}\right)mA = 1.65\,mA$$

$$I_{BQ} = I_{EQ}/(1+\beta) = (1.65/101)\,mA = 16.3\,\mu A$$

$$I_{CQ} = \beta I_{BQ} = 100 \times 16.3\,\mu A = 1.63\,mA$$

$$U_{CEQ} \approx V_{CC} - I_{CQ}(R_C + R_E) = (12 - 6.52)\,V = 5.48\,V$$

与(1)的结果比较,说明该电路达到了稳定工作点的目的,稳定效果的取得是由于 I_{BQ} 自动调节的结果。当 $\beta = 50$ 时,$I_{CQ} = 1.62\,mA$。当 $\beta = 100$ 时,根据三极管的性能,I_{CQ} 应增大,但 R_E 的作用,使 I_{BQ} 由 32.3 μA 降到 16.3 μA,其结果使 I_{CQ} 基本保持不变。

2.5 放大电路的三种组态及其比较

根据输入和输出回路公共端的不同,放大电路有三中基本接法,除了上面讨论的共射接法外,还有共集电极接法和共基极接法两种。判断放大电路以哪个电极为公共端主要是看交流信号的通路。下面对共集和共基电路分别予以讨论。

2.5.1 共集电极放大电路

图 2.26(a)所示为共集电极放大电路的工作原理图,三极管的负载电阻 R_L 接到发射极与

地之间,输出信号从发射极与地之间输出。从图 2.26(b)可以看出集电极是输入、输出回路的公共端,这就是该电路名称的由来。因为从发射极把信号输出,所以共集电极放大电路又称射极输出器。

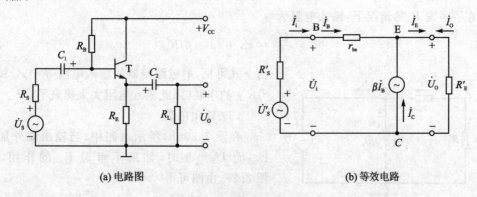

图 2.26 共集电极放大电路

1. 静态分析

根据直流通路,可列出基极回路的电压方程式

$$V_{CC} = I_{BQ}R_B + U_{BEQ} + U_{EQ}$$

而

$$U_{EQ} = I_{EQ}R_C = (1+\beta)I_{BQ}R_E$$

故

$$V_{CC} = U_{BEQ} + [R_B + (1+\beta)R_E]I_{BQ}$$

解得

$$I_{BQ} = \frac{V_{CC} - U_{BEQ}}{R_B + (1+\beta)R_E} \tag{2.29}$$

由于工作在放大区,所以有

$$I_{EQ} = (1+\beta)I_{BQ} \tag{2.30}$$

$$U_{CEQ} = V_{CC} - I_{EQ}R_E \tag{2.31}$$

2. 动态分析

(1) 电压放大倍数

由图 2.26(b)可得

$$\dot{U}_o = \dot{I}_E R'_E = (1+\beta)\dot{I}_B R'_E$$

$$\dot{U}_i = \dot{I}_B r_{be} + \dot{I}_E R'_E = \dot{I}_B r_{be} + (1+\beta)\dot{I}_B R'_E$$

因而电压放大倍数为

$$\dot{A}_u = \frac{\dot{U}_o}{\dot{U}_i} = \frac{(1+\beta)R'_E}{r_{be} + (1+\beta)R'_E} \leqslant 1 \tag{2.32}$$

式中,$R'_E = R_E \parallel R_L$。

由此可见,共集电极放大电路的电压放大倍数恒小于 1,而接近于 1,而且输出电压与输入电压同相,所以又称射极跟随器。

(2) 输入电阻

由图 2.26(b)可得

$$\dot{U}_i = \dot{I}_B r_{be} + \dot{I}_E R'_E$$

因此,在不考虑 R_B 的情况下,输入电阻为

$$R_i = \frac{\dot{U}_i}{\dot{I}_i} = r_{be} + (1+\beta)R'_E \tag{2.33}$$

由上式可见,射极跟随器的输入电阻等于 r_{be} 和 $(1+\beta)R'_E$ 的串联,因此输入电阻大大提高了。

(3) 输出电阻

在图 2.26(b)所示电路中,当输出端外加电压 $\dot{U}_o$,而 $\dot{U}_S = 0$ 时,如果不考虑 R_E 的作用,可得图 2.27。由图可得

$$\dot{U}_o = -\dot{I}_B(r_{be} + R'_S)$$

式中,$R'_S = R_S // R_B$。

而

$$\dot{I}_o = -\dot{I}_E = -(1+\beta)\dot{I}_B$$

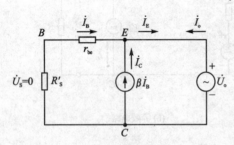

图 2.27 求射极输出器 R_o 的等效电路

所以射极输出器的输出电阻为

$$R_o = \frac{\dot{U}_o}{\dot{I}_o} = \frac{r_{be} + R'_S}{1+\beta} \tag{2.34}$$

由上式可知,射极输出器的输出电阻等于基极回路的总电阻$(r_{be}+R'_S)$除以$(1+\beta)$,因此,输出电阻低,带负载能力强。

例 2.8 在图 2.26(a)共集电极放大电路中,已知 $V_{CC}=12$ V,$\beta=80$,$R_B=300$ kΩ,$R_E=5$ kΩ,$R_L=0.5$ kΩ,$R_S=1$ kΩ,电容 C_1、C_2、C_E 足够大。求:(1) 静态工作点 Q;(2) 输入电阻 R_i、输出电阻 R_o、电压放大倍数 $\dot{A}_u$;(3) 如果信号源电压 $U_S=2$ V,求输出电压 U_o。

解:(1) 由式(2.29)得

$$I_{BQ} = \frac{V_{CC} - U_{BE}}{R_B + (1+\beta)R_E} = \left(\frac{12-0.7}{300+(1+80)\times 5}\right) \text{mA} = 0.016 \text{ mA}$$

$$I_{EQ} = (1+\beta)I_{BQ} = [(1+80)\times 0.016] \text{ mA} = 1.3 \text{ mA}$$

$$U_{CEQ} = V_{CC} - I_{EQ}R_E = (12-1.3\times 5) \text{ V} = 5.5 \text{ V}$$

(2) 先求 r_{be}

$$r_{be} = r_{bb'} + (1+\beta)\frac{26 \text{ mV}}{I_{EQ}} = \left[300 + (1+80)\frac{26}{1.3}\right] \Omega = 1.92 \text{ kΩ}$$

由式(2.33)可求得在不考虑 R_B 的情况下,输入电阻为

$$R_i = \frac{\dot{U}_i}{\dot{I}_i} = r_{be} + (1+\beta)R'_E = [1.92 + (1+80)\times(5 // 0.5)] \text{ kΩ} = 34.3 \text{ kΩ}$$

由式(2.34)求出在不考虑 R_E 的情况下,输出电阻为

$$R_{\text{o}} = \frac{\dot{U}_{\text{o}}}{\dot{I}_{\text{o}}} = \frac{r_{\text{be}} + R'_{\text{S}}}{1+\beta} = \frac{1.92 \text{ k}\Omega + (R_{\text{S}} // R_{\text{B}})}{1+80} = 36 \text{ }\Omega$$

由式(2.32)得电压放大倍数为

$$\dot{A}_u = \frac{\dot{U}_{\text{o}}}{\dot{U}_{\text{i}}} = \frac{(1+\beta)R'_{\text{E}}}{r_{\text{be}} + (1+\beta)R'_{\text{E}}} = \frac{(1+80) \times (5 // 0.5)}{1.92 + (1+80) \times (5 // 0.5)} = 0.95$$

当考虑信号源内阻 R_{S} 时，电压放大倍数为

$$\dot{A}_{u_{\text{s}}} = \frac{\dot{U}_{\text{o}}}{\dot{U}_{\text{S}}} = \frac{R_{\text{i}}}{R_{\text{S}} + R_{\text{i}}} \dot{A}_u = \frac{34.3}{1+34.3} \times 0.95 = 0.923$$

(3) 输出电压 U_{o} 为

$$U_{\text{o}} = U_{\text{S}} \times A_{u_{\text{s}}} = (2 \times 0.923) \text{ V} = 1.85 \text{ V}$$

3. 共集电极放大电路的应用

共集电极电路具有输入电阻高、输出电阻低的特点，因此，在与共射电路共同组成多级放大电路时，它可用作输入级、中间级或输出级，借以提高放大电路的性能。

(1) 用作输入级

由于共集电路的输入电阻很高，用作多级放大电路的输入级时，可以提高整个放大电路的输入电阻，因此输入电流很小，减轻了信号源的负担，在测量仪器中应用，可提高测量的精度。

(2) 用作输出级

因其输出电阻很小，用作多级放大电路的输出级时，可以大大提高多级放大电路的带负载能力。

(3) 用作中间级

在多级放大电路中，有时前、后两级间的阻抗匹配不当，会直接影响放大倍数的提高。若在两级之间加入一级共集电路，可起到阻抗变换的作用。具体而言，前一级放大电路的外接负载正是共集电路的输入电阻，这样前级的等效负载提高了，从而使前一级电压放大倍数也随之提高；同时，共集电路的输出是后一级的信号源，由于输出电阻很小，使后一级接受信号能力提高，即源电压放大倍数增加，从而整个放大电路的电压放大倍数提高。

2.5.2 共基极放大电路

图 2.28(a) 是共基极放大电路的原理性电路图。发射极电源 V_{EE} 的极性保证三极管的发射结正向偏置，集电极电源 V_{CC} 的极性保证三极管的集电结反向偏置，因而可以使三极管工作在放大区。因交流通路中输入信号与输出信号的公共端是基极，因此是共基极放大电路。

图 2.28(b) 是共基极放大电路的实际电路。用单电源 V_{CC} 取代 V_{EE}，保证电路能够正常工作。

1. 静态分析

由图 2.28(b) 得

$$I_{\text{EQ}} = \frac{U_{\text{BQ}} - U_{\text{BEQ}}}{R_{\text{E}}} \approx \frac{1}{R_{\text{E}}}\left(\frac{R_{\text{B1}}}{R_{\text{B1}} + R_{\text{B2}}}V_{\text{CC}} - U_{\text{BEQ}}\right) \approx I_{\text{CQ}} \qquad (2.35)$$

$$I_{BQ} = \frac{I_{EQ}}{1+\beta} \tag{2.36}$$

$$U_{CEQ} = V_{CC} - I_{CQ}R_C - I_{EQ}R_E \approx V_{CC} - I_{CQ}(R_C + R_E) \tag{2.37}$$

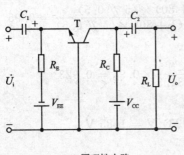

(a) 原理性电路

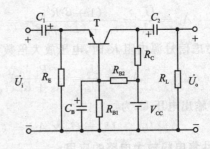

(b) 实际电路

图 2.28 共基极放大电路

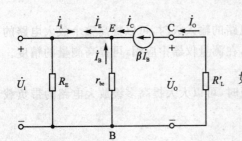

图 2.29 共基极放大电路的微变等效电路

2. 动态分析

(1) 电流放大倍数

图 2.28(b) 中共基极放大电路的微变等效电路如图 2.29 所示。

由图可得

$$\dot{I}_i = -\dot{I}_E$$
$$\dot{I}_o = \dot{I}_C$$

所以

$$\dot{A}_i = \frac{\dot{I}_o}{\dot{I}_i} = -\frac{\dot{I}_C}{\dot{I}_E} = -\alpha \tag{2.38}$$

α 是三极管的共基电流放大系数,由于 α 小于 1 而近似等于 1,所以共基极放大电路没有电流放大作用。

(2) 电压放大倍数

由于

$$\dot{U}_i = -\dot{I}_B r_{be}$$
$$\dot{U}_o = -\beta \dot{I}_B R'_L$$

式中,$R'_L = R_E // R_L$

所以

$$\dot{A}_u = \frac{\dot{U}_o}{\dot{U}_i} = \beta \frac{R'_L}{r_{be}} \tag{2.39}$$

式(2.39)表明,共基极放大电路电压放大倍数与共射极电路电压放大倍数数值相等,但没有负号,表明共基极放大电路的输出电压与输入电压相位一致,为同相放大。

(3) 输入电阻

$$R_i = \frac{\dot{U}_i}{\dot{I}_i} = \frac{-\dot{I}_B r_{be}}{-(1+\beta)\dot{I}_B} = \frac{r_{be}}{1+\beta} \tag{2.40}$$

式(2.40)说明共基极接法的输入电阻比共射极接法的低,是其$\frac{1}{1+\beta}$。

(4) 输出电阻

由于三极管的r_{cb}非常大,满足$r_{cb}\gg R_C$

所以输出电阻 $\qquad R_o = R_C // r_{cb} \approx R_C \qquad$ (2.41)

综上所述,共基电路有如下特点:

(1) 信号源向三极管提供的电流为I_E,而输出回路电流为I_C,$I_C < I_E$,因而共基电路无电流放大作用。但是共基放大电路有较强的电压放大能力,且u_o与u_i同相。

(2) 输入电阻小,只有几十欧。

(3) 输出电阻大,与共射电路相同,均为R_C。

(4) 由于共基电流放大系数为α,α的截止频率远大于β的截止频率,所以共基电路的通频带是三种接法中最宽的,适于作宽频带放大电路。

例 2.9 在图 2.28(b)所示共基极放大电路中,已知$R_C = 5.1 \text{ k}\Omega$,$R_E = 2 \text{ k}\Omega$,$R_{B1} = 3 \text{ k}\Omega$,$R_{B2} = 10 \text{ k}\Omega$,$R_L = 5.1 \text{ k}\Omega$,$V_{CC} = 12 \text{ V}$,三极管的$\beta = 50$。试估算静态工作点以及$\dot{A}_i$、$\dot{A}_u$、$R_i$和$R_o$。

解: 由式(2.35)、(2.36)、(2.37)可知

$$I_{EQ} = \frac{U_{BQ} - U_{BEQ}}{R_E} \approx \frac{1}{R_E}\left(\frac{R_{B1}}{R_{B1}+R_{B2}}V_{CC} - U_{BEQ}\right) = \left[\frac{1}{2}\left(\frac{3}{3+10} \times 12 - 0.7\right)\right] \text{mA}$$

$$= 1.03 \text{ mA} \approx I_{CQ}$$

$$I_{BQ} = \frac{I_{EQ}}{1+\beta} = \left(\frac{1.03}{1+50}\right) \text{mA} \approx 0.02 \text{ mA} = 20 \text{ μA}$$

$$U_{CEQ} = V_{CC} - I_{CQ}R_C - I_{EQ}R_E \approx V_{CC} - I_{CQ}(R_C + R_E) = [12 - 1.03 \times (5.1+2)] \text{ V} = 4.7 \text{ V}$$

根据式(2.38)、(2.39)、(2.40)和(2.41)可估算出电流放大倍数、电压放大倍数、输入电阻和输出电阻。

$$\dot{A}_i = -\alpha = -\frac{\beta}{1+\beta} = -\frac{50}{51} = -0.98$$

为了计算$\dot{A}_u$,需要首先计算出R'_L和r_{be},其中

$$R'_L = R_C // R_L = \left(\frac{5.1 \times 5.1}{5.1 + 5.1}\right) \text{k}\Omega = 2.55 \text{ k}\Omega$$

$$r_{be} = r_{bb'} + (1+\beta)\frac{26 \text{ mV}}{I_{EQ}} = \left[300 + (1+50) \times \frac{26}{1.03}\right] \Omega = 1587 \Omega \approx 1.6 \text{ k}\Omega$$

则

$$\dot{A}_u = \beta\frac{R'_L}{r_{be}} = 50 \times \frac{2.55}{1.6} \approx 79.7$$

$$R_i = \frac{-\dot{I}_B r_{be}}{-(1+\beta)\dot{I}_B} = \frac{r_{be}}{1+\beta} = \frac{1.6}{1+50} \approx 0.03 \text{ k}\Omega = 30 \text{ }\Omega$$

$$R_o = R_C // r_{cb} \approx R_C = 5.1 \text{ k}\Omega$$

2.5.3 基本放大电路三种组态的性能比较

根据前面的分析,现对共射、共集和共基三种基本组态的放大电路进行性能比较,如表 2.1 所列。

表 2.1 基本放大电路三种组态的性能比较

接 法	共射电路	共集电路	共基电路
电路图	图 2.5(b)	图 2.26(a)	图 2.28(b)
$\dot{A}_u$	大(几十~一百以上)	小(小于1)	大(几十~一百以上)
$\dot{A}_i$	大(β)	大($1+\beta$)	小(α,小于1)
R_i	中(几百欧~几千欧)	大(几十千欧~百千欧以上)	小(几十欧)
R_o	大(几千欧~十几千欧)	小(几十~几百欧)	大(几千欧~十几千欧)
通频带	窄	较宽	宽

从表中可知,共射电路既放大电流,又放大电压;共集电路只放大电流,不放大电压;共基电路只放大电压,不放大电流;三种电路中输入电阻最大的是共集电路,最小的是共基电路;输出电阻最小的是共集电路;通频带最宽的是共基电路。使用时,应根据需求选择合适的接法。

2.6 场效应管放大电路

本节介绍由场效应管(FET)构成的基本放大电路的分析。与三极管放大电路类似,场效应管构成的放大电路也有三种组态,即共源(CS)组态、共漏(CD)组态和共栅(CG)组态,如图 2.30 所示。图中给出了三种组态的输入和输出端口。同样,场效应管放大电路的分析也分静态和动态两个方面,本节首先以 N 沟道结型场效应管为例分析场效应管放大电路的静态工作点,然后采用等效电路法分析常用共源组态和共漏组态的动态指标。学习过程中,应注意与三极管放大电路进行比较,比较它们在分析方法和性能等方面的异同。

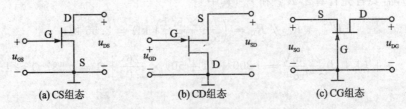

图 2.30 FET 放大电路的三种组态

2.6.1 静态分析

双极性三极管是电流控制器件,组成放大电路时,应给三极管设置偏流。而场效应管是电压控制器件,故组成放大电路时,应给场效应管设置偏压,保证放大电路具有合适的静态工作点,避免输出波形产生严重的非线性失真。常用的场效应管放大电路的直流偏置电路有两种形式,即自偏压电路和分压式自偏压电路。现以 N 沟道结型场效应管共源放大电路为例分析场效应管放大电路的静态工作点。

1. 自偏压电路的静态分析

自偏压电路如图 2.31(a)所示。场效应管的栅极通过电阻 R_G 接地,源极通过电阻 R_S 接地。电容 C_1、C_2 为耦合电容,C_S 为旁路电容。将电容开路就可得直流通路,如图 2.31(b)所示。N 沟道结型场效应管工作在恒流区时,栅-源电压为负值,其值大于夹断电压 U_P 且小于等于零;漏-源电压,即管压降应足够大。

从图 2.31(b)中可以求出静态工作点。由于栅极电流为零,即 R_G 中电流为零,所以栅极电位 $U_{GQ} = 0$ V。源极电位等于源极电流(也是漏极电流 I_{DQ})在源极电阻 R_S 上的压降,即 $U_{SQ} = I_{DQ}R_S$,因此栅-源静态电压为

$$U_{GSQ} = U_{GQ} - U_{SQ} = 0 - I_{DQ}R_S = -I_{DQ}R_S \tag{2.42}$$

式(2.42)表明,在正直流电源 $+V_{DD}$ 作用下,电路靠 R_S 上的电压使栅-源之间获得负偏压的方式称为自给电压。

将式(2.42)代入结型场效应管的电流方程,解之,可得漏极静态电流。方程为

$$I_D = I_{DSS}\left[1 - \frac{u_{GS}}{U_P}\right]^2 = I_{DSS}\left[1 - \frac{U_{GSQ}}{U_P}\right]^2 \tag{2.43}$$

式中,I_{DSS} 为漏极饱和电流,即 $u_{GS}=0$ 时的漏极电流;U_P 为夹断电压,可以通过查阅手册或实测得到。求出 I_{DQ},并将其代入式(2.42),就可得到 U_{GSQ}。

根据电路的输出回路,管压降

$$U_{DSQ} = V_{DD} - I_{DQ}(R_D + R_S) \tag{2.44}$$

自给偏压电路仅适用于耗尽型场效应管。

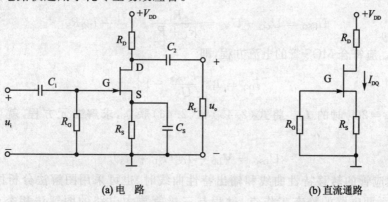

图 2.31 N 沟道结型场效应管自给偏压电路

2. 分压式自偏压电路的静态分析

场效应管的分压式自偏压电路如图 2.32(a)所示,这种电路适合于由任何类型场效应管构成的放大电路。图中场效应管为 N 沟道增强型 MOS 管,为使其工作在恒流区,应使其栅-源电压 U_{GS} 大于开启电压 U_T(U_T 为正值);漏-源加正电压,且数值足够大。将耦合电容 C_1 和 C_2 以及旁路电容 C_S 断开,就得到图 2.32(a)所示电路的直流通路,如图 2.32(b)所示。

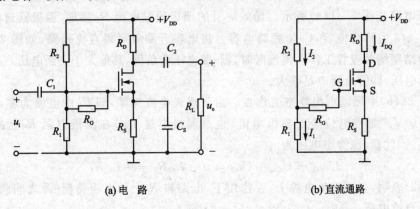

(a)电　路　　　　　　　　　　(b)直流通路

图 2.32　N 沟道增强型 MOS 管静态工作点稳定电路

在图 2.32(b)所示电路中,由于栅极电流为零,即电阻 R_G 中的电流为零,所以栅极的静态电位 U_{GQ} 等于电阻 R_1 和 R_2 对电源 $+V_{DD}$ 的分压,即

$$U_{GQ} = \frac{R_1}{R_1 + R_2} \cdot V_{DD}$$

源极静态电位等于电流 I_{DQ} 在 R_S 上的压降,即

$$U_{SQ} = I_{DQ} \cdot R_S$$

因此,栅-源静态电压

$$U_{GSQ} = U_{GQ} - U_{SQ} = \frac{R_1}{R_1 + R_2} \cdot V_{DD} - I_{DQ} R_S \tag{2.45}$$

I_{DQ} 与 U_{GSQ} 应符合 MOS 管的电流方程,即

$$I_{DQ} = I_{D0} \left[\frac{U_{GSQ}}{U_T} - 1 \right]^2 \tag{2.46}$$

I_{D0} 为 $U_{GS} = 2U_T$ 时的 I_D。将式(2.45)和(2.46)联立,求解二元方程,就可得出 I_{DQ} 与 U_{GSQ}。管压降

$$U_{DSQ} = V_{DD} - I_{DQ}(R_D + R_S) \tag{2.47}$$

当实测出场效应管的转移特性曲线和输出特性曲线时,也可采用图解法分析图 2.31(a)和图 2.32(a)所示两电路的静态工作点,过程与三极管放大电路的图解法相类似,这里不再介绍。

2.6.2 动态分析

场效应管放大电路中除偏置电路元件及电源外,还有隔直电容和旁路电容等元件,它们的作用与双极型三极管中耦合电容相同。在正确偏置的基础上,根据动态信号的传输方式,场效应管放大电路也有三种基本组态,即共源、共漏和共栅。对场效应管放大电路动态工作情况的分析也可采用图解法和微变等效电路法。这里只介绍微变等效电路分析法。

和三极管一样,可以将 FET 看成一个双口网络,如图 2.33(a)所示。由于 FET 的栅-源间动态电阻很大(结型 FET 可达 $10^7\ \Omega$ 以上,绝缘栅型 FET 可达 $10^9\ \Omega$ 以上),因此在近似分析时可认为栅-源间开路($r_{GS}=\infty$),基本不从信号源索取电流,即 $i_G=0$。对于输出回路,当场效应管工作在恒流区时,漏极动态电流 i_D 几乎仅仅取决于栅-源电压 u_{GS},于是可将输出回路等效成一个电压控制的电流源。因此,场效应管的微变等效电路如图 2.33(b)所示。

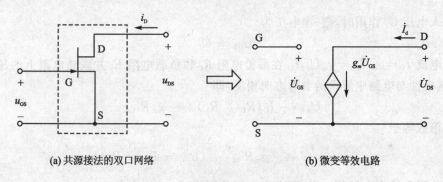

(a) 共源接法的双口网络 (b) 微变等效电路

图 2.33 场效应管的微变等效电路

根据场效应管的电流方程可以求出 g_m。对于结型场效应管

$$g_m = \left.\frac{\partial i_D}{\partial u_{GS}}\right|_{U_{DS}} = \left.\frac{2I_{DSS}}{-U_P}\left[1-\frac{u_{GS}}{U_P}\right]\right|_{U_{DS}}$$

当小信号作用时,可以用 I_{DQ} 来近似 i_D,所以

$$g_m = \frac{2}{-U_P}\sqrt{I_{DSS}I_{DQ}} \tag{2.48}$$

同理,对于增强型 MOS 管

$$g_m = \frac{2}{U_T}\sqrt{I_{DSS}I_{DQ}} \tag{2.49}$$

2.6.3 共源极放大电路的动态分析

共源极放大电路如图 2.34(a)所示。分析步骤与三极管放大电路相同:用场效应管的简化模型代替器件,电路的其余部分按交流通路画出。这样,就可得到共源电路的微变等效电路,如图 2.34(b)所示。

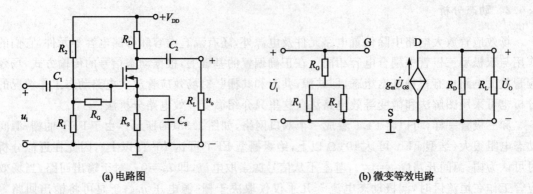

(a) 电路图　　　　　　　　　(b) 微变等效电路

图 2.34　共源放大电路

当输入电压 $\dot{U}_i$ 作用时,栅-源电压为

$$\dot{U}_{GS} = \dot{U}_i \tag{2.50}$$

漏极电流 $\dot{I}_D = g_m \dot{U}_{GS} = g_m \dot{U}_i$,$\dot{I}_D$ 在漏极电阻 R_D 和负载电阻 R_L 并联总电阻上的压降是输出电压,其极性与电路中假设的参考方向相反,即

$$\dot{U}_o = -\dot{I}_D(R_D /\!/ R_L) = -g_m R'_L \tag{2.51}$$

因此放大倍数等于

$$\dot{A}_u = \frac{\dot{U}_o}{\dot{U}_i} = -g_m R'_L \quad (R'_L = R_D /\!/ R_L) \tag{2.52}$$

根据输入电阻和输出电阻的定义,可求出它们分别为

$$R_i = R_G + R_1 /\!/ R_2 \tag{2.53}$$

$$R_o = R_D \tag{2.54}$$

例 2.10　在图 2.34(a)所示分压-自偏压式共源放大电路中,设 $V_{DD}=15\,\text{V}$,$R_D=5\,\text{k}\Omega$,$R_S=2.5\,\text{k}\Omega$,$R_1=200\,\text{k}\Omega$,$R_2=300\,\text{k}\Omega$,$R_G=10\,\text{k}\Omega$,负载电阻 $R_L=5\,\text{k}\Omega$;MOS 管的 $U_T=2\,\text{V}$,$I_{D0}=1.9\,\text{mA}$,并设 C_1、C_2 和 C_S 足够大。

(1) 求解静态工作点 Q;
(2) 求解 $\dot{A}_u$、R_i 和 R_o。

解:(1) 根据式(2.45)、(2.46)、(2.47)计算 Q 点。

$$\left.\begin{aligned} U_{GSQ} &= \frac{R_1}{R_1+R_2} \cdot V_{DD} - I_{DQ}R_S = \left(\frac{200}{200+300}\times 15\right)\text{V} - 2.5\,\text{k}\Omega \cdot I_{DQ} = 6\,\text{V} - 2.5\,\text{k}\Omega \cdot I_{DQ} \\ I_{DQ} &= I_{D0}\left[\frac{U_{GSQ}}{U_T}-1\right]^2 = 2\left(\frac{U_{GSQ}}{2\,\text{V}}-1\right)^2\,\text{mA} \end{aligned}\right\}$$

解联立方程,首先得出 U_{GSQ} 的两个解分别为 $+3.5\,\text{V}$ 和 $-3.5\,\text{V}$,舍去负值,得出合理解为

$$U_{GSQ} = 3.5\,\text{V}, \quad I_{DQ} = 1\,\text{mA}$$

$$U_{DSQ} = V_{DD} - I_{DQ}(R_D + R_S) = [15 - 1 \times (5 + 2.5)] \text{ V} = (15 - 7.5) \text{ V} = 7.5 \text{ V}$$

(2) 根据式(2.48)、(2.52)、(2.53)、(2.54),求解 $\dot{A}_u$、R_i 和 R_o。

$$g_m = \frac{2}{U_T}\sqrt{I_{DSS}I_{DQ}} = \left(\frac{2}{2}\sqrt{1.9 \times 1}\right) \text{ mS} = 1.38 \text{ mS}$$

$$\dot{A}_u = -g_m R'_L = -g_m \times (R_D \mathbin{/\mkern-6mu/} R_L) = -1.38 \times \frac{5 \times 5}{5 + 5} = -3.45$$

$$R_i = R_G + R_1 \mathbin{/\mkern-6mu/} R_2 = \left(10 + \frac{0.2 \times 0.3}{0.2 + 0.3}\right) \text{ M}\Omega \approx 10.1 \text{ M}\Omega$$

$$R_o = R_D = 5 \text{ k}\Omega$$

从例 2.10 的分析可以看出,场效应管共源放大电路的输入电阻远大于共射放大电路的输入电阻,但它的电压放大能力远不如共射放大电路。

2.6.4 共漏极放大电路的动态分析

共漏放大电路又称为源极输出器或源极跟随器,它与双极型三极管组成的射极输出器具有类似的特点,如输入阻抗高、输出电阻低、放大倍数小于并且接近1等,所以应用比较广泛。

图 2.35(a)所示为源极输出器的典型电路。其静态分析可参阅分压式自偏压共源电路,方法与其类似,此处不再重复。

为了进行动态分析,画出源极输出器的微变等效电路,如图 2.35(b)所示。

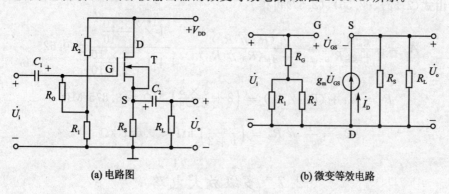

(a) 电路图　　　　　　　　　　　(b) 微变等效电路

图 2.35　源极输出器

由图 2.35(b)可知

$$\dot{U}_o = g_m \dot{U}_{GS} R'_S \quad (R'_S = R_S \mathbin{/\mkern-6mu/} R_L)$$

而

$$\dot{U}_i = \dot{U}_{GS} + \dot{U}_o = (1 + g_m R'_S)\dot{U}_{GS}$$

所以电压放大倍数

$$\dot{A}_u = \frac{\dot{U}_o}{\dot{U}_i} = \frac{g_m R'_S}{1 + g_m R'_S} \tag{2.55}$$

可见,源极输出器的电压放大倍数 A_u 小于1,当 $g_m R'_S \gg 1$ 时,$A_u \approx 1$。

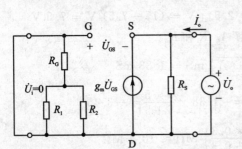

图 2.36 求源极输出器 R_o 的等效电路

由图 2.35(b)可得,源极输出器的输入电阻为
$$R_i = R_G + (R_1 /\!/ R_2) \quad (2.56)$$

分析输出电阻时,令 $\dot{U}_i = 0$,并使 R_L 开路,外加输出电压 $\dot{U}_o$,如图 2.36 所示。由图可知输出电流为

$$\dot{I}_o = \frac{\dot{U}_o}{R_S} - g_m \dot{U}_{GS}$$

因输入端短路,故

$$\dot{U}_{GS} = -\dot{U}_o$$

于是可得

$$\dot{I}_o = \frac{\dot{U}_o}{R_S} + g_m \dot{U}_o = \left(\frac{1}{R_S} + g_m\right)\dot{U}_o$$

所以
$$R_o = \frac{\dot{U}_o}{\dot{I}_o} = \frac{1}{g_m + \frac{1}{R_S}} = \frac{1}{g_m} /\!/ R_S \quad (2.57)$$

例 2.11 在图 2.35(a)所示源极输出器中,已知设 $V_{DD}=12$ V,$R_S=2$ kΩ,$R_1=5$ MΩ,$R_2=3$ MΩ,$R_G=2$ MΩ,负载电阻 $R_L=10$ kΩ;MOS管的跨导 $g_m=1$ mS。试求解放大电路的 $\dot{A}_u$、R_i 和 R_o。

解:由式(2.55)、(2.56)、(2.57)可得

$$\dot{A}_u = \frac{g_m R'_S}{1+g_m R'_S} = \frac{g_m(R_S /\!/ R_L)}{1+g_m(R_S /\!/ R_L)} = \frac{1 \times \frac{2 \times 10}{2+10}}{1+1 \times \frac{2 \times 10}{2+10}} \approx 0.625$$

$$R_i = R_G + (R_1 /\!/ R_2) = \left(2 + \frac{5 \times 3}{5+3}\right) \text{MΩ} \approx 3.875 \text{ MΩ}$$

$$R_o = \frac{1}{g_m} /\!/ R_S = \left(\frac{1 \times 2}{1+2}\right) \text{kΩ} \approx 0.667 \text{ kΩ}$$

2.7 多级放大电路

在实际应用中,有时需要放大非常微弱的信号,单级放大电路的电压放大倍数往往不够高,因此常采取多级放大电路。将第一级的输出接到第二级的输入,第二级的输出作为第三级的输入……这样使信号逐级放大,以得到所需要的输出信号。不仅是电压放大倍数,对于放大电路的其他性能指标,如输入电阻、输出电阻等,通过采用多级放大电路,也能达到所需要求。

2.7.1 多级放大电路的耦合方式

在多级放大电路中,级与级之间的连接方式称为耦合。多级放大电路的耦合方式共有三

种，分别是阻容耦合、直接耦合和变压器耦合。

1. 阻容耦合

图 2.37 是一个两级阻容耦合放大器。两级之间用电容 C_2 连接起来，C_2 称为耦合电容。前一级的输出电压经 C_2 接到下一级的输入端。耦合电容的取值较大，一般为数微法到数十微法。对交流信号而言，电容相当于短路，信号可以畅通流过；对直流信号而言，电容相当于开路，从而使前、后两级的工作点相互独立，互不影响，给分析、设计和调试带来很大方便。但它也

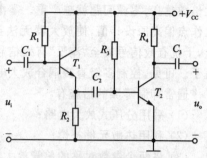

图 2.37 阻容耦合放大电路

有局限性，因为作为耦合元件的电容对缓慢变化的信号容抗很大，不利于流畅传输。所以，它不能放大缓慢变化的信号，更不能反映直流成分的变化，而只能放大交流信号。另外，耦合电容不易集成化。

2. 直接耦合

图 2.38 是一个两级直接耦合放大器。为了避免耦合电容对低频率信号的影响，把前一级的输出信号直接接到下一级的输入端。直接耦合的优点是：既能放大交流信号，也能放大直流信号；同时还便于集成化。但直接耦合前、后级之间存在直流通路，造成各级静态工作点相互影响，分析、设计和调试比较烦琐。另外，直接耦合带来的第二个问题是零点漂移问题，这是直接耦合电路最突出的问题。如果将一个直接耦合放大电路的输入端对地短路，即令输入电压 $u_i = 0$，并调整电路使输出电压 u_o 等于零。从理论上讲，输出电压 u_o 应一直为零并保持不变，但实际上输出电压将离开零点，缓慢地发生不规则的变化，如图 2.39 所示，这种现象称为零点漂移，简称零漂。产生零点漂移的主要原因是当放大器件的参数受温度的影响而发生波动（因此零漂又叫温漂），导致放大电路静态工作点不稳定，而放大级之间又采用直接耦合方式，使静态工作点的变化逐级传递并放大。因此，一般说来，直接耦合放大电路的级数越多，放

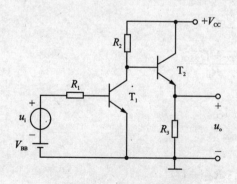

图 2.38 直接耦合放大电路

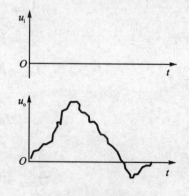

图 2.39 零点漂移现象

大倍数越高,零漂问题就越严重。零漂对放大电路的影响主要有两个方面:(1)零漂使静态工作点偏离原设计值,使放大器无法正常工作;(2)零漂信号在输出端叠加在被放大的信号上,干扰有效信号甚至"淹没"有效信号,使有效信号无法被判别,这时放大器已经没有使用价值了。可见,控制多级直接耦合放大电路中第一级的零漂是至关重要的。

通常抑制零漂的措施有:

(1) 采用分压式放大电路;

(2) 利用热敏元件补偿;

(3) 将两个参数对称的单管放大电路接成差动放大电路的结构形式,使输出端的零漂互相抵消。这种措施十分有效而且比较容易实现,实际上,集成运算放大电路的输入级基本上都采用差动放大电路的结构形式。

例 2.12 电路如图 2.40 所示,其中稳压管 D_Z 的作用是保证三极管 T_1 不饱和,设其工作电压 $U_Z=4\ V$,求各级静态工作点。

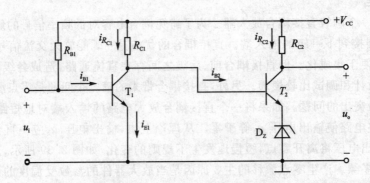

图 2.40 两级直接耦合放大电路

解:
$$U_{CQ1} = U_{BEQ2} + U_Z = U_{CEQ1}$$

$$I_{R_{C1}} = \frac{V_{CC} - U_{C1}}{R_{C1}}$$

而
$$I_{CQ1} = \beta_1 I_{BQ1} = \beta_1 \frac{V_{CC} - U_{BEQ1}}{R_{B1}}$$

所以
$$I_{BQ2} = I_{R_{C1}} - I_{CQ1}$$
$$I_{CQ2} = \beta_2 I_{BQ2}$$

故
$$U_{CEQ2} = V_{CC} - I_{CQ2} \cdot R_{C2} - U_Z$$

3. 变压器耦合

因为变压器能够通过磁路的耦合将原边的交流信号传送到副边,所以也可以作为多级放大电路的耦合元件。

图 2.41 所示为变压器的结构原理图,原、副边的电压分别为 U_1 和 U_2,电流分别为 I_1 和 I_2,匝数分别为 N_1 和 N_2,则有以下关系:

$$\frac{U_1}{U_2}=\frac{N_1}{N_2}=n, \qquad \frac{I_1}{I_2}=\frac{N_2}{N_1}=\frac{1}{n}$$

式中,$n=\dfrac{N_1}{N_2}$ 称为变压比。

如果接在变压器副边的实际负载电阻为 R_L,此时从变压器原边看进去的等效负载电阻为

$$R'_L=\frac{U_1}{I_1}=n^2\frac{U_2}{I_2}=n^2 R_L \tag{2.58}$$

式(2.58)表明变压器具有阻抗变换作用,实际中往往利用这一特点在功率放大电路中实现阻抗匹配,以使负载获得最大功率。

图 2.42 所示为变压器耦合放大电路的一个实例。变压器 T_{r1} 将第一级的输出信号传送到第二级,T_{r2} 将第二级的输出信号传送给负载并进行阻抗变换。在第二级,三极管 T_2 和 T_3 组成推挽式放大电路。

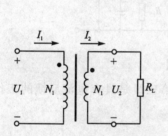

图 2.41 变压器的结构原理图

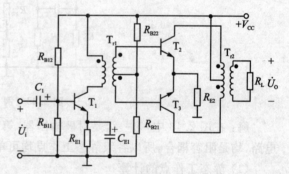

图 2.42 变压器耦合放大电路

变压器耦合方式的优点:具有阻抗变换作用,能使交流信号通畅传输,还具有各级静态工作点相互独立的特点。其主要缺点是:体大笨重,有些性能较差,不易集成化,而且与阻容耦合一样,只能放大交流信号,不能放大缓慢变化的信号,因此一般很少使用。

2.7.2 多级放大电路的动态分析

多级放大电路的动态性能指标与单级放大电路相同,有电压放大倍数、输入电阻和输出电阻。分析交流性能时,各级间是相互联系的,第一级的输出电压是第二级的输入电压,而第二级的输入电阻又是第一级的负载电阻。对于一个 n 级放大电路,其电压放大倍数为

$$\dot{A}_u=\dot{A}_{u1}\cdot\dot{A}_{u2}\cdot\dot{A}_{u3}\cdots\cdot\dot{A}_{un} \tag{2.59}$$

根据输入电阻、输出电阻的定义,多级放大电路的输入电阻等于第一级(即输入级)的输入

电阻,输出电阻等于最后一级(即输出级)的输出电阻,即

$$R_i = R_{i1} \quad (2.60)$$

$$R_o = R_{on} \quad (2.61)$$

应当指出,当共集放大电路作输入级时,R_i 将与第二级的输入电阻(为输入级的负载)有关;当共集放大电路作输出级时,R_o 将与倒数第二级的输出电阻(为输出级的信号源内阻)有关。

例 2.13 图 2.43 所示为三级阻容耦合放大电路。已知:$V_{CC}=15$ V,$R_{B1}=150$ kΩ,$R_{E1}=20$ kΩ,$R_{B22}=100$ kΩ,$R_{B21}=15$ kΩ,$R_{C2}=5$ kΩ,$R'_{E2}=100$ Ω,$R_{E2}=750$ Ω,$R_{B32}=100$ kΩ,$R_{B31}=22$ kΩ,$R_{C3}=3$ kΩ,$R_{E3}=1$ kΩ,$R_L=1$ kΩ,三个三极管的电流放大倍数均为 $\beta=50$,$U_{BEQ}=0.7$ V,$r_{bb'}$ 均为 200 Ω。试求电路的静态工作点、电压放大倍数、输入电阻和输出电阻。

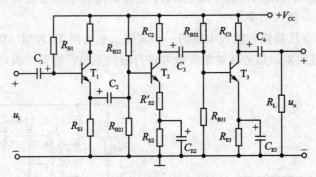

图 2.43 例 2.13 用图

解:在图 2.43 中,第一级是射极输出器,第二级和第三级是具有电流反馈的工作点稳定电路,均是阻容耦合,所以各级静态工作点均可单独计算。

(1) 静态工作点的计算

第一级:

$$I_{BQ1} = \frac{V_{CC} - U_{BEQ}}{R_{B1} + (1+\beta)R_{E1}} = \left[\frac{15-0.7}{150+(1+50)\times 20}\right] \text{mA} \approx 12 \ \mu\text{A}$$

$$I_{CQ1} = \beta I_{BQ1} = 50 \times 12 \ \mu\text{A} = 0.6 \text{ mA}$$

$$U_{CEQ1} = V_{CC} - I_{CQ1}R_{E1} = (15 - 0.6 \times 20) \text{ V} = 3 \text{ V}$$

第二级:

$$U_{B2} = \frac{R_{B21}}{R_{B21}+R_{B22}}V_{CC} = \left(\frac{15}{15+100} \times 15\right) \text{V} \approx 1.96 \text{ V}$$

$$U_{E2} = U_{B2} - U_{BEQ2} = (1.96 - 0.7) \text{ V} = 1.26 \text{ V}$$

$$I_{CQ2} \approx I_{EQ2} = \frac{U_{E2}}{R_{E2}+R'_{E2}} = \left(\frac{1.26}{750+100}\right) \text{A} = 1.48 \text{ mA}$$

$$I_{BQ2} = I_{CQ2}/\beta = (1.48/50) \text{ mA} = 30 \ \mu\text{A}$$

$$U_{CEQ2} = V_{CC} - I_{CQ2}(R_{C2} + R'_{E2} + R_{E2}) = [15 - 1.48(5 + 0.1 + 0.75)] \text{ V} = 6.3 \text{ V}$$

第三级:

$$U_{B3} = \frac{R_{B31}}{R_{B31} + R_{B32}} V_{CC} = \left(\frac{22}{22 + 100} \times 15\right) \text{ V} \approx 2.7 \text{ V}$$

$$U_{E3} = U_{B3} - U_{BEQ3} = (2.7 - 0.7) \text{ V} = 2 \text{ V}$$

$$I_{CQ3} \approx I_{EQ3} = \frac{U_{E3}}{R_{E3}} = \left(\frac{2}{1}\right) \text{ mA} = 2 \text{ mA}$$

$$I_{BQ3} = I_{CQ3}/\beta = (2/50) \text{ mA} = 40 \text{ }\mu\text{A}$$

$$U_{CEQ3} = V_{CC} - I_{CQ3}(R_{C3} + R_{E3}) = [15 - 2 \times (3 + 1)] \text{ V} = 7 \text{ V}$$

(2) 电压放大倍数的计算

第一级:

第一级是射极输出级,其电压放大倍数

$$A_{u1} = \frac{(1+\beta)R'_{E1}}{r_{be1} + (1+\beta)R'_{E1}} \approx 1$$

第二级:

$$r_{be2} = 200 \text{ }\Omega + (1+\beta)\frac{26 \text{ mV}}{I_{EQ2}} = \left[200 + (1+50)\frac{26}{1.48}\right] \Omega \approx 1.1 \text{ k}\Omega$$

$$r_{be3} = 200 \text{ }\Omega + (1+\beta)\frac{26 \text{ mV}}{I_{EQ3}} = \left[200 + (1+50)\frac{26}{2}\right] \Omega \approx 0.86 \text{ k}\Omega$$

$$R_{i3} = R_{B31} // R_{B32} // r_{be3} = (22 // 100 // 0.86) \text{ k}\Omega \approx 0.86 \text{ k}\Omega$$

$$A_{u2} = \frac{(1+\beta)(R_{C2} // R_{i3})}{r_{be2} + (1+\beta)R'_{E2}} = -\frac{51 \times (5 // 0.86)}{1.1 + 51 \times 0.1} = -6.1$$

第三级:

$$A_{u3} = -\frac{\beta(R_{C1} // R_L)}{r_{be3}} = -\frac{50 \times (3 // 1)}{0.86} = -43.6$$

所以多级放大电路总电压放大倍数为

$$A_u = A_{u1} \cdot A_{u2} \cdot A_{u3} = 1 \times (-6.1) \times (-43.6) \approx 266$$

(3) 输入电阻和输出电阻的计算

输入电阻即为第一级的输入电阻

$$r_{be1} = 200 \text{ }\Omega + (1+\beta)\frac{26 \text{ mV}}{I_{EQ1}} = \left[200 + (1+50)\frac{26}{0.61}\right] \Omega \approx 2.38 \text{ k}\Omega$$

$$R_{i2} = R_{B21} // R_{B22} // [r_{be2} + (1+\beta)R'_{E2}] =$$
$$\{15 // 100 // [1.1 + (1+50) \times 0.1]\} \text{ k}\Omega \approx 4.2 \text{ k}\Omega$$

$$R'_{E1} = R_{E1} // R_{i2} = (20 // 4.2) \text{ k}\Omega = 3.47 \text{ k}\Omega$$

$$R'_{i1} = r_{be1} + (1+\beta)R_{E1} = [2.38 + (1+50) \times 3.47] \text{ k}\Omega = 179 \text{ k}\Omega$$

$$R_i = R_{i1} = R_{B1} // R'_{i1} = (150 // 179) \text{ k}\Omega = 81.6 \text{ k}\Omega$$

输出电阻即为第三级的输出电阻
$$R_o = R_{o3} = R_{C3} = 3 \text{ k}\Omega$$

本章小结

(1) 基本共射放大电路、分压式工作点稳定电路和基本共集电极放大电路是常用的单管放大电路。它们的组成原则是：直流通路必须保证三极管有合适的静态工作点；交流通路必须保证输入信号能传送到放大电路的输入回路，同时保证放大后的信号传送到放大电路的输出端。

(2) 由于放大电路中交、直流信号并存，含有非线性器件，出现受控电流（压）源，因此增加了分析电路的难度。

一般分析放大电路的方法是：先静态，后动态。静态分析是为确定静态工作点 Q，即 I_{BQ}、I_{CQ}、I_{EQ} 和 U_{CEQ}；动态分析包括波形和动态指标，即 A_u、R_i 和 R_o。

(3) 图解分析法主要是利用在三极管的特性曲线上作图的方法求解 Q，分析信号的动态范围和失真情况。它直观、形象、很容易分析波形失真、输出幅度以及电路参数对 Q 的影响等等。但是，作图过程比较烦琐、容易产生作图误差，电路稍一复杂就无法用图解法直接求 A_u，也不能分析频率特性等。

(4) 微变等效电路法是在小信号的条件下，把三极管等效成线性电路的分析方法。该方法只能分析动态，不能分析静态，也不能分析失真和动态范围等。

(5) 多级放大电路有三种耦合方式，即阻容耦合、直接耦合、变压器耦合。多级放大电路的电压放大倍数等于各级放大倍数之积；输入电阻为第一级电路的输入电阻；输出电阻等于末级电路的输出电阻。

习题 2

2.1 判断对错，对者打"√"，错者打"×"。
(1) 只有电路既放大电流又放大电压，才称其有放大作用。（　　）
(2) 可以说任何放大电路都有功率放大作用。（　　）
(3) 电路中各电量的交流成分是交流信号源提供的。（　　）
(4) 放大电路必须加上合适的直流电源才能正常工作。（　　）
(5) 只要是共射放大电路，输出电压的底部失真都是饱和失真。（　　）

2.2 在题图 2.1 所示电路中，已知 $V_{CC}=12$ V，晶体管的 $\beta=100$，$R'_B=100$ kΩ。填空：要求先填文字表达式后填得数。
(1) 当 $U_i=0$ V 时，测得 $U_{BEQ}=0.7$ V，若要基极电流 $I_{BQ}=20$ μA，则 R'_B 和 R_W 之和 $R_B=$

____≈____ kΩ;而若测得 $U_{CEQ}=6$ V,则 $R_C=$ ____≈____ kΩ。

(2) 若测得输入电压有效值 $U_i=5$ mV 时,输出电压有效值 $U'_o=0.6$ V,则电压放大倍数 $\dot{A}_u=$ ____≈____;

若负载电阻 R_L 值与 R_C 相等,则带上负载后输出电压有效值 $U_o=$ ____ V。

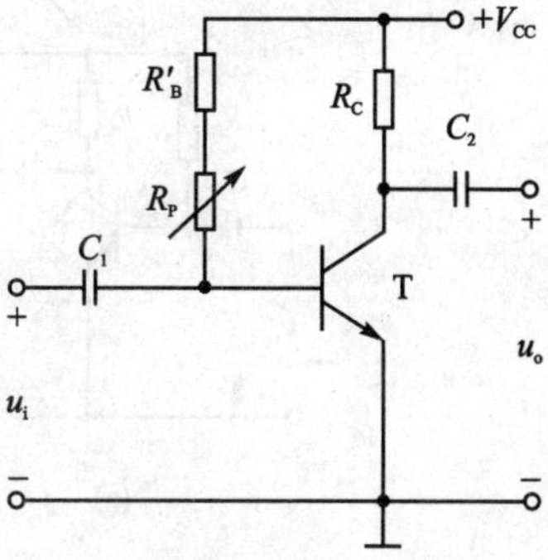

2.3 已知图 2.1 所示电路中 $V_{CC}=12$ V, $R_C=3$ kΩ,静态管压降 $U_{CEQ}=6$ V;并在输出端加负载电阻 R_L,其阻值为 3 kΩ。选择一个合适的答案填入空内。

(1) 该电路的最大不失真输出电压有效值 $U_{om}\approx$ ____;
    A. 2 V   B. 3 V   C. 6 V

题图 2.1

(2) 当 $U_i=1$ mV 时,若在不失真的条件下,减小 R_W,则输出电压的幅值将 ____;
    A. 减小   B. 不变   C. 增大

(3) 在 $U_i=1$ mV 时,将 R_P 调到输出电压最大且刚好不失真,若此时增大输入电压,则输出电压波形将 ____;
    A. 顶部失真   B. 底部失真   C. 为正弦波

(4) 若发现电路出现饱和失真,则为消除失真,可将____。
    A. R_W 减小   B. R_C 减小   C. V_{CC} 减小

2.4 试根据放大电路的组成原则,判断题图 2.2 所示各电路是否具有放大作用,并简述理由。设图中所有电容对交流信号均可视为短路。

2.5 分别改正题图 2.3 所示各电路中的错误,使它们有可能放大正弦波信号。要求保留电路原来的共射接法和耦合方式。

2.6 电路如题图 2.4(a) 所示,图(b) 是晶体管的输出特性,静态时 $U_{BEQ}=0.7$ V。利用图解法分别求出 $R_L=\infty$ 和 $R_L=3$ kΩ 时的静态工作点和最大不失真输出电压 U_{om}(有效值)。

2.7 电路如题图 2.5(a) 所示,三极管的特性曲线如题图 2.5(b) 和 (c) 所示。已知 $V_{CC}=18$ V, $R_B=238$ kΩ, $R_C=1.5$ kΩ, $R_E=500$ Ω。

(1) 求电路的静态工作点,设 $U_{BEQ}=0.7$ V;

(2) 在特性曲线上作直流负载线,并标出 Q 的位置及有关参数。

2.8 在题图 2.6 所示电路中,已知晶体管的 $\beta=80$, $r_{be}=1$ kΩ, $U_i=20$ mV;静态时 $U_{BEQ}=0.7$ V, $U_{CEQ}=4$ V, $I_{BQ}=20$ μA。判断下列结论是否正确,凡对的在括号内打"√",否则打"×"。

模拟电子技术

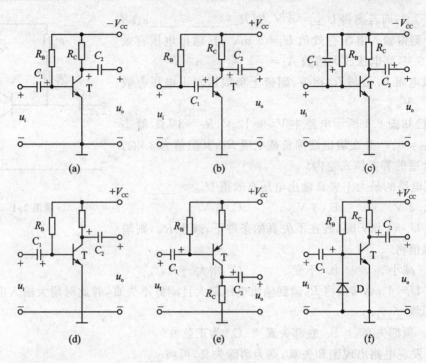

题图 2.2

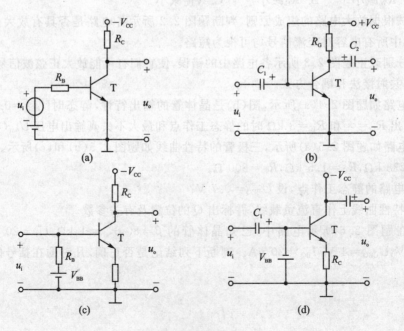

题图 2.3

第 2 章 放大电路基础

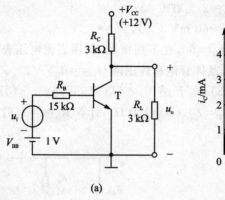
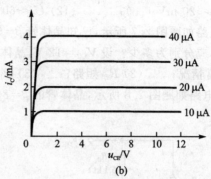

题图 2.4

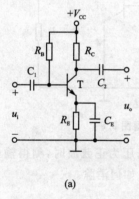
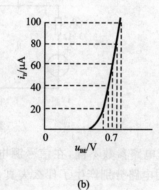
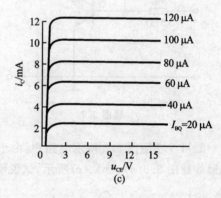

题图 2.5

(1) $\dot{A}_u = -\dfrac{4}{20\times 10^{-3}} = -200(\quad)$;

(2) $\dot{A}_u = -\dfrac{4}{0.7} \approx -5.71(\quad)$;

(3) $\dot{A}_u = -\dfrac{80\times 5}{1} = -400(\quad)$;

(4) $\dot{A}_u = -\dfrac{80\times 2.5}{1} = -200(\quad)$;

(5) $R_i = \left(\dfrac{20}{20}\right)\ \text{k}\Omega = 1\ \text{k}\Omega(\quad)$;

(6) $R_i = \left(\dfrac{0.7}{0.02}\right)\ \text{k}\Omega = 35\ \text{k}\Omega(\quad)$;

(7) $R_i \approx 3\ \text{k}\Omega(\quad)$;   (8) $R_i \approx 1\ \text{k}\Omega(\quad)$;

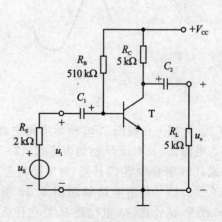

题图 2.6

(9) $R_o \approx 5 \text{ k}\Omega$ ( );　　　　(10) $R_o \approx 2.5 \text{ k}\Omega$ ( );

(11) $\dot{U}_S \approx 20 \text{ mV}$ ( );　　　(12) $\dot{U}_S \approx 60 \text{ mV}$ ( )。

2.9 电路如题图 2.7 所示,已知晶体管 $\beta=50$,在下列情况下,用直流电压表测晶体管的集电极电位,应分别为多少? 设 $V_{CC}=12$ V,晶体管饱和管压降 $U_{CES}=0.5$ V。

(1) 正常情况;　(2) R_{B1} 短路;　(3) R_{B1} 开路;　(4) R_{B2} 开路;　(5) R_C 短路。

2.10 电路如题图 2.8 所示,晶体管的 $\beta=80$, $r_{bb'}=100$ Ω。计算 $R_L=\infty$ 时的 Q 点及 $\dot{A}_u$、R_i 和 R_o。

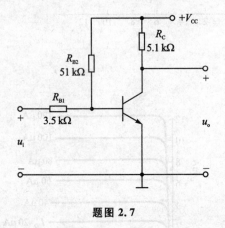

题图 2.7

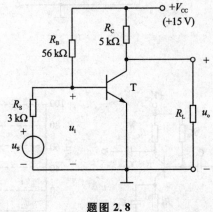

题图 2.8

2.11 在题图 2.8 所示电路中,由于电路参数不同,在信号源电压为正弦波时,测得输出波形如题图 2.9(a)、(b)、(c)所示,试说明电路分别产生了什么失真,如何消除。

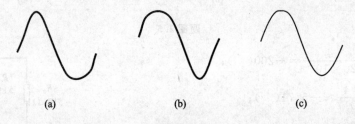

(a)　　　　　(b)　　　　　(c)

题图 2.9

2.12 在题图 2.10 所示电路中,设电容 C_1、C_2、C_3 对交流信号可视为短路。(1) 写出静态电流 I_{CQ} 及电压 U_{CEQ} 的表达式;(2) 写出电压放大倍数 $\dot{A}_u$、输入电阻 R_i、输出电阻 R_o 的表达式;(3) 若将电容 C_3 开路,对电路将会产生什么影响?

2.13 共射电路如题图 2.11 所示。已知 $U_{BEQ}=0.7$ V,$\beta=100$,$r_{bb'}=300$ Ω,$U_{CES}=0.7$ V。试计算(1) 电位器 R_P 处在什么位置时,电压放大倍数 $|\dot{A}_u|$ 最大?(2) R_B 取什么值时,电路可得到最大的输出幅度,此时 $U_{o,max}=$?(3) 当 $R_B=715$ kΩ 时,要保证输出电压信号不失真,则输入正弦信号 U_S 的最大幅值应为多少?

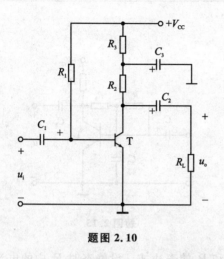

题图 2.10

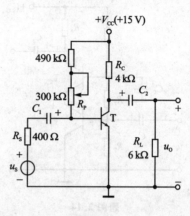

题图 2.11

2.14 已知题图 2.12 所示电路中晶体管的 $\beta=100$,$r_{be}=1\ \text{k}\Omega$。

(1) 现已测得静态管压降 $U_{CEQ}=6\ \text{V}$,估算 R_B 约为多少千欧;

(2) 若测得 $\dot{U}_i$ 和 $\dot{U}_o$ 的有效值分别为 $1\ \text{mV}$ 和 $100\ \text{mV}$,则负载电阻 R_L 为多少千欧?

2.15 电路如题图 2.13 所示,晶体管的 $\beta=100$,$r_{bb'}=100\ \Omega$。

(1) 求电路的 Q 点、$\dot{A}_u$、R_i 和 R_o;

(2) 若电容 C_E 开路,则将引起电路的哪些动态参数发生变化?如何变化?

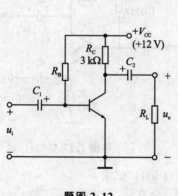

题图 2.12

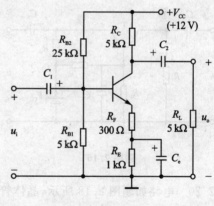

题图 2.13

2.16 试求出题图 2.14 所示电路 Q 点、$\dot{A}_u$、R_i 和 R_o 的表达式。设静态时 R_2 中的电流远大于 T_2 管的基极电流且 R_3 中的电流远大于 T_1 管的基极电流。

2.17 试求出题图 2.15 所示电路 Q 点、$\dot{A}_u$、R_i 和 R_o 的表达式。

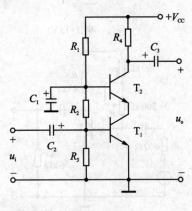

题图 2.14

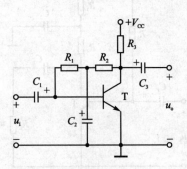

题图 2.15

2.18 试求出题图 2.16 所示电路 Q 点、$\dot{A}_u$、R_i 和 R_o 的表达式。设静态时 R_2 中的电流远大于 T 的基极电流。

2.19 设题图 2.17 所示电路所加输入电压为正弦波。试问：

(1) $\dot{A}_{u1}=\dot{U}_{o1}/\dot{U}_i\approx?$ 　　$\dot{A}_{u2}=\dot{U}_{o2}/\dot{U}_i\approx?$

(2) 画出输入电压和输出电压 u_i、u_{o1}、u_{o2} 的波形；

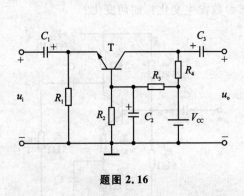

题图 2.16

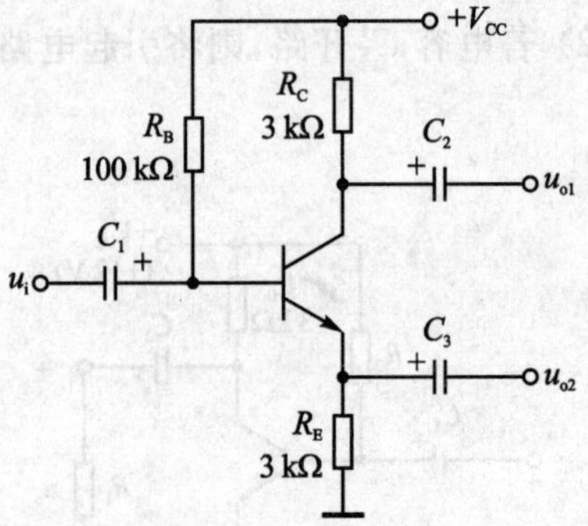

题图 2.17

2.20 电路如题图 2.18 所示，晶体管的 $\beta=80$, $r_{be}=1\ \text{k}\Omega$。试求：

(1) Q 点；　(2) $R_L=\infty$ 和 $R_L=3\ \text{k}\Omega$ 时电路的 $\dot{A}_u$ 和 R_i；　(3) R_o。

2.21 电路如题图 2.19 所示，晶体管的 $\beta=60$, $r_{bb'}=100\ \Omega$。

(1) 求解 Q 点、$\dot{A}_u$、R_i 和 R_o；

(2) 设 $U_s=10\ \text{mV}$（有效值），问 $U_i=?$ $U_o=?$ 若 C_3 开路，则 $U_i=?$ $U_o=?$

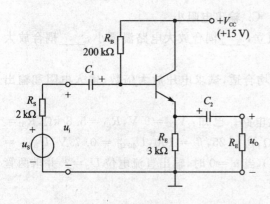

题图 2.18

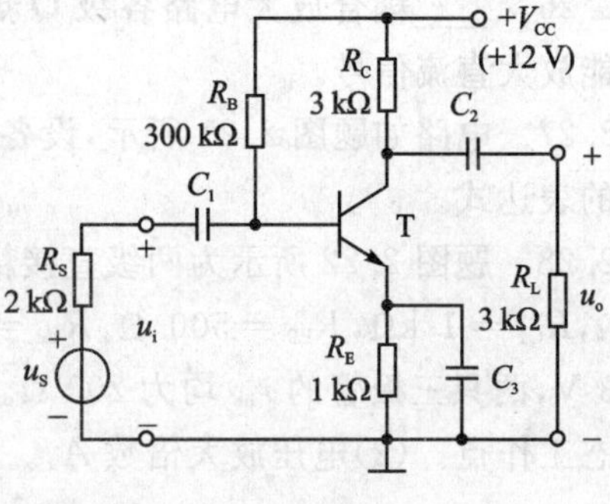

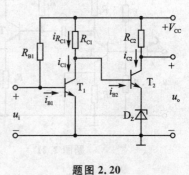

题图 2.19

2.22 在题图 2.20 所给出的两级直接耦合放大电路中,已知: $R_{B1}=240\ \text{k}\Omega$, $R_{C1}=3.9\ \text{k}\Omega$, $R_{C2}=500\ \Omega$,稳压管 D_Z 的工作电压 $U_Z=4\ \text{V}$,三极 T_1 的 $\beta_1=45$, T_2 的 $\beta_2=40$, $V_{CC}=24\ \text{V}$,试计算各级的静态工作点。如果 I_{CQ1} 由于温度的升高而增加 1%,试计算输出电压的变化是多少。

2.23 现有直接耦合基本放大电路如下:
　　A. 共射电路　　　B. 共集电路
　　C. 共基电路

题图 2.20

选择正确答案填入空内。

(1) 输入电阻最小的电路是 ____,最大的是 ____;

(2) 输出电阻最小的电路是 ____;

(3) 有电压放大作用的电路是 ____;

(4) 有电流放大作用的电路是 ____;

(5) 输入电压与输出电压同相的电路是 ____,反相的电路是 ____。

2.24 现有基本放大电路:① 共射电路,② 共集电路,③ 共源电路。分别按下列要求选择合适电路形式组成两级放大电路。

(1) 电压放大倍数 $|\dot{A}_u|\geqslant 4\,000$;

(2) 输入电阻 $R_i\geqslant 5\ \text{M}\Omega$,电压放大倍数 $|\dot{A}_u|\geqslant 400$;

(3) 输入电阻 $R_i\geqslant 5\ \text{M}\Omega$,输出电阻 $R_o\leqslant 200\ \Omega$,电压放大倍数 $|\dot{A}_u|\geqslant 10$;

(4) 输入电阻 $R_i\geqslant 100\ \text{k}\Omega$,电压放大倍数 $|\dot{A}_u|\geqslant 100$;

2.25 有两个放大倍数相同的放大电路 A 和 B,分别对同一电压信号进行放大,其输出电压分别为 $U_{oA}=5.2\ \text{V}$, $U_{oB}=5\ \text{V}$。由此可得出放大电路____优于放大电路____。其原因是它的____。

A. 放大倍数大　　　B. 输入电阻大　　　C. 输出电阻小

2.26 ＿＿耦合放大电路各级 Q 点相互独立，＿＿耦合放大电路温漂小，＿＿耦合放大电路能放大直流信号。

2.27 电路如题图 2.21 所示，设各级 Q 点均合适，试求电压放大倍数、输入电阻和输出电阻的表达式。

2.28 题图 2.22 所示为两级直接耦合放大电路。已知：$V_{CC}=9$ V，$R_{B1}=5.8$ kΩ，$R_{B2}=500$ Ω，$R_{C1}=1$ kΩ，$R_{E2}=500$ Ω，$R_{C2}=5.1$ kΩ，$\beta_1=25$，$\beta_2=100$，$U_{BEQ1}=0.7$ V，$U_{BEQ2}=-0.3$ V，两只三极管的 $r_{bb'}$ 均为 200 Ω。试求(1) 当 $u_i=0$ 时，输出直流电位 $U_o=$? 并求两管的静态工作点。(2)电压放大倍数 A_u。

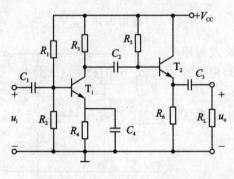

题图 2.21

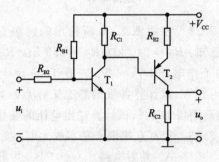

题图 2.22

第 3 章 放大电路的频率响应

3.1 基本概念

3.1.1 频率响应

对于一个放大电路,由于其中耦合电容、三极管极间电容以及其他电抗性元件的存在,使放大倍数在信号频率比较低或比较高时,不但数值下降,还产生相移。可见放大倍数是频率的函数,这种函数关系称为放大电路的频率响应或频率特性。

3.1.2 幅频特性和相频特性

放大电路中,当输入不同频率正弦信号时,电压放大倍数可表示如下

$$\dot{A}_u = |\dot{A}_u|(f) \angle \varphi(f) \quad (3.1)$$

式(3.1)表明,电压放大倍数的幅值 $|\dot{A}_u|$ 和相角 φ 都是频率 f 的函数。放大倍数与频率的关系称为幅频特性,用 $|\dot{A}_u|(f)$ 表示,相角 φ 与频率的关系称为相频特性,用 $\varphi(f)$ 表示。一个典型单管共射放大电路的幅频特性和相频特性分别用图像表示为图 3.1(a)和图 3.1(b)。

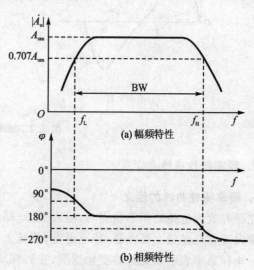

图 3.1 单管共射放大电路的频率特性

3.1.3 频率失真

研究放大电路的主要课题是怎样实现保真放大的问题。弱信号在放大过程中,不可避免地要产生失真。失真可分为两种,一种是非线性失真,它是由于信号幅度变大,工作在三极管的非线性部分造成的。另一种是线性失真,也称频率失真,它是信号通过线性时不变系统造成的。具体而言,实际的音像信号是由许多不同频率的信号组合而成,即含有丰富的谐波分量,要不失真地放大这些信号,就要求放大电路对各种不同频率的信号都具有同样的放大能力。然而,由于放大电路中存在着储能元件(L、C),使得放大倍数与频率有关,导致被放大的信号

产生失真,这种失真即是频率失真。如图 3.2 所示。

图 3.2(a)和(b)中的两个输入电压 u_i 均包含基波和二次谐波。图 3.2(a)表示,由于对两个谐波成分的放大倍数的幅值不同而引起幅频失真;图 3.2(b)表示,由于两个谐波通过放大电路后产生的相位移不同而引起相频失真。

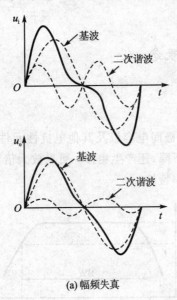
(a) 幅频失真

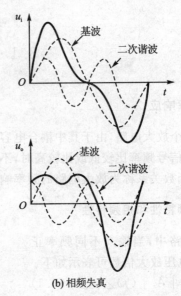
(b) 相频失真

图 3.2 频率失真

3.1.4 频率特性曲线

1. 频率特性曲线的定义

在研究放大电路的频率响应时,输入信号(即加在放大电路输入端的测试信号)的频率范围常常设置在几赫到上百兆赫,甚至更宽;而放大电路的放大倍数可从几倍到上百万倍。为了在同一坐标系中表示如此宽的变化范围,在画频率特性曲线时常采用对数坐标,这样画出的图像称为对数频率特性,又称频率特性曲线。

频率特性曲线由对数幅频特性和对数相频特性两部分组成,它们的横轴采用对数刻度 $\lg f$,幅频特性的纵轴采用 $20\lg|\dot{A}_u|$ 表示,单位是 dB(分贝);相频特性的纵轴仍用 φ 表示,不取对数。表 3.1 中列出几个具体数值来说明 $|\dot{A}_u|$ 与其对数 $20\lg|\dot{A}_u|$ 之间的对应关系。

表 3.1 $|\dot{A}_u|$ 与 $20\lg|\dot{A}_u|$ 之间的对应关系

$|\dot{A}_u|$	0.01	0.1	0.707	1	$\sqrt{2}$	2	10	100
$20\lg|\dot{A}_u|$/dB	−40	−20	−3	0	3	6	20	40

由表 3.1 可见,每当 $|\dot{A}_u|$ 增大为原来的 10 倍时,相应的 $20\lg|\dot{A}_u|$ 将增加 20 dB。若 $|\dot{A}_u|$ 增大一倍,则相应的 $20\lg|\dot{A}_u|$ 增加 6 dB。由表还可看出,当 $|\dot{A}_u|=1$ 时,$20\lg|\dot{A}_u|=0$;当 $|\dot{A}_u|>1$ 时,$20\lg|\dot{A}_u|>0$;而当 $|\dot{A}_u|<1$ 时,$20\lg|\dot{A}_u|<0$。

通过以上介绍不难看出,采用对数频率特性(频率特性曲线)的主要优点是可以拓宽视野,在大小范围有限的坐标系内表示出宽广频率范围的变化情况,同时将低频段和高频段的特性都表示得很清楚,而且作图方便,尤其对于多级放大电路更是如此。因为,多级放大电路的放大倍数是各级放大倍数的乘积,故在画频率特性曲线时,只需将各级对数增益相加即可。多级放大电路总的相移等于各级相移之和,所以频率特性曲线中相频特性的纵坐标不再取对数。

2. 频率特性曲线的画法

这里以最简单的无源单级 RC 高通和低通电路为例,说明频率特性曲线的画法。

(1) 高通电路的频率特性曲线

在图 3.3(a)所示高通电路中,设输出电压 $\dot{U}_o$ 与输入电压 $\dot{U}_i$ 之比为 $\dot{A}_u$,则

$$\dot{A}_u = \frac{\dot{U}_o}{\dot{U}_i} = \frac{R}{R + \frac{1}{j\omega C}} = \frac{1}{1 + \frac{1}{j\omega RC}}$$

式中,ω 为输入信号的角频率,RC 为回路的时间常数 τ,令 $\omega_L = \frac{1}{RC} = \frac{1}{\tau}$,则

$$f_L = \frac{\omega_L}{2\pi} = \frac{1}{2\pi\tau} = \frac{1}{2\pi RC}$$

因此

$$\dot{A}_u = \frac{1}{1 + \frac{\omega_L}{j\omega}} = \frac{1}{1 + \frac{f_L}{jf}} = \frac{j\frac{f}{f_L}}{1 + j\frac{f}{f_L}}$$

将 $\dot{A}_u$ 用其幅值与相角表示,得出

$$|\dot{A}_u| = \frac{\frac{f}{f_L}}{\sqrt{1 + \left(\frac{f}{f_L}\right)^2}} \tag{3.2}$$

$$\varphi = 90° - \arctan\frac{f}{f_L} \tag{3.3}$$

根据式(3.2)、(3.3)即可分别画出图 3.3(a)所示高通电路的幅频特性和相频特性,此处不再画出。

由式(3.2)、(3.3)可以看出,当 $f \gg f_L$ 时,$|\dot{A}_u| \approx 1$,$\varphi \approx 0°$;当 $f = f_L$ 时,$|\dot{A}_u| \approx \frac{1}{\sqrt{2}}$,$\varphi \approx 45°$;当 $f \ll f_L$ 时,$|\dot{A}_u| \approx \frac{f}{f_L} \approx 0$,$\varphi \approx 90°$。以上分析表明,频率 f 每下降 10 倍,$|\dot{A}_u|$ 也下降 10 倍;当 f 趋于 0 时,$|\dot{A}_u|$ 也趋于 0,φ 趋于 90°。由此可见,对于高通电路,频率愈低,衰减愈大,

相移愈大,只有当信号频率远高于 f_L 时,$\dot{U}_o$ 才约等于 $\dot{U}_i$,f_L 称为 $\dot{A}_u$ 的下限截止频率,简称下限频率。

为了画出对数幅频特性,首先对式(3.2)取对数,可得

$$20 \lg |\dot{A}_u| = 20\lg \frac{f}{f_L} - 20\lg \sqrt{1+\left(\frac{f}{f_L}\right)^2} \tag{3.4}$$

由式(3.4)可以看出,当 $f \gg f_L$ 时,$20 \lg |\dot{A}_u| \approx 0 \text{ dB}$;当 $f \ll f_L$ 时,$20 \lg |\dot{A}_u| \approx 20\lg \frac{f}{f_L}$;当 $f = f_L$ 时,$20 \lg |\dot{A}_u| \approx -20 \lg \sqrt{2} = -3 \text{ dB}$。

根据以上分析可知,RC 高通电路的对数幅频特性曲线,可近似用两条直线构成的折线来表示。其中一条直线是,当 $f > f_L$ 时,用零分贝线即横坐标轴表示;当 $f < f_L$ 时,用斜率等于 20 dB/十倍频的一条直线表示,即每当频率增加十倍,对数幅频特性的纵坐标 $20 \lg |\dot{A}_u|$ 增加 20 dB。两条直线交于横坐标上 $f = f_L$ 的一点。利用折线近似方法画出的对数幅频特性如图 3.3(b)中的虚线所示。

根据式(3.4)画出的高通电路的对数幅频特性曲线如图 3.3(b)中的实线所示。可以证明,由于折线近似而产生的最大误差为 3 dB,发生在 $f = f_L$ 处,如图 3.3(b)所示。

同理由式(3.3)可以分析出 RC 高通电路的对数相频特性可用三条直线构成的折线来近似。当 $f > 10 f_L$ 时,对数相频特性近似为 $\varphi \approx 0°$,即横坐标轴;当 $f < 0.1 f_L$ 时,近似为 $\varphi \approx 90°$ 的一条水平直线;当 $0.1 f_L < f < 10 f_L$ 时,近似为斜率等于 $-45°$/十倍频的直线,在此直线上,当 $f = f_L$ 时,$\varphi = 45°$,此折线在图 3.3(c)中用虚线表示。

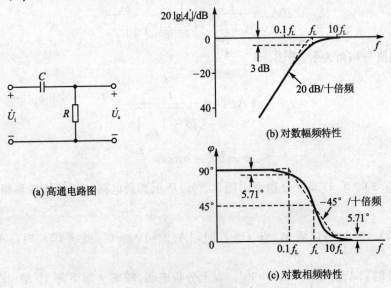

图 3.3 高通电路及其频率特性曲线

由式(3.3)画出的高通电路的对数相频特性曲线如图 3.3(c)中实线所示。可以证明,折线近似带来的最大误差为±5.71°,分别发生在 $f=0.1 f_L$ 和 $f=10 f_L$ 处,如图 3.3(c)所示。

(2) 低通电路的频率特性曲线

图 3.4(a)所示为低通电路,与高通电路相比,只是 R、C 的位置作了互换。同样应用正弦电路相量分析的有关知识,可以推出低通电路的$|\dot{A}_u|$以及φ 随信号频率 f 的变化函数关系式为

$$|\dot{A}_u| = \frac{1}{\sqrt{1+\left(\dfrac{f}{f_H}\right)^2}} \tag{3.5}$$

$$\varphi = -\arctan \frac{f}{f_H} \tag{3.6}$$

式(3.5)、(3.6)表明,对于低通电路,信号频率 f 愈高,衰减愈大,相移愈大;只有当频率远远低于 f_H 时,$\dot{U}_o$ 才约等于 $\dot{U}_i$,f_H 称为 $\dot{A}_u$ 的上限截止频率,简称上限频率。

根据式(3.5),低通电路的对数幅频特性为

$$20 \lg |\dot{A}_u| = -20 \lg \sqrt{1+\left(\dfrac{f}{f_H}\right)^2} \tag{3.7}$$

根据式(3.7)可画出低通电路的对数幅频特性曲线如图 3.4(b)。图 3.4(c)为其对数相频特性曲线。

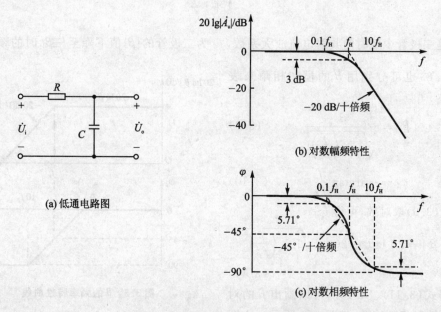

图 3.4 低通电路及其频率特性曲线

与 RC 高通电路相近似,低通电路的对数幅频特性曲线也可用两条直线构成的折线来近似,如图 3.4(b)中虚线所示。根据式(3.7)画出的低通电路的对数幅频特性曲线为图 3.4(b)

中的实线。同样可以证明,折线近似引起的最大误差为 3 dB,发生在 $f=f_H$ 处。

在本节的分析中,具有普遍意义的结论如下:

(1) 电路的截止频率决定于电容所在回路的时间常数 τ,图 3.3(a)高通电路的下限截止频率为 $f_L=\dfrac{\omega_L}{2\pi}=\dfrac{1}{2\pi\tau}=\dfrac{1}{2\pi RC}$,而图 3.4(a)低通电路的上限截止频率为 $f_H=\dfrac{\omega_H}{2\pi}=\dfrac{1}{2\pi\tau}=\dfrac{1}{2\pi RC}$。

(2) 当信号源等于下限频率 f_L 或上限频率 f_H 时,放大电路的增益下降 3 dB,且产生 $+45°$ 或 $-45°$ 的相移。

(3) 近似分析中,可以用折线化的近似频率特性曲线表示放大电路的频率特性。

3.2 三极管的频率参数

影响放大电路的频率特性,除了外电路的耦合电容和旁路电容外,还有三极管内部的极间电容或其他参数。前者主要影响低频特性,后者主要影响高频特性。

在中频段内,认为三极管的共射电流放大系数 β 是常数。实际上,当频率升高时,由于管子内部的电容效应,其放大作用下降。所以电流放大系数是频率的函数,可表示为

$$\beta=\dfrac{\beta_0}{1+\mathrm{j}\dfrac{f}{f_\beta}} \tag{3.8}$$

式中,β_0 是三极管中频时的共射电流放大系数,f_β 为三极管的 $|\dot\beta|$ 值下降至 $\dfrac{1}{\sqrt{2}}\beta_0$ 时的频率。

式(3.8)也可分别用 β 的模和相角来表示,即

$$|\dot\beta|=\dfrac{\beta_0}{\sqrt{1+\left(\dfrac{f}{f_\beta}\right)^2}} \tag{3.9}$$

$$\varphi_\beta=-\arctan\dfrac{f}{f_\beta} \tag{3.10}$$

将式(3.9)取对数,可得

$$20\lg|\dot\beta|=20\lg\beta_0-20\lg\sqrt{1+\left(\dfrac{f}{f_\beta}\right)^2} \tag{3.11}$$

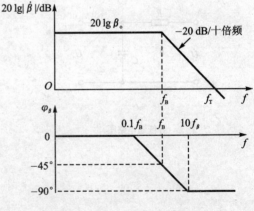

图 3.5 β 的频率特性曲线

根据式(3.11)、(3.10),可以画出 β 的对数幅频特性和相频特性,如图 3.5 所示。由图可以看出,在低频段和中频段,$|\dot\beta|=\beta_0$,当频率升高时,$|\dot\beta|$ 值随之下降。

为了描述三极管对高频信号的放大能力,需要引入几个频率参数,分别介绍如下。

3.2.1 共射截止频率 f_β

一般将 $|\beta|$ 值下降到 $0.707\beta_0$ 时的频率 f_β 定义为三极管的共射截止频率。由式(3.9)可计算出,当 $f = f_\beta$ 时,

$$|\beta| = \frac{1}{\sqrt{2}}\beta_0 \approx 0.707\beta_0$$

3.2.2 特征频率 f_T

定义 $|\beta|$ 值下降为1时的频率 f_T 为三极管的特征频率。很显然,当 $f = f_T$ 时,$|\beta|=1$,$20\lg|\beta|=0$,所以 β 的对数幅频特性与横坐标轴交点处的频率即为 f_T,如图3.5所示。

特征频率是三极管的一个重要参数。当 $f > f_T$ 时,$|\beta|$ 值将小于1,表明三极管此时已失去放大作用,所以不允许三极管工作在如此高的频率范围内。

将 $f = f_T$ 和 $|\beta|=1$ 代入式(3.9),可得

$$1 = \frac{\beta_0}{\sqrt{1+\left(\frac{f_T}{f_\beta}\right)^2}}$$

由于通常情况下,$\frac{f_T}{f_\beta} \gg 1$,所以上式可简化为

$$f_T \approx \beta_0 f_\beta \tag{3.12}$$

式(3.12)表明了三极管的特征频率与共射截止频率之间的关系。

3.2.3 共基截止频率 f_α

第1章曾学过,共基电流放大系数 α 与共射电流放大系数 β 的关系为

$$\alpha = \frac{\beta}{1+\beta} \tag{3.13}$$

显然,考虑三极管的电容效应,α 也是频率的函数,表示为

$$\alpha = \frac{\alpha_0}{1+\mathrm{j}\dfrac{f}{f_\alpha}} \tag{3.14}$$

定义当 $|\alpha|$ 下降为中频放大系数 α_0 的0.707时的频率 f_α 为共基截止频率。

为了得到 f_α、f_β、f_T 三者之间的关系,可将式(3.8)代入式(3.13)得

$$\alpha = \frac{\dfrac{\beta_0}{1+\mathrm{j}f/f_\beta}}{1+\dfrac{\beta_0}{1+\mathrm{j}f/f_\beta}} = \frac{\dfrac{\beta_0}{1+\beta_0}}{1+\mathrm{j}\dfrac{f}{(1+\beta_0)f_\beta}} \tag{3.15}$$

比较式(3.14)和(3.15)可得:

$$f_\alpha = (1+\beta_0)f_\beta$$

一般 $\beta_0 \gg 1$，所以

$$f_\alpha \approx \beta_0 f_\beta = f_T$$

上式表示出了 f_α、f_β、f_T 三者之间的关系：f_α 比 f_β 高得多，等于 f_β 的 $(1+\beta_0)$ 倍。由此不难理解，与共射组态相比，共基组态的频率响应比较好。

通过以上分析应该明确，三极管的三个频率参数不是独立的，而是互相联系，它们之间满足以下大小关系：

$$f_\beta < f_T < f_\alpha$$

三极管的频率参数也是选用三极管的重要依据之一。通常，在要求通频带比较宽的放大电路中，应选用高频管，即频率参数值较高的三极管。倘若对通频带没有特殊要求，则可选用低频管。一般低频小功率三极管的 f_α 值约为几十至几百千赫，高频小功率三极管的 f_T 约为几十至几百兆赫。f_α、f_β、f_T 的值可从器件手册中查到。

3.3 单管共射放大电路的频率响应

3.3.1 混合 π 型等效电路

三极管的极间存在着电容效应，由于电容效应的存在，当输入正弦信号的频率变化时，h 参数微变等效电路中的参数将是随频率变化的复数（例如 β 等），分析时很不方便。为此，需要引出其他形式的交流微变等效电路，即混合参数 π 型等效电路。混合 π 型等效电路是从三极管的物理结构出发，将各极间存在的电容效应包含在内而形成的一种既实用又方便的模型。

在高频时，考虑了三极管的极间电容后，三极管的结构示意图如图 3.6(a) 所示。其中，C_π

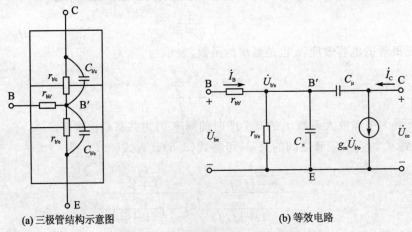

(a) 三极管结构示意图　　　　　　　　(b) 等效电路

图 3.6　三极管的混合 π 形等效电路

为发射结等效电容，C_μ 为集电结等效电容。由此得到三极管的混合 π 形等效电路，如图 3.6(b)所示。

等效电路中 g_m 为跨导，单位 S(西门子)。由于集电结反向偏置，所以 $r_{bb'}$ 很大，可以视作开路；又由于 r_{ce} 值也很大，故在等效电路中已将上述两个电阻忽略。

在低频时，可以不考虑极间电容的作用，此时混合 π 形等效电路与熟知的 h 参数等效电路相仿，如图 3.7(a)所示。只要将图 3.7(a)与图 3.7(b)中的 h 参数等效电路进行对比，即可找到混合 π 参数与 h 参数之间的关系。

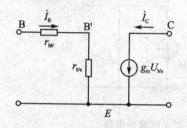
(a) 不考虑极间电容的混合 π 型等效电路

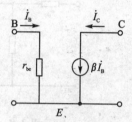
(b) 简化 h 参数等效电路

图 3.7 混合 π 参数与 h 参数之间的关系

通过对比可得

$$r_{bb'} + r_{b'e} = r_{be} = r_{bb'} + (1+\beta)\frac{26\text{ mV}}{I_{EQ}}$$

所以混合 π 参数 $r_{b'e}$ 和 $r_{bb'}$ 分别为

$$r_{b'e} = r_{be} - r_{bb'} = (1+\beta)\frac{26\text{ mV}}{I_{EQ}} \tag{3.16}$$

$$r_{bb'} = r_{be} - r_{b'e} \tag{3.17}$$

通过对比还可得到

$$g_m \dot{U}_{b'e} = g_m \dot{I}_B r_{b'e} = \beta \dot{I}_B$$

则跨导

$$g_m = \frac{\beta}{r_{b'e}} = \frac{\beta}{(1+\beta)\dfrac{26\text{ mV}}{I_{EQ}}} \approx \frac{I_{EQ}}{U_T} \tag{3.18}$$

在常温下，$U_T = 26$ mV。

在混合 π 型等效电路的两个电容之中，一般 C_π 比 C_μ 大得多。通常 C_μ 的值可从器件手册上查到，而 C_π 的值在一般手册中未标明。但可由手册上查得三极管的特征频率 f_T，然后根据

$$C_\pi \approx \frac{g_m}{2\pi f_T} \tag{3.19}$$

进行估算。

在图 3.6(b)所示混合 π 形等效电路中，电容 C_μ 跨接在 B′ 和 C 之间，将输入回路与输出回

路直接联系起来,将使解电路的过程变得十分麻烦。为此,可以利用密勒定理将问题简化,用两个电容来等效代替 C_μ,它们分别接在 B′、E 和 C、E 两端,各自的电容参数为 $(1-K)C_\mu$ 和 $\dfrac{K-1}{K}C_\mu$,其中 $K \approx \dfrac{\dot{U}_{ce}}{\dot{U}_{b'e}}$。经过简化,得到图 3.8 所示的单向化的混合 π 型等效电路。图中 $C'_\pi = C_\pi + (1-K)C_\mu$。在此等效电路中,输入回路与输出回路不再在电路中直接发生联系,为频率响应的分析带来了很大的方便。

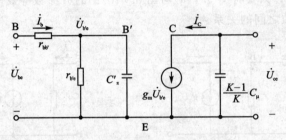

图 3.8 单向化的混合 π 形等效电路

下面利用混合 π 形等效电路来分析单管共射放大电路的频率响应。

3.3.2 阻容耦合单管共射放大电路的频率响应

图 3.9(a)所示为单管共射放大电路,考虑到输入信号频率从零到无穷大,其交流等效电路如图 3.9(b)所示。

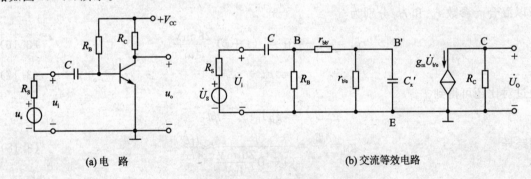

(a) 电　路　　　　　　　　　　　　　　(b) 交流等效电路

图 3.9 单管共射放大电路及其交流等效电路

1. 中频电压放大倍数

在中频段,耦合电容 C 可视为短路,极间电容 C'_π 可视为开路,因而图 3.9(a)所示电路的交流等效电路如图 3.10 所示。

中频段电压放大倍数为

$$A_{u\,\text{sm}} = \dfrac{\dot{U}_o}{\dot{U}_s} = \dfrac{\dot{U}_i}{\dot{U}_s} \cdot \dfrac{\dot{U}_{b'e}}{\dot{U}_i} \cdot \dfrac{\dot{U}_o}{\dot{U}_{b'e}} = \dfrac{R_i}{R_S + R_i} \cdot \dfrac{r_{b'e}}{r_{be}}(-g_m R_C) \qquad (3.20)$$

$$A_{um} = \frac{\dot{U}_o}{\dot{U}_i} = \frac{\dot{U}_{b'e}}{\dot{U}_i} \cdot \frac{\dot{U}_o}{\dot{U}_{b'e}} = \frac{r_{b'e}}{r_{be}} \cdot (-g_m R_C) \tag{3.21}$$

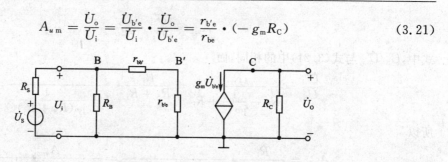

图 3.10 单管共射放大电路中频等效电路

2. 低频电压放大倍数

在低频段，C'_π 可视为开路，考虑耦合电容 C 的影响，因而图 3.9(a) 所示电路的等效电路如图 3.11 所示，可将其画成图 3.12(a) 所示的方框图。在信号进入低频段，由于电容 C 的容抗增大，使 $\dot{U}_i \neq \dot{U}'_i$。当信号源 $\dot{U}_s$ 作用时，由于 C 的存在，输入电流 $\dot{I}_i$ 将超前 $\dot{U}_s$；$\dot{U}'_i$ 是 $\dot{I}_i$ 在 R_i 上的压降，因而与 $\dot{I}_i$ 同相；所以 $\dot{U}_s$、$\dot{I}_i$、$\dot{U}'_i$ 的相量图如图 3.12(b) 所示，$\dot{U}'_i$ 超前 $\dot{U}_s$。信号频率愈低，C 的容抗愈大，$\dot{U}'_i$ 愈小，且 $\dot{U}'_i$ 超前 $\dot{U}_s$ 的相角愈大；由于 $\dot{U}_o$ 与 $\dot{U}'_i$ 的关系不变，也就使得电压放大倍数 $|\dot{A}_{us}|$ 愈小，且相移愈大。当信号频率 f 趋于零时，$|\dot{U}'_i|$ 将趋于零，$\dot{U}'_i$ 超前 $\dot{U}_s$ 的相角趋于 $+90°$，$\dot{A}_{us}$ 的变化趋势与 $\dot{U}'_i$ 相同。

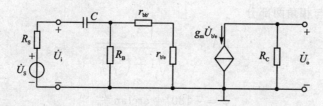

图 3.11 单管共射放大电路的低频等效电路

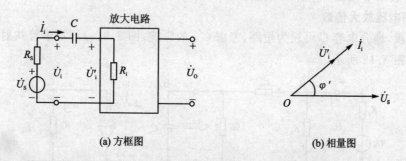

(a) 方框图   (b) 相量图

图 3.12 低频等效电路的方框图及输入量的相量图

根据电压放大倍数的定义，低频段电压放大倍数为

$$\dot{A}_{usL} = \frac{\dot{U}'_i}{\dot{U}_S} \cdot \frac{\dot{U}_o}{\dot{U}'_i}$$

式中,$\dot{U}_o/\dot{U}'_i$ 与式(3.21)中的相同,而

$$\frac{\dot{U}'_i}{\dot{U}_S} = \frac{R_i}{R_S + \frac{1}{j\omega C} + R_i} = \frac{R_i}{R_S + R_i} \cdot \frac{1}{1 + \frac{1}{j\omega(R_S + R_i)C}}$$

所以

$$\dot{A}_{usL} = \frac{R_i}{R_S + R_i} \cdot \frac{1}{1 + \frac{1}{j\omega(R_S + R_i)C}} = \frac{A_{usm}}{1 + \frac{1}{j\omega(R_S + R_i)C}}$$

输入回路的时间常数 $\tau_L = (R_S + R_i)C$,令 $\omega_L = \frac{1}{\tau_L}$,则

$$f_L = \frac{1}{2\pi\tau_L} = \frac{1}{2\pi(R_S + R_i)C} \tag{3.22}$$

f_L 为下限截止频率。由于 $\omega = 2\pi f$,所以

$$\dot{A}_{u_sL} = \frac{A_{u_sm}}{1 + \frac{f_L}{jf}} = \frac{j\frac{f}{f_L}}{1 + j\frac{f}{f_L}} \cdot A_{u_sm} \tag{3.23}$$

将式(3.23)写成模与相角两部分

$$|\dot{A}_{u_sL}| = \frac{|A_{u_sm}|}{\sqrt{1 + \left(\frac{f_L}{f}\right)^2}} \tag{3.24}$$

$$\varphi = -180° + \arctan\frac{f_L}{f} \tag{3.25}$$

式中,$-180°$ 表示中频段 $\dot{U}_o$ 与 $\dot{U}_S$ 反相。

3. 高频电压放大倍数

在高频段,耦合电容 C 可视为短路,考虑 C'_π 的影响,图 3.9(a)所示单管共射放大电路的等效电路如图 3.13 所示。

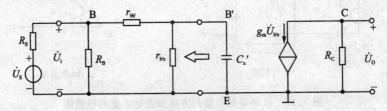

图 3.13 单管共射放大电路的高频等效电路

从 C'_π 两端，即从 $B'-E$ 向左看去，利用戴维南定理，可等效成内阻为 R 的电压源 $\dot{U}'_S$，故可将图 3.13 所示电路用图 3.14(a)所示方框图表示。$\dot{U}'_S$ 为 C'_π 两端的开路电压，R 为 $\dot{U}'_S$ 短路时的等效电阻。

$$\dot{U}'_S = \dot{U}_S \cdot \frac{\dot{U}_i}{\dot{U}_S} \cdot \frac{\dot{U}'_{b'e}}{\dot{U}_i} = \frac{R_i}{R_S + R_i} \cdot \frac{r_{b'e}}{r_{be}} \cdot \dot{U}_S \tag{3.26}$$

$$R = r_{b'b} \mathbin{/\mkern-5mu/} (r_{bb'} + R_S \mathbin{/\mkern-5mu/} R_B) \tag{3.27}$$

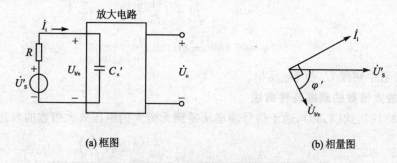

(a) 框图 (b) 相量图

图 3.14 高频等效电路的框图及输入量的相量图

当信号源 $\dot{U}'_S$ 作用时，由于 C'_π 的存在，输入电流 $\dot{I}_i$ 超前于 $\dot{U}'_S$，由于 $\dot{U}'_{b'e}$ 为 C'_π 上的电压，故 $\dot{U}_{b'e}$ 滞后 $\dot{I}_i$90°，$\dot{U}'_S$、$\dot{I}_i$、$\dot{U}_{b'e}$ 的相量图如图 3.14(b)所示，$\dot{U}_{b'e}$ 滞后于 $\dot{U}'_S$。信号频率愈高，C'_π 的容抗愈小，$|\dot{U}_{b'e}|$ 愈小，$\dot{U}_{b'e}$ 滞后于 $\dot{U}'_S$ 的相角愈大；当 f 趋于无穷大时，$|\dot{U}_{b'e}|$ 趋于零，相角趋于 $-90°$；电压放大倍数的变化趋势与 $\dot{U}_{b'e}$ 相同。

根据电压放大倍数的定义，高频电压放大倍数为

$$\dot{A}_{u_SH} = \frac{\dot{U}_o}{\dot{U}_S} = \frac{\dot{U}'_S}{\dot{U}_S} \cdot \frac{\dot{U}_{b'e}}{\dot{U}'_S} \cdot \frac{\dot{U}_o}{\dot{U}_{b'e}}$$

式中，$\dot{U}'_S/\dot{U}_S$ 见式(3.26)，而

$$\frac{\dot{U}_{b'e}}{\dot{U}'_S} = \frac{\dfrac{1}{j\omega C'_\pi}}{R + \dfrac{1}{j\omega C'_\pi}} = \frac{1}{R + j\omega R C'_\pi}$$

$$\frac{\dot{U}_o}{\dot{U}_{b'e}} = -g_m R_C$$

所以

$$\dot{A}_{usH} = \frac{R_i}{R_S + R_i} \cdot \frac{r_{b'e}}{r_{be}}(-g_m R_C) \cdot \frac{1}{1 + j\omega R C'_\pi} = \frac{A_{usm}}{1 + j\omega R C'_\pi} \tag{3.28}$$

输入回路的时间常数 $\tau_H = RC$，令 $\omega_H = \dfrac{1}{\tau_H}$，则

$$f_H = \frac{1}{2\pi\tau_H} = \frac{1}{2\pi[r_{b'e} \mathbin{/\mkern-5mu/} (r_{bb'} + R_S \mathbin{/\mkern-5mu/} R_B)]C'_\pi} \tag{3.29}$$

f_H为上限截止频率,将f_H和$\omega=2\pi f$代入式(3.29),得出

$$\dot{A}_{usH} = \frac{A_{usm}}{1+j\dfrac{f}{f_H}} \tag{3.30}$$

将式(3.30)写成模及相角两部分

$$|\dot{A}_{usH}| = \frac{|A_{usm}|}{\sqrt{1+\left(\dfrac{f}{f_H}\right)^2}} \tag{3.31}$$

$$\varphi = -180° - \arctan\frac{f}{f_H} \tag{3.32}$$

式中$-180°$表示中频段$\dot{U}_o$与$\dot{U}_S$反相。

4. 电压放大倍数的频率特性曲线

根据式(3.19)、式(3.30),适于信号频率从零到无穷大的电压放大倍数的表达式为

$$\dot{A}_{us} = \frac{A_{usm}}{\left(1+\dfrac{f_L}{jf}\right)\left(1+j\dfrac{f}{f_H}\right)} = \frac{A_{usm}\left(j\dfrac{f}{f_L}\right)}{\left(1+j\dfrac{f}{f_L}\right)\left(1+j\dfrac{f}{f_H}\right)} \tag{3.33}$$

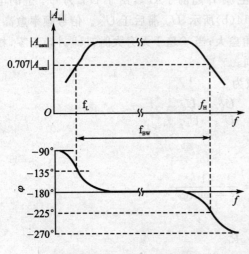

图3.15 $\dot{A}_{us}$的频率特性曲线

根据对式(3.23)、式(3.30)的分析,画出$\dot{A}_{us}$的频率特性曲线如图3.15所示,上面曲线是$\dot{A}_{us}$的幅频特性曲线,下面曲线是$\dot{A}_{us}$的相频特性曲线。

采用对数坐标画出$\dot{A}_{us}$的特性曲线,即电压放大倍数的频率特性曲线如图3.16所示。在频率特性曲线中,以f_L、f_H为拐点将曲线分为三部分线段,在$f_L \leqslant f \leqslant f_H$时,曲线是平行于横轴的直线,纵坐标值为$20\lg|\dot{A}_{usm}|$;在$f < f_L$时,曲线是按20 dB/十倍程变化的直线;在$f > f_H$时,曲线是按$-20$ dB/十倍程变化的直线,如图3.16(b)所示。

在对数相频特性中,在$10f_L \leqslant f \leqslant 0.1f_H$,没有因耦合电容、极间电容等引起的附加相移,输出与输入同相或反相;在低频段,从$f=10f_L$开始产生相移,到$f=0.1f_L$相移达到最大,为$+90°$;在高频段,从$f=0.1f_H$开始产生相移,到$f=10f_H$相移达到最大,为$-90°$;与实际情况相比,在低频段和高频段的最大相移误差分别约为$\pm5.71°$。折线化的频率特性曲线如图3.16(b)所示。

在实际应用中,若已知电路低频段、中频段和高频段的放大倍数,可按上述折线化频率特

性曲线三个线段的特点画出折线化频率特性曲线;必要时,再按放大倍数的表达式修正折线化频率特性曲线,使其更接近实际情况,得到较为准确的频率特性曲线。

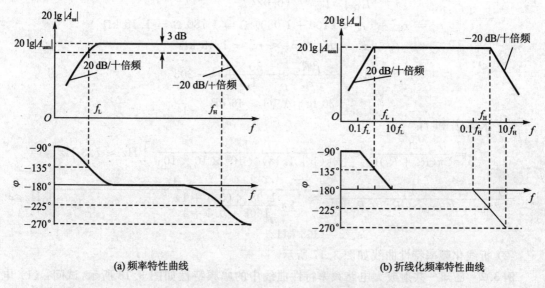

(a) 频率特性曲线　　　　　　　　(b) 折线化频率特性曲线

图 3.16　图 3.9(a)所示电路的频率特性曲线

从以上分析可知,分析放大电路的频率响应的一般方法和步骤如下:

(1) 画出放大电路的适用于信号频率从零到无穷大的交流等效电路,或者分别画出适用于中频段、低频段、高频段的交流等效电路。

(2) 求解中频段放大倍数。

(3) 求解截止频率。下限频率和上限频率分别决定于耦合电容(或旁路电容)和极间等效电容所在回路的时间常数,下限频率 $f_L = \dfrac{1}{2\pi\tau_L}$,上限频率 $f_H = \dfrac{1}{2\pi\tau_H}$。求解截止频率的关键是能够正确求解时间常数。

(4) 根据式(3.33)写出适用于频率从 0 到无穷大输入信号的放大倍数的表达式。

(5) 画出折线频率特性曲线或频率特性曲线。

例 3.1　在图 3.9(a)所示单管共射放大电路中,已知 $R_B = 500 \text{ k}\Omega$,$R_C = 3 \text{ k}\Omega$,$V_{CC} = 12 \text{ V}$,$C = 10 \text{ μF}$;三极管的 $\beta = 80$,$r_{bb'} = 100 \text{ }\Omega$,$C'_\pi = 800 \text{ pF}$;$R_S = 1 \text{ k}\Omega$。(1) 求解电路的下限频率和上限频率;(2) 求解电路近似的频率特性曲线(即折线化频率特性曲线)。

解:为了求解 f_L、f_H 和频率特性曲线,首先要求出发射极静态电流,进而求出 $r_{b'e}$、r_{be}、R_i、A_{um}。

$$I_{BQ} = \frac{V_{CC} - U_{BEQ}}{R_B} \approx \frac{V_{CC}}{R_B} = \frac{12}{500} \text{ mA} = 0.024 \text{ mA} = 24 \text{ μA}$$

$$I_{EQ} = (1+\beta)I_{BQ} \approx (80 \times 0.024) \text{ mA} = 1.92 \text{ mA}$$

$$r_{b'e} = (1+\beta)\frac{U_T}{I_{EQ}} = \frac{U_T}{I_{BQ}} = \left(\frac{26}{0.024}\right) \Omega \approx 1\,080 \text{ } \Omega = 1.08 \text{ k}\Omega$$

$$r_{be} = r_{bb'} + r_{b'e} \approx (100 + 1\,080) \text{ } \Omega = 1\,180 \text{ } \Omega = 1.18 \text{ k}\Omega$$

$$R_i = R_B \,//\, r_{be} \approx r_{be} = 1.18 \text{ k}\Omega$$

$$\dot{A}_{um} = -\frac{\beta R_C}{r_{be}} \approx -\frac{80 \times 3}{1.18} \approx -203$$

$$20 \lg |\dot{A}_{um}| \approx 46 \text{ dB}$$

(1) 求解 f_L 和 f_H

$$f_L = \frac{1}{2\pi(R_S + R_i)C} \approx \left[\frac{1}{2\pi(1+1.18) \times 10^3 \times 10 \times 10^{-6}}\right] \text{Hz} \approx 7.3 \text{ Hz}$$

$$f_H = \frac{1}{2\pi[r_{b'e} \,//\, (r_{bb'} + R_S \,//\, R_B)]C'_\pi} \approx \left[\frac{1}{2\pi \frac{1.08 \times (0.1+1)}{1.08+0.1+1} \times 10^3 \times 800 \times 10^{-12}}\right] \text{Hz} \approx 365 \text{ kHz}$$

(2) 折线化频率特性曲线如图 3.17 所示。

例 3.2 已知一共射放大电路频率特性曲线中的幅频特性如图 3.18 所示,试问:(1) 电路中频电压放大倍数的数值为多少?(2) 电路属于哪种耦合方式?(3) 电路的上限频率为多少?(4) 写出 $\dot{A}_u$ 的表达式。

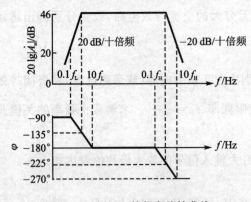

图 3.17 例 3.1 的频变特性曲线

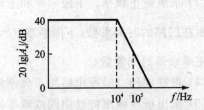

图 3.18 例 3.2 用图

解:(1) 根据频率特性曲线可知 $20\lg|100| = 40$ dB,所以 $|\dot{A}_{um}| = 100$。

(2) 因为在频率接近零时,放大倍数的数值仍未减小,说明电路中没有耦合电容、旁路电容等,所以电路为直接耦合放大电路。

(3) 根据频率特性曲线可知,上限频率为 10^4 Hz。

(4) $\dot{A}_u = \dfrac{-100}{1+\mathrm{j}\dfrac{f}{10^4}}$。

例 3.3 电路如图 3.19(a)所示,已知 $R_C = R_L = 3\ \mathrm{k\Omega}, C = 0.02\ \mu\mathrm{F}$。试求出电路的下限频率。

解：首先画出图 3.19(a)所示电路在低频段的等效电路,如图 3.19(b)所示,然后求出电容 C 所在回路的时间常数 τ_L。从 C 两端看外电路的总电阻为 $(R_C + R_L)$,故 $\tau_L = (R_C + R_L)C$,因此下限频率为

$$f_L = \frac{1}{2\pi \tau_L} = \frac{1}{2\pi(R_C + R_L)C} = \left[\frac{1}{2\pi(3 \times 10^3 + 3 \times 10^3) \times 0.02 \times 10^{-6}}\right] \mathrm{Hz} \approx 0.88\ \mathrm{Hz}$$

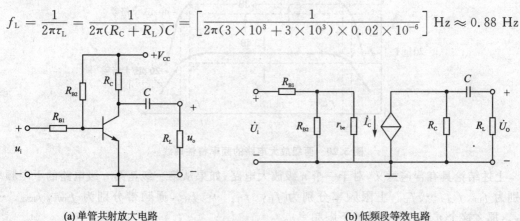

(a) 单管共射放大电路　　　　　　　　(b) 低频段等效电路

图 3.19　例 3.3 用图

3.3.3 直接耦合单管共射放大电路的频率响应

在集成放大电路中,基本上都采用的是直接耦合的方式。对于直接耦合放大电路,由于无隔直电容,因此其低频效应好,其下限频率 $f_L = 0$。但是在高频段,由于三极管极间电容的影响,使得电压放大倍数和相位都随频率而变化。其中,中频电压放大倍数 $\dot{A}_{um}$ 和上限频率 f_H 的计算与前相同,可参阅第 3.2 节。

3.4 多级放大电路的频率响应

现有一个两级放大电路,由于第二级电路为第一级电路的负载,因此设它们具有相同的频率特性,即中频电压放大倍数 $A_{um1} = A_{um2}$,下限频率 $f_{L1} = f_{L2}$,上限频率 $f_{H1} = f_{H2}$,那么电路的对数幅频特性如图 3.20 所示。其纵轴为 $20\lg|\dot{A}_u| = 20\lg|\dot{A}_{u1}| + 20\lg|\dot{A}_{u2}|$,中频段增益

$$20\lg|A_{um}| = 20\lg|A_{um1}| + 20\lg|A_{um2}| = 40\lg|A_{um1}|$$

当 $f = f_{L1} = f_{L2}$ 或 $f = f_{H1} = f_{H2}$ 时,由于每级增益均下降 3 dB,所以整个电路的增益下降

6 dB。按照下限频率和上限频率的定义,在低频段使总增益下降 3 dB 的频率,即两级放大电路的下限频率 f_L 必然大于 $f_{L1}(f_{L2})$;在高频段,使总增益下降 3 dB 的频率,即两级放大电路上限频率 f_H 必然小于 $f_{H1}(f_{H2})$;因此两级放大电路的通频带小于组成它的每一级电路的通频带。

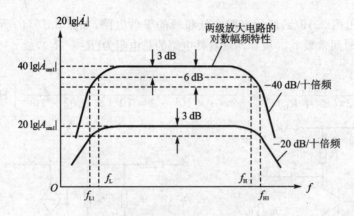

图 3.20 两级放大电路的频率特性曲线

上述结论具有普遍意义,对于一个 n 级放大电路,如果从第一级至第 n 级电路的下限频率分别为 f_{L1}、f_{L2}、…、f_{Ln},上限频率分别为 f_{H1}、f_{H2}、…、f_{Hn},通频带分别为 f_{BW1}、f_{BW2}、…、f_{BWn},那么这个 n 级放大电路的下限频率

$$f_L > f_{Li} \quad (i = 1 \sim n) \tag{3.34}$$

上限频率

$$f_H < f_{Li} \quad (i = 1 \sim n) \tag{3.35}$$

因而通频带

$$f_{BW} < f_{BWi} \quad (i = 1 \sim n) \tag{3.36}$$

放大电路的级数愈多,所用各类电容愈多,其通频带愈窄。

本章小结

(1) 对于一个放大电路,由于其中耦合电容、三极管极间电容以及其他电抗性元件的存在,使放大倍数在信号频率比较低或比较高时,不但数值下降,还产生相移。可见放大倍数是频率的函数,这种函数关系称为放大电路的频率响应。

(2) 为了描述三极管对高频信号的放大能力,引出了 3 个频率参数,它们是共射截止频率 f_β、特征频率 f_T 和共基截止频率 f_α。三者之间存在以下关系:$f_\beta < f_T < f_\alpha$。这 3 个频率参数也是实际应用中选用三极管的重要依据。

(3) 对于阻容耦合单管共射放大电路,由于电路中存在耦合电容、旁路电容等,因此其电压放大倍数在信号频率较低时数值下降,且产生超前相移;由于三极管极间电容的存在,电压放大倍数在信号频率较高时数值下降,且产生滞后相移。在低频段,使增益下降 3 dB 的频率为下限频率 f_L;在高频段,使增益下降 3 dB 的频率为上限频率 f_H;放大电路的通频带 f_{BW} 等于 $(f_H - f_L)$。

直接耦合放大电路级和级之间没有隔直电容,因此其下限频率 $f_L = 0$,低频响应好。

(4) 多级放大电路总的对数增益等于各级对数增益之和,总的相移等于各级相移之和,因此,多级放大电路的频率特性曲线可以通过将各级幅频特性和相频特性分别进行叠加而得到。而且,多级放大电路的级数愈多,所用电容愈多,通频带愈窄。多级放大电路的通频带总是小于组成它的任何一级放大电路的通频带。

习题 3

3.1 电路如题图 3.1 所示,已知电容 C_2 所在回路的时间常数决定整个电路的下限频率 f_L,求出 f_L 的表达式。

3.2 已知一个放大电路的折线化频率特性曲线如题图 3.2 所示,写出适于信号从 0 到无穷大时的电压放大倍数,并求出中频电压放大倍数、下限频率和上限频率。

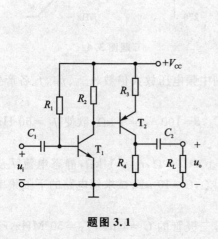

题图 3.1

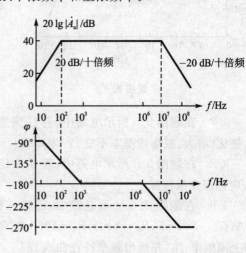

题图 3.2

3.3 已知某电路电压放大倍数

$$\dot{A}_u = \frac{-10\mathrm{j}f}{\left(1 + \mathrm{j}\dfrac{f}{10}\right)\left(1 + \mathrm{j}\dfrac{f}{10^5}\right)}$$

试求解:(1) $\dot{A}_{um} = ?$ $f_L = ?$ $f_H = ?$ (2) 画出频率特性曲线。

3.4 已知两级共射放大电路的电压放大倍数

$$\dot{A}_u = \frac{200\mathrm{j}f}{\left(1+\mathrm{j}\dfrac{f}{5}\right)\left(1+\mathrm{j}\dfrac{f}{10^4}\right)\left(1+\mathrm{j}\dfrac{f}{2.5\times 10^5}\right)}$$

试求解：(1) $\dot{A}_{um}=?$ $f_L=?$ $f_H=?$ (2) 画出频率特性曲线。

3.5 已知某放大电路的频率特性曲线如题图 3.3 所示，填空：
(1) 电路的中频电压增益 $20\lg|\dot{A}_{um}|=$ ＿＿ dB，$\dot{A}_{um}=$ ＿＿。
(2) 电路的下限频率 $f_L\approx$ ＿＿ Hz，上限频率 $f_H\approx$ ＿＿ kHz。
(3) 电路的电压放大倍数的表达式 $\dot{A}_u=$ ＿＿。

3.6 已知某电路的频率特性曲线如题图 3.4 所示，试写出 $\dot{A}_u$ 的表达式。

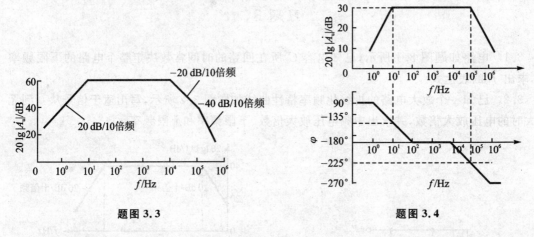

题图 3.3　　　　　　　　题图 3.4

3.7 在题图 3.5 所示电路中，若 C_e 突然断开，则中频电压放大倍数 $\dot{A}_{usm}$、f_H、f_L 各产生什么变化（增大、减小或基本不变）？为什么？

3.8 在题图 3.5 所示电路中，若 $C_1\gg C_E$，$C_2\gg C_E$，$\beta=100$，$r_{be}=1\text{ k}\Omega$，欲使 $f_L=60\text{ Hz}$，则 C_E 应选多少微法？

3.9 在题图 3.6 所示电路中，已知三极管的 $r_{bb'}=100\ \Omega$，$r_{be}=1\text{ k}\Omega$，静态电流 $I_{EQ}=2$ mA，$C'_\pi=800\text{ pF}$，$R_S=2\text{ k}\Omega$，$R_B=500\text{ k}\Omega$，$R_C=3.3\text{ k}\Omega$，$C=10\ \mu\text{F}$；试求解电路的下限频率 f_L 和上限频率 f_H，并画出频率特性曲线。

3.10 电路如题图 3.7 所示。已知 $V_{CC}=12\text{ V}$，三极管的 $C=4\ \mu\text{F}$，$f_T=50\text{ MHz}$，$r_{bb'}=100\ \Omega$，$\beta_0=80$。试求解(1) 中频电压放大倍数 $\dot{A}_{usm}$；(2) C'_π；(3) f_H 和 f_L；(4) 画出频率特性曲线。

3.11 在题图 3.8 所示放大电路中，已知三极管的 $U_{BEQ}=0.6\text{ V}$，$\beta=50$，$C_\pi=4\text{ pF}$，$f_T=150\text{ MHz}$，$R_S=2\text{ k}\Omega$，$R_C=2\text{ k}\Omega$，$R_B=220\text{ k}\Omega$，$R_L=10\text{ k}\Omega$，$C_1=0.1\ \mu\text{F}$，$V_{CC}=5\text{ V}$，试估算中频电压放大倍数、上限频率、下限频率和通频带，并画出频率特性曲线。

第3章 放大电路的频率响应

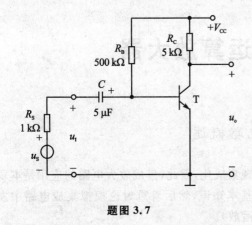

题图 3.7

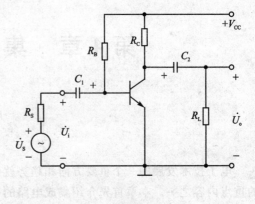

题图 3.8

第4章 集成运算放大器

4.1 集成电路概述

电子技术发展的一个重要方向和趋势就是实现集成化,因此,集成放大电路的应用是本章的重点内容之一。本章首先介绍集成电路的一些基本知识,然后着重讨论模拟集成电路中发展最早、应用最广泛的集成运算放大器(简称集成运放)。

4.1.1 集成电路及其发展

集成电路简称 IC(integrated circuits),又叫芯片,是 20 世纪 60 年代初期发展起来的一种半导体器件。它是在半导体制造工艺的基础上,将电路的有源器件(三极管、场效应管等)、无源器件(电阻、电感、电容)及其布线集中制作在同一块半导体基片上,形成紧密联系的一个整体电路。

人们经常以电子器件的每一次重大变革作为衡量电子技术发展的标志。1904 年出现的电真空管器件(如真空三极管)称为第一代器件,1948 年出现的半导体器件(如半导体三极管)称为第二代器件,1959 年出现的集成电路称为第三代器件,而 1974 年出现的大规模集成电路,则称为第四代器件。可以预料,随着集成工艺的发展,电子技术将日益广泛地应用于人类社会的各个方面。

4.1.2 集成电路的特点

与分立元件电路相比,集成电路具有以下 4 个突出特点:

(1) 体积小,质量轻

1946 年,美国制成了世界上第一台电子管电子计算机,用了 18 000 多只电子管,约 30 余吨,需要 170 m^2 以上的房屋面积才能放得下,但它的运算速度只有 5 000 次每秒左右。目前采用超大规模集成电路工艺制成的 PC 机的 CPU 芯片,质量才几十克,体积和一个火柴盒差不多(包括散热电机),但它的运算速度可达百万次每秒以上。

(2) 可靠性高,寿命长

半导体集成电路的可靠性与普通晶体管相比,可以说提高了几十万倍以上。例如,1964 年的晶体管电子计算机的故障间隔平均时间为 73 h,而 1964 年的半导体集成电路电子计算机为 4 650 h;到 1970 年时,达到了 12 400 h;1985 年 Inter 公司生产的 8398 单片机,平均无故障工作

时间为 3.8×10^7 h(片内含有 1.2×10^5 个晶体管)。显而易见,集成化程度越高,可靠性越高。

(3) 速度高,功耗低

晶体管电子计算机运算速度为每秒几十万次,普通集成电路的运算速度每秒可达几百万次。目前,我国用大规模和超大规模集成电路组装的计算机,其运算速度每秒已达十亿次。

在功耗方面,一台晶体管收音机(交流电源供电)所消耗的功率不到 1 W,而集成单元电路的功耗只有几十微瓦,相当于一个晶体管功耗的千分之一。一般的半导体集成电路每次的逻辑运算所需的能量为 10 nJ(1 nJ$=10^{-9}$ J)左右,近年来,由于新技术的采用,已使每次逻辑运算所需的能量降低到 1 nJ 以下。

(4) 成本低

在应用上,如果要达到电子线路的同样功能,采用集成电路和采用分立元件电路相比,前者的成本要低许多。原因有二:① 集成电路的器件价格比组成电路的分立元件低,一块集成电路中不论含有多少只晶体管,最后只需一只外壳来封装,而对分立元件,有多少只晶体管就要有多少只外壳封装,有时外壳的成本比管芯的成本还高。② 分立元件电路投入安装调试的劳动力成本又高出了集成电路很多。随着科学技术水平的不断提高,集成电路集成化程度将不断提高,制造成本也会日趋降低。

4.1.3 分 类

1. 集成电路的分类

(1) 按制造工艺分类

按照集成电路的制造工艺不同可分为半导体集成电路(又分双极型集成电路和 MOS 集成电路)、薄膜集成电路和混合集成电路。

(2) 按功能分类

集成电路按其功能的不同,可分为数字集成电路、模拟集成电路和微波集成电路。

(3) 按集成规模分类

集成规模又称集成度,是指集成电路内所含元器件的个数。按集成度的大小,集成电路可分为小规模集成电路(SSI),内含元器件数小于 100;中规模集成电路(MSI),内含元器件数为 100~1 000 个;大规模集成电路(LSI),元器件数为 1 000~10 000 个;超大规模集成电路(VLSI),元器件数目在 10 000 至 100 000 之间。集成电路的集成化程度仍在不断地提高,目前,已经出现了内含上亿个元器件的集成电路。

2. 集成运算放大器的分类

自 1964 年 FSC 公司研制出第一块集成运算放大器 μA702 以来,经过几十年的发展,集成运放已成为一种类别与品种系列繁多的模拟集成电路。为了在工作中能够正确地选取使用,必须了解集成运放的分类。

集成运放有 4 种分类方法。

(1) 按用途分类

集成运放按其用途分为通用型和专用型两大类。

① 通用型集成运放

通用型集成运放的参数指标比较均衡全面,适用于一般的工程设计。一般认为,在没有特殊参数要求情况下工作的集成运放均可列为通用型。由于通用型应用范围宽、产量大,因而价格便宜。作为一般应用,首先考虑选择通用型。

② 专用型集成运放

这类集成运放是为满足某些特殊要求而设计的,其参数中往往有一项或几项非常突出,可分为:

低功耗或微功耗集成运放:电源电压在±15 V时,功耗小于6 mW或功耗达μW级。
- 高速集成运放。
- 带宽集成运放:一般增益带宽积应大于10 MHz。
- 高精度集成运放:特点是高增益、高共模抑制比、低偏流低温漂、低噪声等。
- 高电压集成运放:正常输出电压U_o大于±22 V。
- 功率型集成运放。
- 高输入阻抗集成运放。
- 电流型集成运放。
- 跨导型集成运放。
- 程控型集成运放。
- 低噪声集成运放。
- 集成电压跟随器。

(2) 按供电电源分类

集成运放按供电电源分类,可分为两类。

① 双电源集成运放

绝大部分集成运放在设计中都是正、负对称的双电源供电,以保证运放的优良性能。

② 单电源集成运放

这类运放采用特殊设计,在单电源下能实现零输入、零输出。交流放大时,失真较小。

(3) 按制作工艺分类

集成运放按制作工艺可分为三类。

① 双极型集成运放。
② 单极型集成运放。
③ 双极-单极兼容型集成运放。

(4) 按级数分类

集成运放按级数可分为4类。

① 单运放。
② 双运放。
③ 三运放。
④ 四运放。

4.1.4 集成电路制造工艺简介

在集成电路的生产过程中,在直径为 3~10 mm 的硅片上,同时制造几百甚至几千个电路,称这个硅晶片为基片,称每一块电路为管芯,如图 4.1 所示。

基片制成后,再经划片、压焊、测试、封装后成为产品。图 4.2(a)、(b)所示为圆壳式集成电路的剖视图及外形,图(c)、(d)所示为双列直插式集成电路的剖面图及外形。

1. 工艺名词

集成电路的制造工艺较为复杂,在制造过程中需要很多道工序,现将制造过程中的几个主要工艺名词介绍如下:

(1) 氧化:在温度为 800~1 200℃的氧气中使半导体表面形成 SiO_2 薄层,以防止外界杂质的污染。

图 4.1 基片与管芯图

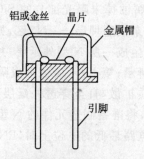
(a) 圆壳式集成电路的剖视图

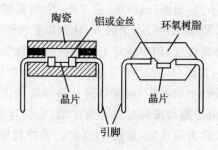
(b) 双列直插式集成电路的剖视图

(c) 圆壳式集成电路的外形

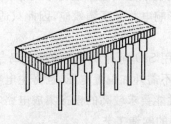
(d) 双列直插式集成电路的外形

图 4.2 集成电路的剖视图及外形

(2) 光刻与掩膜：制作过程中所需的版图称为掩膜,利用照相制版技术将掩膜刻在硅片上称为光刻。

(3) 扩散：在 1 000 ℃左右的炉温下,将磷、砷或硼等元素的气体引入扩散炉,经一定时间形成杂质浓度一定的 N 型半导体或 P 型半导体。

每次扩散完毕都要进行一次氧化,以保护硅片的表面。

(4) 外延：在半导体基片上形成一个与基片结晶轴同晶向的半导体薄层,称为外延生长技术。所形成的薄层称为外延层,其作用是保证半导体表面性能均匀。

(5) 蒸铝：在真空中将铝蒸发,沉积在硅片表面,为制造连线或引线作准备。

2. 隔离技术

虽然集成电路各元件均制作在一块硅片上,但各元件之间必须是相互绝缘的,这就需要隔离。常用的隔离技术有 PN 结隔离和介质隔离两种。PN 结隔离技术是利用 PN 结反向偏置时具有很高电阻的特点,把元件所在 N 区或 P 区四周用 PN 结包围起来,使元件之间绝缘。图 4.3 所示为 PN 结隔离的工艺流程图和相应的断面,按照图的顺序可以看到如下的制造过程。

图 4.3(a)所示为制造集成电路的原始材料——P 型硅基底（衬底）。第一步,在 P 型衬底上氧化生成 SiO_2 保护层,如图(b)所示;第二步,将光敏抗蚀剂涂在保护层上,并将掩膜 1 放于其上,然后利用紫外线曝光,进行光刻,经显影,没曝光部分的抗蚀剂被溶解掉,曝光部分变成聚合物保持不变,如图(c)所示;第三步,用氢氟酸（HF）腐蚀掉未曝光部分的 SiO_2,为扩散杂质开出窗口,如图(d)所示;第四步,从窗口扩散形成高掺杂的隐埋层——N^+ 区,如图(e)所示;第五步,除去氧化层,利用外延工艺在衬底和隐埋层之上生成一层 N 型外延层,并再次氧化形成 SiO_2 薄层,如图(f)所示;第六步,二次光刻,如图(g)所示;第七步,腐蚀形成隔离槽扩散窗口,如图(h)所示;第八步,向窗口进行高浓度的 P 型杂质扩散,直至穿透外延层到达衬底,形成隔离槽。由于隔离槽与衬底均为 P 型,它们连成一体,将准备制造元件的 N 型区围成一个孤立的小岛,称为隔离岛,如图(i)所示。当将衬底接在电路最低的电位上时,PN 结处反向偏置,起隔离作用。

PN 结隔离的优点是制造工艺简单,缺点是隔离岛之间所能承受的电压不高,存在较大的寄生电容效应,影响电路的高频效应,因此只适用于工作电压不高、结构不太复杂的模拟和数字集成电路。

介质隔离是用 SiO_2 等介质材料将隔离岛与衬底、隔离岛与隔离岛之间隔离开来。介质隔离的最大优点是不需外加偏置电压,且寄生电容小,但制造工艺复杂,成本高,一般用于电源电压较高、对隔离性能要求较高的模拟集成电路之中。

3. 电路元件的制造工艺

隔离岛形成后,便可在其中制造所需的元件,制造过程与 PN 结隔离的制造过程完全相同。图 4.4 所示为 NPN 型管的工艺流程与相应的剖面图。

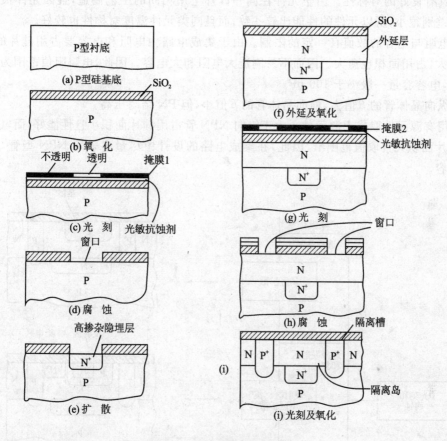

图 4.3 PN 结隔离的制造工艺

第一步是基区扩散,首先在隔离岛上光刻出基区扩散窗口,并向窗口进行 P 型杂质扩散,形成晶体管的基区,然后进行氧化;第二步是发射区和集电区扩散,首先光刻出两个扩散窗口,并向窗口进行高浓度 N 型杂质扩散,形成的两个 N^+ 区,分别为发射区和集电区,然后再次氧化;第三步是蒸铝,首先光刻出各极引出窗口,然后在硅片上蒸发一层铝,再根据连接图通过光刻、腐蚀方法去掉不需要的部分,进行合金化处理后,便制成 NPN 型管。

利用类似工艺过程可制成 PNP 型管、场效应管等。

各种无源元件并不需要特殊工艺,例如:用 NPN 型管的发射结作为二极管和稳压管,用 NPN 型管基区体电阻作为电阻,用 PN 结势垒电容或 MOS 管栅极与沟道间等效电容作为电容等。

4. 集成电路中元件的特点

与分立元件相比,集成电路中的元件有如下特点:

(1) 具有良好的对称性。由于元件在同一硅片上用相同的工艺制造,且因元件很密集而环境温度差别很小,所以元件的性能比较一致,而且同类元件温度对称性也较好。

(2) 电阻与电容的数值有一定的限制。由于集成电路中电阻和电容要占用硅片的面积,且数值愈大,占用面积也愈大。因而不易制造大电阻和大电容。因此,电阻阻值范围为几十欧至几千欧,电容容量一般小于 100 pF。

(3) 纵向晶体管的 β 值大,横向晶体管的 β 值小,但 PN 结耐压高。

(4) 用有源元件取代无源元件。由于纵向 NPN 管占用硅片面积小且性能好,而电阻和电容占用硅片面积大且取值范围窄,因此,在集成电路的设计中尽量多采用 NPN 型管,而少用电阻和电容。

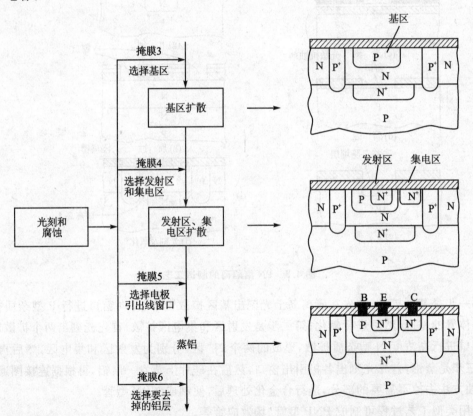

图 4.4 在隔离岛上制作 NPN 型管的工艺流程及剖面图

4.2 集成运放的基本组成及功能

从原理上说,集成运算放大电路(即集成运放)的内部实质上是一个高放大倍数的多级直接耦合放大电路。它通常包含4个基本组成部分,即输入级、中间级、输出级和偏置电路,如图4.5所示。

图 4.5 集成运放的基本组成部分

4.2.1 偏置电路

偏置电路的作用是向各级放大电路提供合适的偏置电流,确定各级静态工作点。各个放大级对偏置电流的要求各不相同。对于输入级,通常要求提供一个比较小(一般为微安级)的偏置电流,而且非常稳定,以便提高集成运放的输入电阻,降低输入偏置电流、输入失调电流及其温漂等。

在集成运放中,常用的偏置电路有以下几种:

1. 基本恒流源电路

用三极管实现恒流源,可采用工作点稳定电路,如图4.6所示。当 $I_1 \gg I_B$ 时,$I_1 \approx I_2 \approx \dfrac{V_{EE}}{R_1+R_2}$,则 $I_C \approx I_E \approx \dfrac{I_2 R_2 - U_{BEQ}}{R_3}$,因而

$$I_C \approx I_E \approx \left(\dfrac{R_2}{R_1+R_2}V_{EE} - U_{BEQ}\right)/R_3 \qquad (4.1)$$

所以当电阻 R_1、R_2、R_3 及电源 V_{EE} 选定后,I_C 即被确定。

例如,$R_1=R_2=R_3=5\ \text{k}\Omega$,$-V_{EE}=-12\ \text{V}$,$U_{BEQ}=0.7\ \text{V}$,则

$$I_C \approx \left(\dfrac{R_2}{R_1+R_2}V_{EE} - U_{BEQ}\right)/R_3 = 1.06\ \text{mA}$$

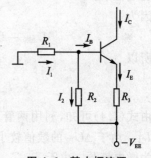

图 4.6 基本恒流源

2. 镜像电流源

基本恒流源电路中由于用了三个电阻,不利于集成,因此经常采用图4.7所示的镜像电流源。图中 T_0 管和 T_1 管具有完全相同的输入特性和输出特性,且由于两管的B、E极分别相连,$U_{BE0}=U_{BE1}$,$I_{B0}=I_{B1}$,因而就像照镜子一样,T_1 管的集电极电流和 T_0 管的相等,所以该电路称为镜像电流源。由图可知,T_0 管的B、C极相连,T_0 管处于临界放大状态,电阻 R 中电流 I_R 为

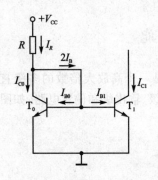

图 4.7 镜像电流源

基准电流,表达式为

$$I_R = \frac{V_{CC} - U_{BEQ}}{R} \tag{4.2}$$

且 $I_R = I_{C0} + I_{B0} + I_{B1} = I_{C1} + 2I_{B1} = (1 + 2/\beta)I_{C1}$,所以当 $\beta \gg 2$ 时,有

$$I_{C1} \approx I_R = \frac{V_{CC} - U_{BEQ}}{R} \tag{4.3}$$

可见,只要电源 V_{CC} 和电阻 R 确定,则 I_{C1} 就确定。I_{C1} 可作为提供给某个放大级的偏置电流。另外,在镜像电流源中,T_0 的发射结对 T_1 具有温度补偿作用,可有效地抑制 I_{C1} 的温漂。例如当温度升高使 T_1 的 I_{C1} 增大的同时,也使 T_0 的 I_{C0} 增大,从而使 $U_{BE0}(U_{BE1})$ 减小,致使 I_{B1} 减小,从而抑制了 I_{C1} 的增大。

镜像电流源的优点是结构简单,而且具有一定的温度补偿作用。缺点是当直流电源 V_{CC} 变化时,输出电流 I_{C2} 几乎按同样的规律波动,因此不适用于直流电源在大范围内变化的集成运放。此外,若输入级要求微安级的偏置电流,则所用电阻 R 将达兆欧级,在集成电路中无法实现。因此,需要研究改进型的电流源。

3. 微电流源

图 4.8 是模拟集成电路中常用的一种电流源。与镜像电流源相比,在 T_1 的射极电路接入电阻 R_E,当基准电流 I_R 一定时,I_{C1} 可确定如下:

因为

$$U_{BE0} - U_{BE1} = \Delta U_{BE} = I_{E1} R_E$$

所以

$$I_{C1} \approx I_{E1} = \frac{\Delta U_{BE}}{R_E} \tag{4.4}$$

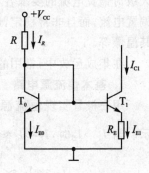

图 4.8 微电流源

由式(4.4)可知,利用两管发射结电压差 ΔU_{BE} 可以控制输出电流 I_{C1}。由于 ΔU_{BE} 的数值较小,这样,用阻值不大的 R_E 即可获得微小的工作电流,故称此电流源为微电流源。由于 T_0、T_1 是对管,两管基极又连在一起,当 V_{CC}、R 和 R_E 为已知时,基准电流 $I_R \approx V_{CC}/R$,在 U_{BE0}、U_{BE1} 为一定时,I_{C1} 也就确定了;在电路中,当电源电压 V_{CC} 发生变化时,I_R 以及 ΔU_{BE} 也将发生变化。由于 R_E 的值一般为数千欧,使 $U_{BE1} \ll U_{BE0}$,以致 T_1 的 U_{BE1} 值很小而工作在输入特性的弯曲部分,则 I_{C1} 的变化远小于 I_R 的变化,故电源电压波动对工作电流 I_{C1} 的影响不大。

4.2.2 差动放大输入级

差动放大电路(也称差分放大电路),就其功能来说,是放大两个输入信号之差。

由于集成运放的内部实质上是一个高放大倍数的多级直接耦合放大电路,因此必须解决零漂问题,电路才能实用。虽然集成电路中元器件参数分散性大,但是相邻元器件参数的对称性却比较好。差动放大电路就是利用这一特点,采用参数相同的三极管来进行补偿,从而有效地抑制零漂。在集成运放中多以差动放大电路作为输入级。

差动放大电路常见的形式有基本形式、长尾式和恒流源式。

1. 基本形式差动放大电路

(1) 输入信号类型

将两个电路结构、参数均相同的单管放大电路组合在一起,就成为差动放大电路的基本形式,如图 4.9 所示。

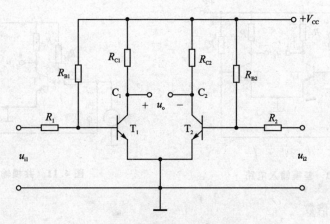

图 4.9 基本差动放大电路

在差动放大电路的两个输入端分别输入大小相等、极性相反的信号,即 $u_{i1}=-u_{i2}$,这种输入方式称为差模输入。差模输入方式下,差动放大电路总的输入信号称为差模输入信号,用 u_{id} 表示,u_{id} 为两输入端输入信号之差,即

$$u_{id} = u_{i1} - u_{i2} \tag{4.5}$$

或者

$$u_{i1} = -u_{i2} = \frac{1}{2}u_{id} \tag{4.6}$$

差模输入电路如图 4.10 所示。

在差动放大电路的两个输入端分别输入大小相等、极性相同的信号,即 $u_{i1}=u_{i2}$,这种输入方式称为共模输入,所输入的信号称为共模输入信号,用 u_{ic} 表示。u_{ic} 与两输入端的输入信号有以下关系

$$u_{ic} = u_{i1} = u_{i2} \tag{4.7}$$

共模输入电路如图 4.11 所示。

当差动放大电路的两个输入端输入的信号大小不等时,可将其分解为差模信号和共模信号。信号的输入方式如图 4.9 所示。由于差模信号 $u_{id}=u_{i1}-u_{i2}$,共模信号 u_{ic} 可以写为

$$u_{ic} = \frac{u_{i1} + u_{i2}}{2} \tag{4.8}$$

于是,加在两输入端上的信号可分解为

$$u_{i1} = u_{ic} + \frac{u_{id}}{2} \tag{4.9}$$

$$u_{i2} = u_{ic} - \frac{u_{id}}{2} \tag{4.10}$$

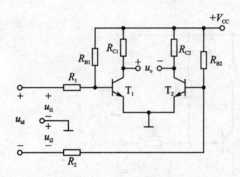

图 4.10 差模输入电路

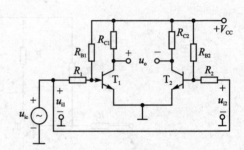

图 4.11 共模输入电路

(2) 电压放大倍数

差动放大电路对差模信号的放大倍数叫做差模电压放大倍数,用 A_{ud} 表示,假设两边单管放大电路完全对称,且每一边单管放大电路的电压放大倍数为 A_{u1},可以推出当输入差模信号时,A_{ud} 为

$$A_{ud} = \frac{u_o}{u_{id}} = \frac{u_{C1} - u_{C2}}{u_{i1} - u_{i2}} = \frac{2u_{C1}}{2u_{i1}} = \frac{u_{C1}}{u_{i1}} = A_{u1} \tag{4.11}$$

上式表明,差动放大电路的差模电压放大倍数和单管放大电路的电压放大倍数相同。可以看出,差动放大电路的特点是,多用一个放大管后,虽然电压放大倍数没有增加,但是换来了对零漂的抑制。

差动放大电路对共模信号的放大倍数叫做共模电压放大倍数,用 A_{uc} 表示,可以推出,当输入共模信号时,A_{uc} 为

$$A_{uc} = \frac{u_o}{u_{ic}} = \frac{u_{C1} - u_{C2}}{u_{i1}} = \frac{0}{u_{i1}} = 0 \tag{4.12}$$

式(4.12)表明,差动放大电路对共模信号没有放大作用。因为共模信号就是由于外界干扰而产生的有害信号,如零漂信号,必须加以抑制。这里可以这样解释:差动放大电路具有对称结构,当有外界干扰时,例如温度变化,对两只管子的影响完全相同,因此在两输入端产生的输入

信号也完全相同,这就是共模输入信号。

综上所述,差动放大电路对有效的差模信号有放大作用,而对无效的共模信号有抑制作用,也就是说,要想放大输入信号,必须使两输入端的信号有差别,正所谓"输入有差别,输出才有变动",差动放大电路由此得名。

(3) 共模抑制比

差动放大电路的共模抑制比用符号 K_{CMR} 表示,它定义为差模电压放大倍数与共模电压放大倍数之比,一般用对数表示,单位为分贝(dB),即

$$K_{CMR} = 20\lg \left| \frac{A_{ud}}{A_{uc}} \right| \tag{4.13}$$

共模抑制比描述差动放大电路对共模信号即零漂的抑制能力。K_{CMR} 愈大,说明抑制零漂的能力愈强。在理想情况下,差动放大电路两侧的参数完全对称,两管输出端的零漂完全抵消,则共模电压放大倍数 $A_{uc}=0$,共模抑制比 $K_{CMR}=\infty$。

对于基本形式的差动放大电路而言,由于内部参数不可能绝对匹配,所以输出电压 u_o 仍然存在零点漂移,共模抑制比很低。而且从每个三极管的集电极对地电压来看,其零漂与单管放大电路相同,丝毫没有改善。因此,在实际工作中一般不采用这种基本形式的差动放大电路,而是在此基础上稍加改进,组成了长尾式差动放大电路。

2. 长尾式差动放大电路

(1) 电路组成

在图 4.9 的基础上,在两个放大管的发射极接入一个发射极电阻 R_E,如图 4.12 所示。这个电阻像一条"长尾",所以这种电路称为长尾式差动放大电路。

长尾电阻 R_E 对共模信号具有抑制作用。假设在电路输入端加上正的共模信号,则两个管子的集电极电流 i_{C1}、i_{C2} 同时增加,使流过发射极电阻 R_E 的电流 i_E 增加,于是发射极电位 u_E 升高,从而两管的 u_{BE1}、u_{BE2} 降低,进而限制了 i_{C1}、i_{C2} 的增加。

但是对于差模输入信号,由于两管的输入信号幅度相等而极性相反,所以 i_{C1} 增加多少,i_{C2} 就减少同样的数量,因而流过 R_E 的电流总量保持不变,即 $\Delta u_E = 0$,所以 R_E 对差模输入信号无影响。

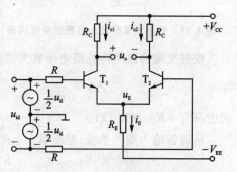

图 4.12 长尾式差动放大电路

由以上分析可知,长尾电阻 R_E 的接入使共模放大倍数减小,降低了每个管子的零点漂移,但对差模放大倍数没有影响,因此提高了电路的共模抑制比。R_E 愈大,抑制零漂的效果愈好。但是,随着 R_E 的增大,R_E 上的直流压降将愈来愈大。为此,在电路中引入一个负电源 V_{EE} 来补偿 R_E 上的直流压降,以免输出电压变化范围太小。引入 V_{EE} 后,静态基极电流可由 V_{EE} 提供,因此可以不接基极电阻 R_B,如图 4.12 所示。

(2) 静态分析

当输入电压等于零时，由于电路结构对称，故设 $I_{BQ1}=I_{BQ2}=I_{BQ}$，$I_{CQ1}=I_{CQ2}=I_{CQ}$，$U_{BEQ1}=U_{BEQ2}=U_{BEQ}$，$U_{CQ1}=U_{CQ2}=U_{CQ}$，$\beta_1=\beta_2=\beta$。由三极管的基极回路可得

$$I_{BQ}R + U_{BEQ} + 2I_{EQ}R_E = V_{EE}$$

则静态基极电流为

$$I_{BQ} = \frac{V_{EE} - U_{BEQ}}{R + 2(1+\beta)R_E} \tag{4.14}$$

静态集电极电流和电位为

$$I_{CQ} \approx \beta I_{BQ} \tag{4.15}$$

$$U_{CQ} = V_{CC} - I_{CQ}R_C \text{（对地）} \tag{4.16}$$

静态基极电位为

$$U_{BQ} = -I_{BQ}R \quad \text{（对地）} \tag{4.17}$$

(3) 动态分析

当输入差模信号时，由于两管的输入电压大小相等、方向相反，流过两管的电流也大小相等、方向相反，结果使得长尾电阻 R_E 上的电流变化为零，则 $u_E = 0$。可以认为：R_E 对差模信号呈短路状态。交流通路如图4.13所示。

图中 R_L 为接在两个三极管集电极之间的负载电阻。当输入差模信号时，一管集电极电位降低，另一管集电极电位升高，而且升高与降低的数值相等，于是可以认为 R_L 中点处的电位为零。也就是说，在 $R_L/2$ 处相当于交流接地。

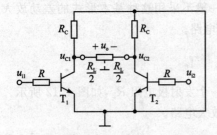

图 4.13 长尾式差分放大电路的交流通路

根据交流通路可得差模电压放大倍数为

$$A_{ud} = \frac{u_o}{u_{id}} = \frac{u_{C1} - u_{C2}}{u_{i1} - u_{i2}} = \frac{2u_{C1}}{2u_{i1}} = A_{u1} = -\frac{\beta R'_L}{r_{be} + R}$$

式中，$R'_L = R_C // (R_L/2)$。

从两管输入端向里看，差模输入电阻为

$$R_{id} = 2(R + r_{be}) \tag{4.18}$$

两管集电极之间的输出电阻为

$$R_o = 2R_C \tag{4.19}$$

在长尾式差动放大电路中，为了在两参数不完全对称的情况下能使静态时的 u_o 为零，常常接入调零电位器 R_P，如图 4.14 所示。

例 4.1 在图 4.14 所示的差动放大电路中，已知 $V_{CC}=V_{EE}=12\text{ V}$，三极管的 $\beta=50$，$R_C=30\text{ k}\Omega$，$R_E=27\text{ k}\Omega$，$R=10\text{ k}\Omega$，$R_P=500\text{ }\Omega$，设 R_P 的活动端调在中间位置，负载电阻 $R_L=$

20 kΩ。试估算放大电路的静态工作点 Q、差模电压放大倍数 A_{ud}、差模输入电阻 R_{id} 和输出电阻 R_o。

解：由三极管的基极回路可知

$$I_{BQ} = \frac{V_{EE} - U_{BEQ}}{R + (1+\beta)(2R_E + 0.5R_p)} = \left[\frac{12 - 0.7}{10 + 51 \times (2 \times 27 + 0.5 \times 0.5)}\right] \text{mA} \approx$$

$$0.004 \text{ mA} = 4 \text{ μA}$$

则
$$I_{CQ} \approx I_{BQ} = 50 \times 0.004 \text{ mA} = 0.2 \text{ mA}$$

$$U_{CQ} = V_{CC} - I_{CQ}R_C = (12 - 0.2 \times 30)\text{V} = 6 \text{ V}$$

$$U_{BQ} = -I_{BQ}R = (-0.004 \times 10)\text{ V} = -0.04 \text{ V} = -40 \text{ mV}$$

放大电路中引入 R_E 对差模电压放大倍数没有影响，但调零电位器只流过一个管子的电流，因此将使差模电压放大倍数降低。放大电路的交流通路如图 4.15 所示。

由图可求得差模电压放大倍数为

$$A_{ud} = -\frac{\beta R'_L}{R + r_{be} + (1+\beta)\frac{R_p}{2}}$$

式中
$$R'_L = R_C // \frac{R_L}{2} = \left[\frac{30 \times (20/2)}{30 + (20/2)}\right] \text{k}\Omega = 7.5 \text{ k}\Omega$$

$$r_{be} = r_{bb'} + (1+\beta)\frac{26 \text{ mV}}{I_{EQ}} = \left(300 + 51 \times \frac{26}{0.2}\right)\Omega = 6\,930 \text{ }\Omega = 6.93 \text{ k}\Omega$$

则
$$A_{ud} = -\frac{50 \times 7.5}{10 + 6.93 + 51 \times 0.5 \times 0.5} = -12.6$$

差模输入电阻 $R_{id} = 2\left[R + r_{be} + (1+\beta)\frac{R_p}{2}\right] = [2 \times (10 + 6.93 + 51 \times 0.5 \times 0.5)] \text{ k}\Omega \approx 59 \text{ k}\Omega$

差模输出电阻 $R_o = 2R_C = (2 \times 30) \text{ k}\Omega = 60 \text{ k}\Omega$

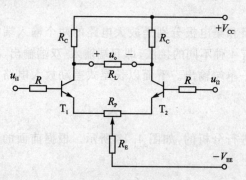

图 4.14 接有调零电位器的长尾式差动放大电路

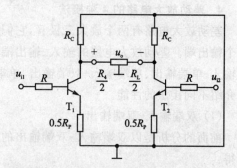

图 4.15 图 4.14 电路的交流通路

3. 恒流源式差动放大电路

在长尾式差动放大电路中,R_E 越大,抑制零漂的能力越强。但 R_E 的增大是有限的,原因有两个:一是在集成电路中难于制作大电阻;二是在同样的工作电流下 R_E 越大,所需 V_{EE} 将越高。为此,需要找一种器件来代替 R_E,该器件必须满足交流等效电阻很大、且直流压降又不高的特点,恒流源正具备这种特点。图 4.16 所示为恒流源差动放大电路,图 4.17 为其简化画法。

恒流源的内部主要是由三极管构成的。当三极管工作在放大状态时,其输出特性的放大区呈现恒流的特性,当集电极电压有一个较大的变化量 Δu_{CE} 时,集电极电流 i_C 基本不变。此时三极管 C - E 之间的等效电阻 $r_{CE} = \dfrac{\Delta u_{CE}}{\Delta i_C}$ 的值很大。用恒流三极管充当一个阻值很大的长尾电阻 R_E,既可在不用大电阻的条件下有效地抑制零漂,又适合集成电路制造工艺中用三极管代替大电阻的特点,因此,这种方法在集成运放中被广泛采用。

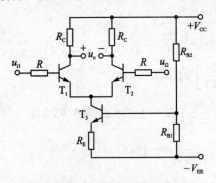

图 4.16 恒流源式差动放大电路

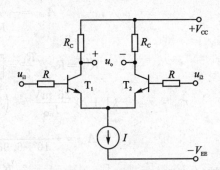

图 4.17 图 4.16 的简化画法

4. 差动放大电路的 4 种接法

差动放大电路有两个放大三极管,它们的基极和集电极分别是放大电路的两个输入端和两个输出端。差动放大电路的输入、输出端可以有 4 种不同的接法,即双端输入-双端输出、双端输入-单端输出、单端输入-双端输出、单端输入-单端输出。下面以长尾式差动放大电路为例介绍不同接法的性能。

(1) 双端输入-双端输出

前面的分析是以双端输入-双端输出的形式进行分析的,如图 4.18 所示。根据前面的分析得:

差模电压放大倍数 A_{ud} 为

$$A_{ud} = -\dfrac{\beta\left(R_C \mathbin{/\mkern-6mu/} \dfrac{R_L}{2}\right)}{R_B + r_{be}}$$

共模电压放大倍数为

$$A_{uc} = 0$$

共模抑制比 K_{CMR} 为

$$K_{CMR} \to \infty$$

差模输入电阻 R_{id} 为

$$R_{id} = 2(R_B + r_{be})$$

共模输入电阻 R_{ic} 为

$$R_{ic} = \frac{1}{2}[R_B + r_{be} + (1+\beta)\cdot 2R_E]$$

输出电阻 R_o 为

$$R_o = 2R_C$$

双端输入-双端输出适用于输入、输出都不需接地，对称输入、对称输出的场合。

(2) 单端输入-双端输出

单端输入-双端输出差动放大电路如图 4.19 所示。输入信号仅加在 T_1 管输入端，T_2 管输入端接地，这种输入方式称为单端输入，是实际电路中常用的一种。

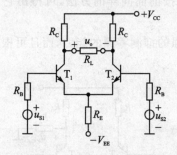

图 4.18 双端输入-双端输出差动放大电路

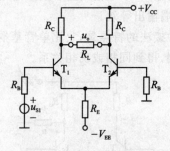

图 4.19 单端输入-双端输出差动放大电路

当忽略电路对共模信号的放大作用时，单端输入就可等效为双端输入情况，故双端输入-双端输出的结论均适用单端输入-双端输出。

这种接法的特点是可把单端输入的信号转换成双端输出，作为下一级的差动输入，适用于负载两端任何一端不接地，而且输出正负对称性好的情况。

(3) 双端输入-单端输出

双端输入-单端输出差动放大电路如图 4.20 所示。由于仅从 T_2 管的集电极输出，所以输出电压只有双端输出的一半。同样根据图中所示，可以求出主要性能指标。

差模电压放大倍数 A_{ud} 为

$$A_{ud} = -\frac{\beta(R_C \mathbin{/\mkern-6mu/} R_L)}{2(R_B + r_{be})}$$

共模电压放大倍数为

$$A_{uc} \approx -\frac{R_C /\!/ R_L}{2R_E}$$

共模抑制比 K_{CMR} 为

$$K_{CMR} \approx \frac{\beta R_E}{R_B + r_{be}}$$

差模输入电阻 R_{id} 为

$$R_{id} = 2(R_B + r_{be})$$

共模输入电阻 R_{ic} 为

$$R_{ic} = \frac{1}{2}[R_B + r_{be} + (1+\beta) \cdot 2R_E]$$

输出电阻 R_o 为

$$R_o = R_C$$

双端输入-单端输出适用于将双端输入转换为单端输出的场合。

(4) 单端输入-单端输出

单端输入-单端输出差动放大电路如图 4.21 所示。按前面同样的方法,可得出它与双端输入-单端输出等效。

这种接法的特点是,它比单管基本放大电路具有较强的抑制零漂的能力,而且可根据不同的输出端,得到同相或反相关系。

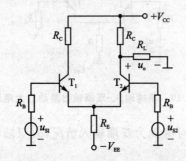
图 4.20 双端输入-单端输出差动放大电路

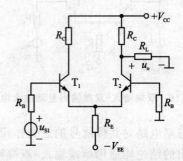
图 4.21 单端输入-单端输出差动放大电路

从以上分析可知,差动放大电路的主要性能指标仅与输出方式有关,而与输入方式无关。差动放大电路双端输出时的差模电压放大倍数就是半边差模等效电路的电压放大倍数,而单端输出时,则是半边差模等效电路电压放大倍数的一半(不接负载电阻)。差模输入电阻不管是双端输入还是单端输入方式,都是半边差模等效电路输入电阻的两倍。而输出电阻在单端输出时,$R_o = R_C$;在双端输出时,$R_o = 2R_C$。

4.3 集成运放的典型电路

4.3.1 集成运算放大器件的识读

常见的集成运算放大器有圆形、扁平型双列直插式等,有 8 引脚、14 引脚等,其外形如表 4.1 所示。其引脚号排列顺序的标记,一般有色点、凹槽、管键及封装时压出的圆形标记等。

表 4.1 集成运放外形结构示意图

结构形式	外形及引脚识读方向	μA741 封装外形、引脚排列、引脚功能图
圆形结构	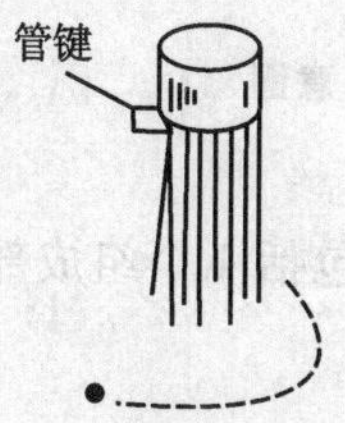 管键（图示）	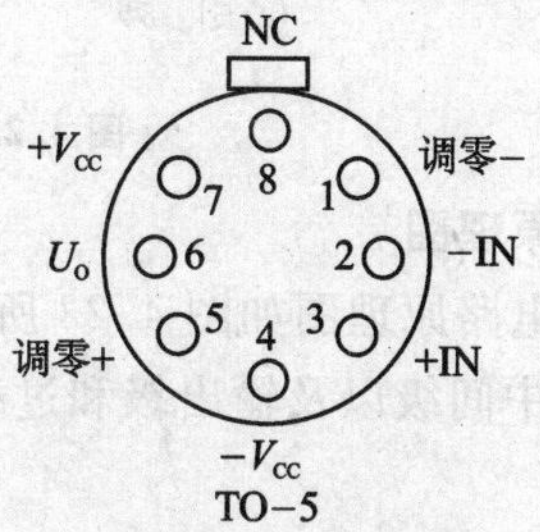 TO-5：NC, +V_cc, U_o, 调零+, 调零-, -IN, +IN, -V_cc
扁平型双列直插式结构	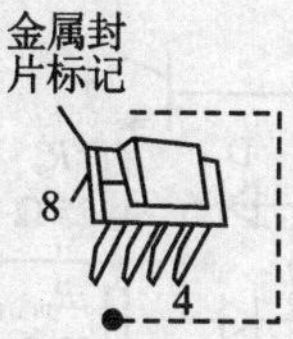 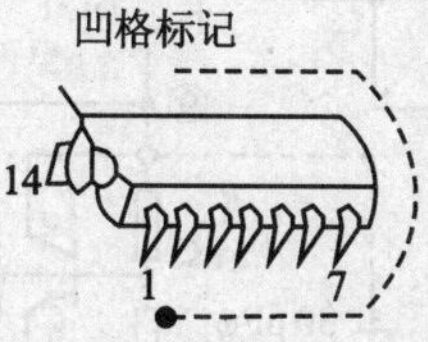 金属封片标记、凹格标记（图示）	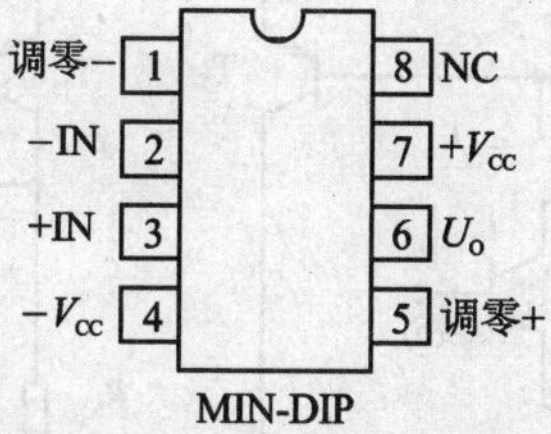 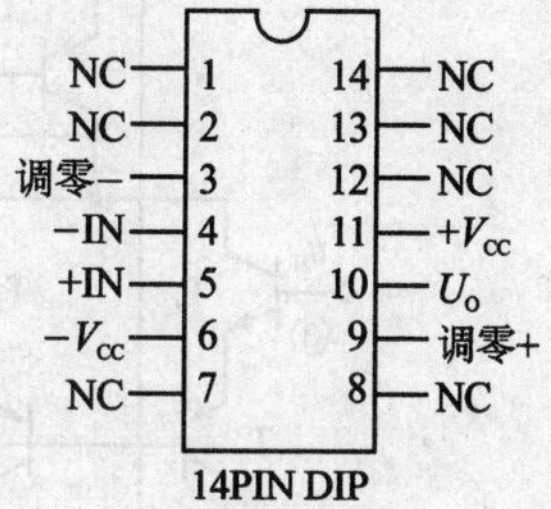 MIN-DIP 与 14PIN DIP 引脚图

对于双列直插式集成芯片引线脚号的识别方法是:将集成芯片水平放置,引脚向下,从缺口或标记开始,按逆时针方向数,依次为 1 脚、2 脚、3 脚、……

对于圆形管,以管键为参考标记,引脚向下,以键为起点,逆时针数 1、2、3、……

4.3.2 集成运放的典型电路

在了解集成运放基本组成部分的基础上,本节将简要地介绍一种典型的集成运放电路,即双极型集成运放 F007。

F007 属于第二代通用型集成运放,目前应用比较广泛。

1. 引　脚

F007 的外形常见的为圆壳式，共有 12 个引脚，如图 4.22(a)所示。各引脚与外电路的连接示意图见图 4.22(b)。

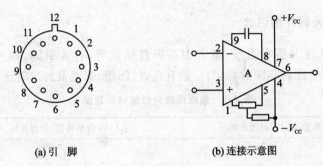

(a) 引　脚　　　　　　　　(b) 连接示意图

图 4.22　F007 的引脚及连接示意图

2. 电路原理图

F007 的电路原理图如图 4.23 所示。由图可见，电路包括 4 个组成部分：偏置电路、差动放大输入级、中间级以及输出级和过载保护电路。

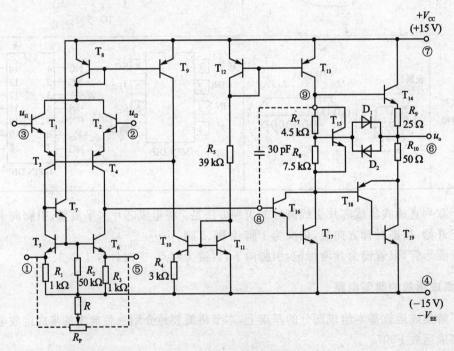

图 4.23　F007 电路原理图

(1) 偏置电路

F007 的偏置电路由图 4.23 中的 $T_8 \sim T_{13}$ 以及电阻 R_4、R_5 等元件组成。其作用是为各级放大器设置合适的静态工作点。

(2) 输入级

F007 的输入级由 T_1、T_2、T_3 和 T_4 组成共集－共基差分放大电路，T_5 和 T_6 构成有源负载，代替负载电阻 R_c。差分输入信号由 T_1、T_2 的基极送入，从 T_4 的集电极送出单端输出信号至中间级。输入级的主要作用是减小零漂，提高共模抑制比。

(3) 中间级

F007 中间级的放大管是由 T_{16}、T_{17} 组成的复合管，T_{13} 作为其有源负载。所以中间级不仅能提供很高的电压放大倍数，而且具有很高的输入电阻，避免降低前级的电压放大倍数。

(4) 输出级

F007 的输出级由 T_{14}、T_{18} 和 T_{19} 组成。NPN 型三极管 T_{14} 和 T_{18}、T_{19} 组成的 PNP 型复合管构成准互补对称电路。其中 T_{14} 与 T_{19} 同为 NPN 型管，特性比较容易匹配。输出级采用这种准互补对称结构，主要是为了提高运放的输出功率和带负载能力。

4.4 集成运放的主要参数及其选择

4.4.1 集成运放的主要参数

集成运放的特性参数是评价运放性能优劣的依据。为了正确地选择和使用集成运放，必须弄清参数的意义。运放的特性参数分为极限参数和电气参数，极限参数是器件生产厂家规定的最大允许使用条件，在使用过程中，如果超过极限参数，会导致器件性能下降，甚至烧毁；电气参数是集成运放在典型工作条件（温度、电源电压、负载等）下的性能指标。

1. 极限参数

(1) 供电电压范围（$+V_{CC}$、$-V_{CC}$ 或 $+U_S$、$-U_S$）

加到运放上最小和最大允许的安全工作电源电压，称为运放的供电电压范围。采用双电源的运放，其正、负电源电压通常是对称的，标准设计值为 ± 15 V，但多数运放可在较宽的电源电压范围内工作，有的可低到 ± 1 V 以下，有的则可高到 ± 40 V。

(2) 功耗 P_D

运放在规定的温度范围工作时，可以安全耗散的功率称为功耗。功耗除了和运放的设计有关外，还随封装形式的不同而异。一般来说，陶瓷封装允许的功耗最大，金属封装次之，塑料封装的功耗最小。通用型运放的静态功耗（无负载时）一般在 $60 \sim 180$ mW。

(3) 工作温度范围

能保证运放在额定的参数范围内工作的温度称为工作温度范围。军用级器件的工作温度

范围为 $-55\sim +125\ ℃$,工业用级器件的工作温度范围是 $-25\sim +85\ ℃$,民用级器件的工作温度范围为 $0\sim +70\ ℃$。例如,LM124124/LM224/LM324 是相同品种的运放,它们的差别仅仅是工作温度范围,依次为军用级、工业用级和民用级。

(4) 最大差模输入电压 U_{idm}

这是集成运放反相输入端与同相输入端之间能够承受的最大电压。若超过这个限度,输入级差分对管中的一个管子的发射结可能被反向击穿。若输入级由 NPN 管构成,则其 U_{idm} 约为 $\pm 5\ V$,若输入级含有横向 PNP 管,则 U_{idm} 可达 $\pm 30\ V$ 以上。

(5) 最大共模输入电压 U_{icm}

能安全地加在运放的两个输入端的短接点与运放地线之间的最大电压称为最大共模输入电压,有时也把使共模抑制比下降 6 dB 时的正向或负向共模电压值称为 U_{icm}。如果共模成分超过一定限度,则输入级将进入非线性区工作,就会造成失真,并会使输入端晶体管击穿。

2. 电气参数

(1) 输入特性

① 差模输入电阻 R_{id}。

该指标是指开环情况下,输入差模信号时运放的输入电阻,其定义为差模输入电压 u_{id} 与相应的输入电流 i_{id} 的变化量之比。R_{id} 用以衡量集成运放向信号源索取电流的大小。该指标越大越好,一般运放的 R_{id} 为 $10\ k\Omega\sim 3\ M\Omega$。

② 输入偏置电流 I_{iB}。

输入偏置电流是指运放在静态时,流经两个输入端的基极电流的平均值,即

$$I_{iB} = \frac{1}{2}(I_{B1} + I_{B2})$$

I_{iB} 愈小愈好,通用型集成运放约为几个微安数量级。

③ 输入失调电压 U_{io} 及其温漂 dU_{io}/dT

一个理想的集成运放能实现零输入时零输出,而实际的集成运放,当输入电压为零时,存在一定的输出电压,将其折算到输入端就是输入失调电压,它在数值上等于输出电压为零时,输入端应施加的直流补偿电压;在运放输入级集电极电阻匹配的情况下,它反映了差动输入级元件的失调程度。通用型运放的 U_{io} 之值在 $2\sim 10\ mV$ 之间,高性能运放的 U_{io} 小于 $1\ mV$。

失调电压的温漂是失调电压 U_{io} 随温度的相对变化量 dU_{io}/dT,这个指标说明运放的温漂性能的好坏,一般以 $\mu V/℃$ 为单位。通用型集成运放的指标为微伏数量级。

④ 输入失调电流 I_{io} 及其温漂 dI_{io}/dT

一个理想的集成运放的两输入端的静态电流应该完全相等。实际上,当集成运放的输出电压为零时,流入两输入端的电流不相等,这个静态电流之差 $I_{io} = I_{B1} - I_{B2}$ 就是输入失调电流,造成输入电流失调的主要原因是差分对管的 β 失调。I_{io} 愈小愈好,一般为 $1\sim 10\ nA$。

输入失调电流对温度的变化率 dI_{io}/dT 称为输入失调电流温漂,用以表征 I_{io} 受温度变化

的影响程度。这类温漂一般为 1~5 nA/℃,好的可达 pA/℃数量级。

(2) 输出特性

① 最大输出电压 U_{om}

最大输出电压是指运放在标称电源电压时,其输出端所能提供的最大不失真峰值电压。其值一般不低于电源电压 2 V。

② 最大输出电流 I_{om}

最大输出电流是指运放在标称电源电压和最大输出电压下,运放所能提供的正向或负向的峰值电流。

③ 输出电阻 R_o

在开环条件下,运放等效为电压源时的等效动态内阻称为运放的输出电阻。R_o 的理想值为零,实际值一般为 100 Ω~1 kΩ。

(3) 增益特性

① 开环差模电压增益 A_{ud}

A_{od} 是指运放在无外加反馈情况下的直流差模增益,一般用对数表示,单位为 dB(分贝)。它是频率的函数,但通常给出直流开环增益。A_{ud} 也是影响运算精度的重要参数。一般运放的 A_{ud} 为 60~120 dB,性能较好的运放 A_{ud}>140 dB。

② 共模电压增益 A_{uc}

共模电压增益是指运放对输入共模信号的电压放大倍数,理想运放的输入级匹配,则共模电压增益为零,实际运放不可能完全匹配,因而 A_{uc} 不可能真正为零。

③ 共模抑制比 K_{CMR}

共模抑制比是指运放的差模电压增益与共模电压增益之比,一般也用对数表示,即

$$K_{CMR} = 20\lg \left| \frac{A_d}{A_c} \right|$$

一般运放的 K_{CMR} 为 80~160 dB。该指标用以衡量集成运放抑制零漂的能力。K_{CMR} 愈大愈好。

(4) 频率特性

① 开环带宽 $BW(f_H)$

开环带宽是指运放在放大小信号时,开环增益下降到直流增益的 $1/\sqrt{2}(0.707)$ 时所对应的频率范围。

② 单位增益带宽 $BW_G(f_T)$

当输入小信号的信号频率增大到使运放开环增益下降为 1 时所对应的频率范围称为单位增益带宽。

③ 转换速率 S_R

转换速率是指在闭环状态下,输入为大信号时,集成运放输出电压对时间的最大变化速

率，即

$$S_R = \left| \frac{du_o(t)}{dt} \right|_{max}$$

转换速率反映运放对高速变化的输入信号的响应情况。S_R 越大，表明运放的高频性能越好。一般运放的 S_R 小于 $1\ V/\mu s$，高速运放 S_R 可达 $65\ V/\mu s$，甚至可达 $500\ V/\mu s$。

4.4.2 集成运放的选择

1. 选择集成运放的方法

根据集成运放的分类及国内外常用集成运放的型号，查阅集成运放的性能和参数，选择合适的集成运放。

2. 选择集成运放应考虑的其他因素

首先考虑尽量采用通用型集成运放，因为它们容易买到，价格较低，只有在通用型集成运放不能满足要求时，才去选择特殊型的集成运放，这时应考虑以下因素。

（1）信号源的性质：信号源是电压源还是电流源，源阻抗大小，需要集成运放输出的信号频率范围。

（2）负载的性质：负载是纯电阻负载还是电抗负载，负载阻抗大小，需要集成运放输出的电压和电流大小。

（3）对精度的要求：对集成运放精度要求恰当，过低则不能满足要求，过高将增加成本。

（4）环境条件：选择集成运放时，必须考虑到工作温度范围，工作电压范围，功耗与体积限制及噪声源的影响等因素。

4.5 集成运放的使用

4.5.1 集成运放使用中注意的问题

随着电子工业的发展，集成运放除通用型芯片外，还有种类繁多的特殊型芯片，用于各种具有特殊要求的场合。其封装方式有金属壳封装和双列直插式塑料封装两种，且每个芯片上集成运放个数有 1 个、2 个或 4 个之分。因此，在使用集成运放之前，使用者应首先搞清主要参数的物理意义，然后根据厂家提供的详细资料，选择参数符合具体要求、封装方式和个数合适的芯片。

在使用集成运放时，必须注意以下几个问题：

1. 引脚的识别

目前集成运放的常见封装方式有金属壳封状和双列直插式封状，外形如图 4.2 所示，而且以后者居多。双列直插式有 8、10、12、14、16 引脚等种类，虽然它们的外引线排列日趋标准化，但各制造厂仍略有区别。因此,使用运放前必查阅有关手册,辨认引脚,以便正确连线。

2. 参数测量

使用运放往往要用简易测试法判断其好坏,例如用万用表的欧姆档对照引脚测试有无短路和断路现象。必要时还可以采用专门的测试设备测量运放的主要参数。

3. 调零或调整偏置电压

由于失调电压及失调电流的存在,输入为零时输出往往不为零。对于内部无自动稳零措施的运放需外加调零电路,使之在零输入时零输出。

对于单电源供电的运放,有时还需在输入端加直流偏置电压,设置合适的静态输出电压,以便能放大正、负两个方向变化的信号。

4. 消除自激振荡

自激振荡是经常出现的异常现象,表现为当输入信号等于零时,利用示波器可观察到运放的输出端存在一个频率较高、近似为正弦波的输出信号。但是这个信号不稳定,当人体或金属物体靠近时,输出波形将产生显著的变化。产生自激振荡的原理将在本书第5.4节学习。

为防止电路产生自激振荡,应在集成运放的电源端加上去耦电容。集成运放还需外加频率补偿电容C,应注意接入容量合适的电容。

4.5.2 集成运放的保护

使用集成运放时,为了防止损坏器件,保证安全,除了应选用具有保护环节、质量合格的器件外,还常在电路中采取一定的保护措施,常用的有以下几种:

1. 输入保护

当运放的输入端差模或共模信号过大时,常会造成输入级损坏或运放不能正常工作,这时可采用二极管和限流电阻来进行保护,如图4.24所示。

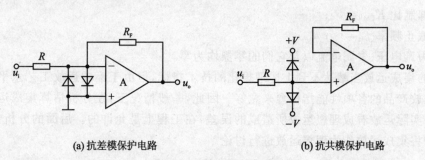

(a) 抗差模保护电路　　　　　　　　　(b) 抗共模保护电路

图 4.24　输入保护电路

2. 输出保护

当集成运放输出端对地短路时,如果没有保护措施,集成运放内部输出级的管子将会因电流过大而损坏。为防止输出端因接外部电压而过流或击穿,可采用稳压管来保护,如图4.25所示,图中用两个对接的稳压管来实现双向保护。

3. 电源端保护

为了防止因电源极性接反而损坏集成运放，可利用二极管的单向导电性来保护，如图 4.26 所示。

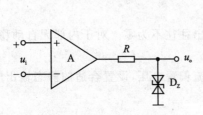

图 4.25 输出端稳压管保护电路

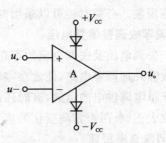

图 4.26 电源端保护

此外，一些运放还需调零，即在输入电压为零时，通过调整使输出电压为零。

4.6 理想运算放大器

4.6.1 理想运放的技术指标

在分析集成运放的各种应用电路时，常常将其中的集成运放看成是一个理想的运算放大器。所谓理想运放就是将集成运放的各项技术指标理想化，即认为集成运放的各项指标：

开环差模电压增益 $A_{od}=\infty$；

差模输入电阻 $R_{id}=\infty$；

输出电阻 $R_o=0$；

共模抑制比 $K_{CMR}=\infty$；

上限截止频率 $f_H=\infty$；

输入失调电压、失调电流以及它们的零漂均为零。

实际的集成运放当然达不到上述理想化的技术指标，但由于集成运放工艺水平的不断提高，集成运放产品的各项性能指标愈来愈好。因此，一般情况下，在分析估算集成运放的应用电路时，将实际运放看成理想运放所造成的误差，在工程上是允许的。后面的分析中，如无特别说明，均将集成运放作为理想运放进行讨论。

4.6.2 理想运放的两种工作状态

在各种应用电路中集成运放的工作状态可能有线性和非线性两种状态，在其传输特性曲线上对应两个区域，即线性区和非线性区。集成运放的图形符号和电压传输特性分别如图 4.27(a) 和 4.27(b) 所示。由图(a)所示图形符号可以看出，运放有同相和反相两个输入端，分别对应其内部差动输入级的两个输入端，u_+代表同相输入端电压，u_-代表反相输入端电压，输出电压u_o与u_+具有同相关系，与u_-具有反相关系。运放的差模输入电压$u_{id}=u_+-u_-$。图(b)中，虚线代表实际运放的传输特性，实线代表理想运放。可以看出，线性工作区非常窄，当输入端电压的幅度稍有增加，则运放的工作范围将超出线性放大区而到达非线性区。运放工作在不同状态，其表现出的特性也不同，下面分别讨论。

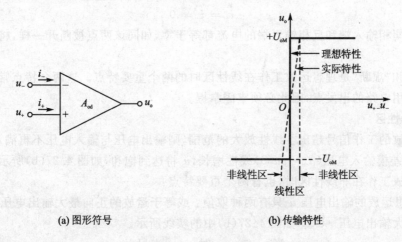

(a) 图形符号　　　　　　　　(b) 传输特性

图4.27　集成运放

1. 线性区

当工作在线性区时，集成运放的输出电压与其两个输入端的电压之间存在着线性放大关系，即

$$u_o = A_{od}(u_+ - u_-) \tag{4.20}$$

式中，u_o是集成运放的输出端电压；u_+和u_-分别是其同相输入端和反相输入端电压；A_{od}是其开环差模电压增益。

理想运放工作在线性区时有两个重要特点：

(1) 理想运放的差模输入电压等于零

由于运放工作在线性区，故输出、输入之间符合式(4.20)。而且，因理想运放的$A_{od}=\infty$，所以由式(4.20)可得

$$u_+ - u_- = u_o/A_{od} = 0$$

即
$$u_+ = u_- \tag{4.21}$$

式(4.21)表明同相输入端与反相输入端的电位相等，如同将该两点短路一样，但实际上该两点并未真正被短路，因此常将此特点简称为"虚短"。

实际集成运放的$A_{od}\neq\infty$，因此u_+与u_-不可能完全相等。但是当A_{od}足够大时，集成运放的差模输入电压(u_+-u_-)的值很小，可以忽略。例如，在线性区内，当$u_o=10\text{ V}$时，若A_{od}

$=10^5$,则 $u_+ - u_- = 0.1\text{ mV}$;若 $A_{od}=10^7$,则 $u_+ - u_- = 1\text{ μV}$。可见,在一定的 u_o 值下,集成运放的 A_{od} 愈大,则 u_+ 与 u_- 的差值愈小,将两点视为短路所带来的误差也愈小。

(2) 理想运放的输入电流等于零

由于理想运放的差模输入电阻 $R_{id}=\infty$,因此在其两个输入端均没有电流,即在图 4.27(a)中,有

$$i_+ = i_- = 0 \tag{4.22}$$

此时运放的同相输入端和反相输入端的电流都等于零,如同该两点被断开一样,将此特点简称为"虚断"。

"虚短"和"虚断"是理想运放工作在线性区时的两个重要特点。这两个特点常常作为今后分析运放应用电路的出发点,因此必须牢固掌握。

2. 非线性区

如果运放的工作信号超出了线性放大的范围,则输出电压与输入电压不再满足式(4.20),即 u_o 不再随差模输入电压 $(u_+ - u_-)$ 线性增长,u_o 将达到饱和,如图 4.27(b)所示。

理想运放工作在非线性区时,也有两个重要特点:

(1) 理想运放的输出电压 u_o 只有两种取值:或等于运放的正向最大输出电压 $+U_{oM}$,或等于其负向最大输出电压 $-U_{oM}$,如图 4.27(b)中的实线所示。

$$\left.\begin{array}{l}\text{当 } u_+ > u_- \text{ 时}, u_o = +U_{oM} \\ \text{当 } u_+ < u_- \text{ 时}, u_o = -U_{oM}\end{array}\right\} \tag{4.23}$$

在非线性区内,运放的差模输入电压 $(u_+ - u_-)$ 可能很大,即 $u_+ \neq u_-$。也就是说,此时"虚短"现象不复存在。

(2) 理想运放的输入电流等于零

因为理想运放的 $R_{id}=\infty$,故在非线性区仍满足输入电流等于零,即式(4.22)对非线性工作区仍然成立。

如上所述,理想运放工作在不同状态时,其表现出的特点也不相同。因此,在分析各种应用电路时,首先必须判断其中的集成运放究竟工作在哪种状态。

集成运放的开环差模电压增益 A_{od} 通常很大,如不采取适当措施,即使在输入端加一个很小的电压,仍有可能使集成运放超出线性工作范围。为了保证运放工作在线性区,一般情况下,必须在电路中引入深度负反馈,以减小直接施加在运放两个输入端的净输入电压。关于反馈的知识将在第 5 章介绍。

本章小结

(1) 利用半导体工艺将各种元器件集成在同一硅片上组成的电路就是集成电路。集成电路具有体积小、成本低、可靠性高等优点,是现代电子系统中常见的器件之一。

(2) 集成运放的内部实质上是一个高放大倍数的多级直接耦合放大电路。它的内部通常包含 4 个基本组成部分，即输入级、中间级、输出级和偏置电路。为了有效地抑制零漂，运放的输入极常采用差动放大电路。集成运放的输出级基本上都采用各种形式的互补对称电路，以降低输出电阻，提高电路的带负载能力。同时，也希望有较高的输入电阻，以免影响中间级共射电路的电压放大倍数。

(3) 集成运放的技术指标是其各种性能的定量描述，也是选用运放产品的主要依据。本章对集成运放主要技术指标的含义进行了介绍。

(4) 在分析集成运放的各种应用电路时，常常将其中的集成运放看成是一个理想的运算放大器。所谓理想运放就是将集成运放的各项技术指标理想化。在各种应用电路中集成运放的工作状态可能有线性和非线性两种状态，在其传输特性曲线上对应两个区域，即线性区和非线性区。在线性工作区时，理想运放满足"虚短"和"虚断"的特点，而在非线性工作区，理想运放的输出为正、负两个饱和值。

习题 4

4.1 回答下列问题

(1) 何谓集成运算放大器？它有哪些特点？

(2) 为什么差动放大电路的零漂比单管放大电路小；而接有 R_E 的差动放大电路的零漂又比未接 R_E 的差动放大电路小？

(3) 什么是差模信号和共模信号，差动放大电路能放大哪种信号，抑制哪种信号？

(4) 与实际运放相比，理想运放的性能指标有何特点？

(5) 理想运放有几种各种状态？分别有什么特点？

4.2 电路如题图 4.1 所示。设 T_1 和 T_2 的性质完全相同，且 β 值很大。求 I_{C2} 和 U_{CE2} 的值。设 $U_{BEQ}=0.7\ \text{V}$。

4.3 电路如题图 4.2 所示。已知 $V_{EE}=V_{CC}=6\ \text{V}, U_{BEQ}=0.7\ \text{V}, R=10\ \text{k}\Omega, \beta_1=\beta_2=50$，$R_{C1}=R_{C2}=5.1\ \text{k}\Omega, R_E=5.1\ \text{k}\Omega, r_{bb'}=300\ \Omega, R_L=10.2\ \text{k}\Omega$。

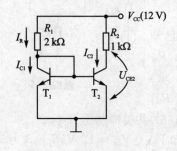

题图 4.1

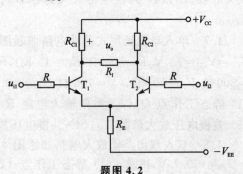

题图 4.2

(1) 求静态工作点处的 I_{BQ1}、I_{BQ2}、I_{CQ1}、I_{CQ2}、U_{CEQ1}、U_{CEQ2} 的值;

(2) 求差模电压放大为数 A_{ud}、差模输入电阻 R_{id} 和输出电阻 R_o 的值。

4.4 如题图 4.3 所示电路中,试求:(1) 在 $\Delta U_S = 0$ 时, $U_o = 5.1$ V;当 $\Delta U_S = 16$ mV 时, $U_o = 9.2$ V,问电压放大倍数是多少?(2) 如果 $\Delta U_S = 0$,由于温度的影响,U_o 由 5.1 V 变到 4.5 V,问折合到输入端的零点漂移电压 ΔU_i 为多少?

4.5 单入双出差动电路如题图 4.4 所示,已知 $V_{EE} = V_{CC} = 15$ V,$R_L = 2$ kΩ,$R_C = 40$ kΩ,$R_E = 28.6$ kΩ,$r_{bb'} = 300$ Ω,$U_{BEQ} = 0.7$ V,$U_{CES} = 0.7$ V,$\beta = 100$。求:(1) T_1 管的工作电流 I_{CQ1}、U_{CEQ1};(2) 差模输入电阻 R_{id}、输出电阻 R_o;(3) 差模电压放大为数 A_{ud};(4) 最大差模输出电压 U_{odm}。

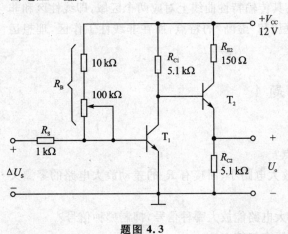

题图 4.3

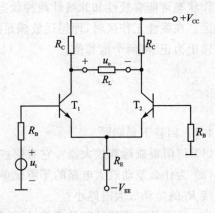

题图 4.4

4.6 双入单出差动电路如题图 4.5 所示。已知 $V_{EE} = V_{CC} = 12$ V,$R_B = 5$ kΩ,$R_C = 10$ kΩ,$R_E = 11.3$ kΩ,$R_L = 10$ kΩ,$r_{bb'} = 300$ Ω,$U_{BEQ} = 0.7$ V,$\beta = 100$。求:(1) 静态工作点 Q;(2) 差模输入电阻 R_{id}、输出电阻 R_o;(3) 差模电压放大为数 A_{ud};(4) 共模电压放大为数 A_{uc};(5) 共模抑制比 K_{CMR}。

4.7 单入单出长尾式差动电路如题图 4.6 所示。已知 $V_{EE} = V_{CC} = 15$ V,$R_B = 1$ kΩ,$R_C = 15$ kΩ,$R_E = 14.3$ kΩ,$R_W = 300$ Ω,$R_L = 30$ kΩ,$r_{bb'} = 100$ Ω,$U_{BEQ} = 0.7$ V,$\beta = 80$。求:(1) 静态工作点 Q;(2) 差模输入电阻 R_{id}、输出电阻 R_o;

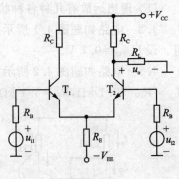

题图 4.5

(3) 差模电压放大倍数 A_{ud};(4) 共模电压放大倍数 A_{uc};(5) 共模抑制比 K_{CMR}。

4.8 双入双出差动放大电路如题图 4.7 所示,已知 $V_{EE} = V_{CC} = 12$ V,$\beta_1 = \beta_2 = 60$,$U_{BEQ1} = U_{BEQ2} = 0.7$ V,试求:(1) 静态工作点;(2) 差模电压放大为数 A_{ud};(3) 差模输入电阻 R_{id}、

输出电阻 R_o；(4) 共模抑制比 K_{CMR}。

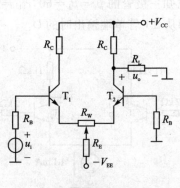

题图 4.6

题图 4.7

4.9 恒流源差动放大电路如题图 4.8 所示，已知 $V_{EE}=V_{CC}=12\text{ V}$，$\beta_1=\beta_2=80$，$U_{BEQ1}=U_{BEQ2}=0.7\text{ V}$，试求：(1) 静态工作点；(2) 差模电压放大为数 A_{ud}；(3) 差模输入电阻 R_{id}、输出电阻 R_o。

4.10 一个单入双出的差动电路如题图 4.9 所示。已知三极管的 $\beta_1=\beta_2=100$，$U_{BEQ1}=U_{BEQ2}=0.6\text{ V}$，$r_{bb'}$ 均为 $240\text{ }\Omega$，试求：(1) T_1、T_2 静态时的集电极电位（对地）U_{CQ1}、U_{CQ2}；(2) 差模电压放大为数 A_{ud}。

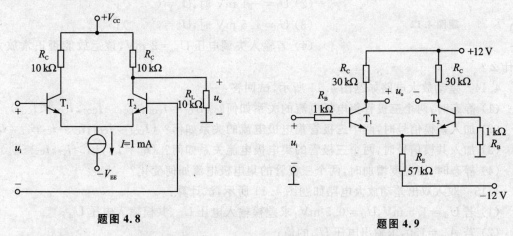

题图 4.8

题图 4.9

4.11 题图 4.10 所示差动电路中，设 $u_{i2}=0$（接地），试选择正确的答案填空：
(1) 若希望负载电阻 R_L 的一端接地，输出电压 u_o 与输入电压 u_{i1} 极性相同，则 R_L 的另一端应接____(C_1, C_2)；
(2) 若希望 R_L 的一端接地，而 u_o 与 u_{i1} 极性相反，则 R_L 的另一端应接____(C_1, C_2)；
(3) 当输入电压有一变化量时，R_E 两端____(A. 也存在，B. 不存在) 变化电压，对差模信号而言,发射极____(A. 仍然是,B. 不再是)交流接地点。

4.12 在题图 4.11 所示恒流源差动放大电路中,已知三极管的 $\beta_1=\beta_2=60$, $r_{bb'}=300\ \Omega$,输入电压 $U_{i1}=1\ V$, $U_{i2}=1.01\ V$,求双端输出时的 U_o 和从 T1 管单端输出时的 U_{o1}。

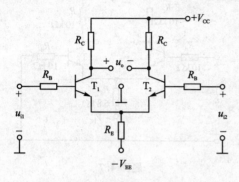

题图 4.10   题图 4.11

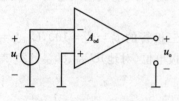

题图 4.12

4.13 已知某运放的开环增益 A_{od} 为 80 dB,最大输出电压 $U_{om}=\pm 10\ V$,输入信号按照题图 4.12 所示的方式加入,设 $u_i=0$ 时,$u_o=0$,试问:

(1) $U_i=0.5\ mV$ 时,$U_o=(\qquad)$;

(2) $U_i=-1\ mV$ 时,$U_o=(\qquad)$;

(3) $U_i=1.5\ mV$ 时,$U_o=(\qquad)$;

(4) 若输入失调电压 $U_{io}=2\ mV$,该运放能否正常放大,为什么?

4.14 差动放大电路如题图 4.11 所示,试回答:

(1) 静态时,两个三极管集电极电流的关系如何?($I_{CQ1}=I_{CQ2}$;$I_{CQ1}>I_{CQ2}$;$I_{CQ1}<I_{CQ2}$)

(2) 加入差模信号时,两个三极管集电极电流的关系如何?($I_{CQ1}=I_{CQ2}$;$i_{C1}=i_{C2}$;$i_{C1}\neq i_{C2}$)

(3) 加入共模信号时,两个三极管的集电极电流关系如何?($i_{C1}=i_{C2}$;$i_{C1}>i_{C2}$;$i_{C1}<i_{C2}$)

(4) 静态时,当温度增加时,两个三极管的集电极电流如何变化?

4.15 双入双出差动放大电路如题图 4.11 所示,试计算:

(1) 若 $U_{i1}=1.5\ mV$,$U_{i2}=0.5\ mV$,求差模输入电压 U_{id}、共模输入电压 U_{ic};

(2) 若 $A_{ud}=150$,求输出电压 U_{od} 的值;

(3) 当输入电压为 u_{id} 时,若从 T1 的集电极输出,求 u_{o1} 与 u_{id} 的相位关系;若从 T2 的集电极输出,再求 u_{o2} 与 u_{id} 的相位关系;

(4) 若输出电压 $U_o=1\ 000U_{i1}-999U_{i2}$,求电路的 A_{ud}、A_{uc} 和 K_{CMR} 的值。

4.16 题图 4.13 所示电路中,已知三极管的 $\beta=100$, $r_{be}=10.3\ k\Omega$, $V_{EE}=V_{CC}=15\ V$, $R_C=36\ k\Omega$, $R_E=56\ k\Omega$, $R=2.7\ k\Omega$, $R_P=100\ \Omega$, R_P 的滑动端处于中点,$R_L=18\ k\Omega$。

(1) 估算电路的静态工作点;
(2) 求电路的差模电压放大倍数 A_{ud};
(3) 求电路的差模输入电阻 R_{id},输出电阻 R_o。

4.17 在题图 4.14 所示的放大电路中,已知 $V_{EE}=V_{CC}=9$ V, $R_C=47$ kΩ, $R_E=13$ kΩ, $R_{B1}=3.6$ kΩ, $R_{B2}=16$ kΩ, $R=10$ kΩ, $R_L=20$ kΩ, $\beta=30$, $U_{BEQ}=0.7$ V。

(1) 估算静态工作点;
(2) 估算差模电压放大倍数 A_{ud}。

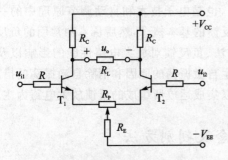

题图 4.13

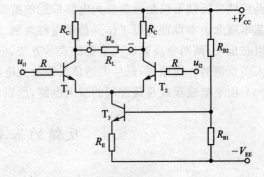

题图 4.14

第 5 章 放大电路中的反馈

前面学习的各种类型的放大电路,大都是将信号从输入端输入,经放大电路后从输出端送给负载。而在实际应用中,往往将输出量的一部分或者全部又返送回放大电路的输入端,这就是反馈。反馈不仅是改善放大电路性能的重要手段,也是电子技术和自动调节原理中的一个基本概念。本章首先以工作点稳定电路为例,引出反馈的基本概念,然后从 4 种常用的负反馈组态出发,阐明负反馈放大电路的表示方法、分析方法、负反馈对放大电路性能的影响以及引入负反馈的一般原则,最后讲述负反馈放大电路产生自激振荡的原因和消除自激振荡的措施。

由于集成运放是最常用的放大电路,所以本章以集成运放所组成的反馈放大电路为主。

5.1 反馈的基本概念及判别方法

5.1.1 反馈的基本概念

反馈的现象和运用在第 2 章已经提到过,图 5.1(a)所示的分压式工作点稳定电路就是一例,图(b)是其直流通路。

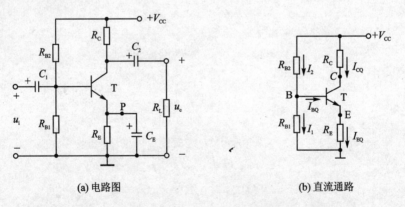

(a) 电路图　　　　　　　　　　(b) 直流通路

图 5.1　分压式工作点稳定电路

在图(b)所示直流通路中,R_E 既在输出回路又在输入回路,电阻 R_{B1} 和 R_{B2} 串联分压,使基极的静态电位 U_{BQ} 固定,R_E 两端电压 U_{EQ} 的大小受集电极电流(输出电流)I_{CQ} 的影响,影响后的 U_{EQ} 又对发射结电压(输入电压)U_{BEQ} 的大小产生影响,U_{BEQ} 的大小反过来又影响输出电流 I_{CQ} 的大小。

通过以上具体例子,可以帮助读者建立反馈的概念。所谓放大电路中的反馈,就是将放大电路的输出量(电压或电流)的一部分或者全部,通过一定的电路形式(反馈网络)引回到它的输入端来影响输入量(电压或电流)的连接方式。

为了更好地理解反馈的概念,可将引入反馈的放大电路用一幅框图表示,如图 5.2 所示。

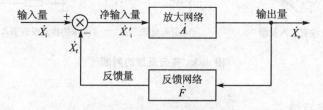

图 5.2 反馈放大电路的框图

为了表示一般情况,图 5.2 所示的输入信号、输出信号和反馈信号都用正弦相量表示,它们可能是电压量,也可能是电流量。其中,上框表示放大网络,无反馈时放大网络的放大倍数为 $\dot{A}$,下框表示能够把输出信号的一部分或者全部送回到输入端的电路,称为反馈网络,反馈系数用 $\dot{F}$ 表示;箭头线表示信号传输方向,信号在放大网络中为正向传递,在反馈网络中为反向传递;符号 $\otimes$ 表示信号叠加,输入信号 $\dot{X}_i$ 由前级电路提供;反馈信号 $\dot{X}_f$ 是反馈网络从输出端取样后送回到输入端的信号;$\dot{X}'_i$ 是输入信号 $\dot{X}_i$ 与反馈信号 $\dot{X}_f$ 在输入端叠加后的净输入信号,"+"和"−"表示 $\dot{X}_i$ 和 $\dot{X}_f$ 参与叠加时的规定正方向,即 $\dot{X}_i - \dot{X}_f = \dot{X}'_i$;$\dot{X}_o$ 为输出信号。通常,从输出端取出信号的过程成为取样;把 $\dot{X}_i$ 与 $\dot{X}_f$ 的叠加过程称为比较。

引入反馈后,放大电路与反馈网络构成一个闭合环路,所以有时把引入了反馈的放大电路叫做闭环放大电路(或闭环系统),而未引入反馈的放大电路叫做开环放大电路(或开环系统)。

5.1.2 反馈的分类

1. 有无反馈的判断

介绍反馈的分类之前,首先应搞清如何判断电路中是否引入了反馈。

若放大电路中存在将输出回路与输入回路相连接的通路,即反馈网络,并由此影响了放大电路的净输入量,则表明电路中引入了反馈;否则电路中便没有反馈。

在图 5.3(a)所示电路中,集成运放的输出端与同相输入端、反向输入端均无通路,故电路中没有反馈。在图 5.3(b)所示电路中,电阻 R_2 将集成运放的输出端与反相输入端相连接,因而集成运放的净输入量不仅决定于输入信号,还与输出信号有关,所以该电路中引入了反馈。在图 5.3(c)所示电路中,虽然电阻 R 跨接在集成运放的输出端与同相输入端之间,但是由于同相输入端接地,所以 R 只不过是集成运放的负载,而不会使 u_o 作用于输入回路,可见电路中没有引入反馈。

由以上分析可知,寻找电路中有无反馈通路是判断电路中是否引入反馈的主要方法。只有首先判断出电路中存在反馈,继而才能进一步分析反馈的类型。

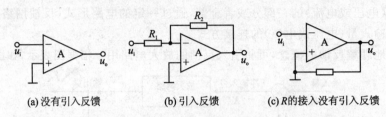

(a) 没有引入反馈　　　(b) 引入反馈　　　(c) R的接入没有引入反馈

图 5.3　有无反馈的判断

2. 反馈的分类

(1) 正反馈和负反馈

按照反馈量的极性分类,有正反馈和负反馈。以图 5.2 为例,如果反馈量 X_f 增强了净输入量 X'_i,使输出量有所增大,称为正反馈。反之,如果反馈量 X_f 削弱了净输入量 X'_i,使输出量有所减小,则称为负反馈。

(2) 直流反馈和交流反馈

按照反馈量中包含交、直流成分的不同,有直流反馈和交流反馈之分。如果反馈量中只含有直流成分,称为直流反馈。如果反馈量中只含交流成分,称为交流反馈。在集成运放反馈电路中,往往是两者兼有。直流负反馈的主要作用是稳定静态工作点;交流负反馈则影响电路的动态性能。

(3) 电压反馈和电流反馈

按照反馈量在放大电路输出端取样方式的不同,可分为电压反馈和电流反馈。如果反馈量取自输出电压,称为电压反馈;如果反馈量取自输出电流,则称为电流反馈。

(4) 串联反馈和并联反馈

按照反馈信号与输入信号在输入回路中叠加形式的不同,可以分为串联反馈和并联反馈。

以上提出了几种常见的反馈分类方法。除此之外,反馈还可以按其他方面分类。例如,在多级放大电路中,可以分为局部反馈(本级反馈)和级间反馈;又如在差动放大电路中,可以分为差模反馈和共模反馈等,此处不再一一列举。

5.1.3　反馈类型的判断方法

正确判断电路中反馈的类别,是研究反馈电路的前提条件。根据反馈的概念以及各类反馈的定义,可总结出反馈类型判别的基本方法。

1. 正、负反馈的判断

判断正、负反馈,一般用瞬时极性法。具体方法如下:

(1) 首先假设输入信号某一时刻的瞬时极性为正(用"+"表示)或负(用"-"表示),"+"号表示该瞬间信号有增大的趋势,"-"则表示有减小的趋势。

(2) 根据输入信号与输出信号的相位关系,逐步推断电路有关各点此时的极性,最终确定输出信号和反馈信号的瞬时极性。

(3) 再根据反馈信号与输入信号的连接情况,分析净输入量的变化,如果反馈信号使净输入量增强,即为正反馈,反之为负反馈。

例 5.1 试判断图 5.4 所示电路中引入的是正反馈还是负反馈。

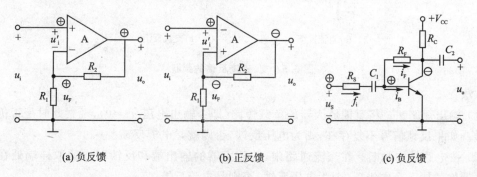

(a) 负反馈　　　　　　　(b) 正反馈　　　　　　　(c) 负反馈

图 5.4　例 5.1 用图

解:图(a)所示电路中,假设集成运放同相输入端输入信号 u_i 瞬时极性为"+",因而输出电压 u_o 的极性对地为"+",u_o 通过电阻 R_2 在电阻 R_1 上产生的反馈电压 u_F 的极性对地也为"+",所以净输入电压 u'_i 等于输入电压 u_i 减去反馈电压 u_F,即 $u'_i = u_i - u_F$,显然反馈的结果使净输入电压减小。说明该电路引入的反馈是负反馈。

图(b)所示电路中,假设集成运放反相输入端输入信号 u_i 瞬时极性为"+",因而输出电压 u_o 的极性对地为"−",u_o 通过电阻 R_2 在电阻 R_1 上产生的反馈电压 u_F 的极性对地为"−",所以净输入电压 u'_i 等于输入电压 u_i 加上反馈电压 u_F,即 $u'_i = u_i + u_F$,反馈的结果使净输入电压增加。说明此电路引入的反馈极性是正反馈。

通过以上两例可知,对于单个集成运放,若通过纯电阻网络将反馈引到反相输入端,则为负反馈;引到同相输入端,则为正反馈。

图(c)所示电路中,假设交流信号源 u_S 瞬时极性为"+",则基极电位也瞬时为"+",i_B 电流如图中虚线所示,集电极电位对地瞬时为"−",所以 u_o 在电阻 R_F 上产生的电流 i_F 有增大的趋势,而净输入电流 $i_B = i_i - i_F$,显然反馈的结果使净输入电流减小,所以此电路引入的是负反馈。

2. 交、直流反馈的判断

关于交、直流反馈的判断方法,主要看交流通路或直流通路中有无反馈通路,若存在反馈通路,必有对应的反馈。例如,图 5.5(a)所示放大电路中,只引入了直流反馈;(b)图中则只引入了交流反馈。

3. 电压、电流反馈的判断

判断电压、电流反馈主要看取样端反馈信号是取自输出电压还是输出电流。通常有两种

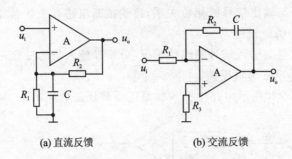

(a) 直流反馈　　　　　　　　(b) 交流反馈

图 5.5　交、直流反馈的判断

判断方法：

（1）输出短路法。将反馈放大器的负载短路（即令输出电压 $u_o=0$），观察此时是否仍有反馈信号。如果反馈信号不复存在，则为电压反馈，否则就是电流反馈。

（2）按电路结构判断。在交流通路中，若放大器的输出端和反馈网络的取样端处在同一个放大器件的同一个电极上，则为电压反馈，否则是电流反馈。

按上述方法可以判定，图 5.6(a) 所示放大电路中引入的是电压反馈，图 5.6(b) 中引入的是电流反馈。

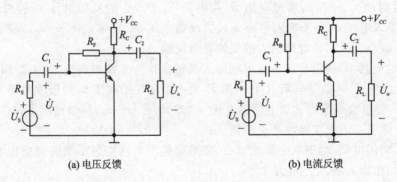

(a) 电压反馈　　　　　　　　(b) 电流反馈

图 5.6　反馈电路举例

4. 串联、并联反馈的判断

判断串、并联反馈的方法是：对于交流分量而言，如果输入信号和反馈信号分别接到同一放大器件的同一个电极上，则为串联反馈；否则为并联反馈。按此方法可以判定图 5.6(a) 放大电路中引入的是并联反馈，图 5.6(b) 中引入的是串联反馈。

5.1.4　负反馈的 4 种组态

根据以上分析可知，实际放大电路中的反馈形式是多种多样的，本章将着重分析各种形式的交流负反馈。对于交流负反馈来说，根据反馈信号在输出端取样方式以及在输入回路中叠加形式的不同,共有 4 种组态,分别是:电压串联负反馈,电压并联负反馈,电流串联负反馈、电流并联负反馈。

1. 电压串联负反馈

在图 5.7(a)所示放大电路中,输出与输入之间通过电阻 R_F 相连接,因此 R_F 便构成了反馈网络。不难看出,在输出端,反馈信号 $\dot{U}_F$ 取自输出电压 $\dot{U}_o$,在输入端,输入信号与反馈信号以电压形式叠加,由于理想运放输入电流为零,故电阻 R_2 上没有压降,于是可得净输入电压为

$$\dot{U}'_i = \dot{U}_i - \dot{U}_F$$

根据瞬时极性法,假设输入电压瞬时极性为升高,最终可判断出反馈电压也升高,即反馈电压将削弱净输入电压。综合以上分析可知,图 5.7(a)电路引入的是电压串联负反馈。

为了便于分析反馈放大电路的一般规律,通常利用方框图来表示各种组态的负反馈。电压串联负反馈组态的框图如图 5.7(b)所示。

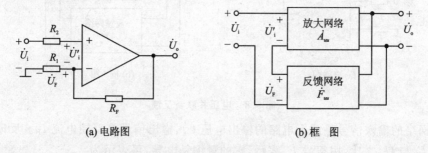

(a) 电路图　　　　　　　　　　(b) 框　图

图 5.7　电压串联负反馈

由方框图可以看出,放大网络的输入信号是净输入电压 $\dot{U}'_i$,输出信号是 $\dot{U}_o$,二者均为电压信号,故其放大倍数用符号 $\dot{A}_{uu}$ 表示,称为放大网络的电压放大倍数;反馈网络的输入信号是放大电路的输出电压 $\dot{U}_o$,它的输出信号是反馈电压 $\dot{U}_F$,二者同样都是电压信号,因此反馈网络的反馈系数用符号 $\dot{F}_{uu}$ 表示。$\dot{A}_{uu}$ 和 $\dot{F}_{uu}$ 的表达式分别为

$$\dot{A}_{uu} = \frac{\dot{U}_o}{\dot{U}'_i}$$

$$\dot{F}_{uu} = \frac{\dot{U}_F}{\dot{U}_o}$$

在图 5.7(a)所示放大电路中,可以计算出反馈电压 $\dot{U}_F = \frac{R_1}{R_1 + R_F} \dot{U}_o$,所以反馈系数为 $\dot{F}_{uu} = \frac{\dot{U}_F}{\dot{U}_o} = \frac{R_1}{R_1 + R_F}$。

2. 电压并联负反馈

图 5.8(a)所示放大电路中,在输出端,反馈信号 $\dot{I}_F$ 从放大电路的输出电压 $\dot{U}_o$ 取样,在输入端,输入信号与反馈信号以电流形式叠加,即净输入电流 $\dot{I}'_i$ 等于

$$\dot{I}'_i = \dot{I}_i - \dot{I}_F$$

根据瞬时极性法,设输入电压瞬时极性为升高,最终可判断出反馈电流有增大的趋势,这将削弱净输入电流。综合以上分析可知,图 5.8(a)电路引入的是电压并联负反馈。

电压并联负反馈的框图如图 5.8(b)所示。放大网络的输入信号是净输入电流 $\dot{I}'_i$,输出信号是放大电路的输出电压 $\dot{U}_o$,它的放大倍数用符号 $\dot{A}_{ui}$ 表示,其表达式为

$$\dot{A}_{ui} = \frac{\dot{U}_o}{\dot{I}'_i}$$

由上式可知,$\dot{A}_{ui}$ 的量纲是电阻,故称为放大网络的转移电阻。

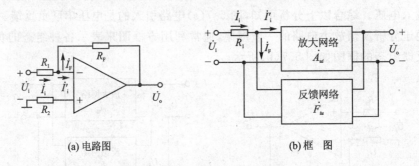

(a) 电路图　　　　　　　　　(b) 框　图

图 5.8　电压并联负反馈

反馈网络的输入信号是放大电路的输出电压 $\dot{U}_o$,输出信号是反馈电流 $\dot{I}_F$。反馈网络的反馈系数为 $\dot{I}_F$ 与 $\dot{U}_o$ 之比,用符号 $\dot{F}_{iu}$ 表示,它的量纲是电导,可表示为

$$\dot{F}_{iu} = \frac{\dot{I}_F}{\dot{U}_o}$$

在图 5.8(a)所示放大电路中,可以计算出反馈电流 $\dot{I}_F \approx -\dfrac{\dot{U}_o}{R_F}$,所以反馈系数为 $\dot{F}_{iu} = \dfrac{\dot{I}_F}{\dot{U}_o} \approx -\dfrac{1}{R_F}$。

3. 电流串联负反馈

在图 5.9(a)所示放大电路中,不难看出,反馈电压 $\dot{U}_F = \dot{I}_o R_F$,即反馈电压与输出电流成正比。而在放大电路的输入端,外加输入信号与反馈信号以电压形式叠加,叠加的结果使净输入电压为 $\dot{U}'_i = \dot{U}_i - \dot{U}_F$,根据瞬时极性法不难判断出反馈电压将削弱净输入电压。因此,图 5.9(a)所示反馈组态为电流串联负反馈。

电流串联负反馈的方框图如图 5.9(b)所示。放大网络的输入信号是净输入电压 $\dot{U}'_i$,输出信号是放大电路的输出电流 $\dot{I}_o$,因此其放大倍数用符号 $\dot{A}_{iu}$ 表示,$\dot{A}_{iu}$ 的量纲是电导,称为放大网络的转移电导,其表达式为

$$\dot{A}_{iu} = \frac{\dot{I}_o}{\dot{U}'_i}$$

反馈网络的输入信号是放大电路的输出电流 $\dot{I}_o$,输出信号是反馈电压 $\dot{U}_F$,反馈系数等于 $\dot{U}_F$ 与 $\dot{I}_o$ 之比,用符号 $\dot{F}_{ui}$ 表,量纲为电阻,其表达式为

$$\dot{F}_{ui} = \frac{\dot{U}_F}{\dot{I}_o}$$

在图 5.9(a)电路中,反馈电压 $\dot{U}_F = \dot{I}_o R_F$,则反馈系数为 $\dot{F}_{ui} = \frac{\dot{U}_F}{\dot{I}_o} = R_F$。

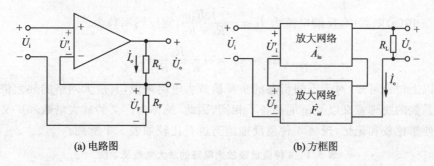

图 5.9 电流串联负反馈

4. 电流并联负反馈

在图 5.10(a)所示放大电路中,反馈信号从放大电路输出端的电流 $\dot{I}_o$ 取样。而在输入端,反馈信号与外加输入信号以电流形式叠加,净输入电流为 $\dot{I}'_i = \dot{I}_i - \dot{I}_F$。根据瞬时极性法,设输入电压的瞬时极性为升高,最终可判断出流过 R_F 的反馈电流将增大,这将削弱净输入电流。可见,电路中引入的反馈是电流并联负反馈。

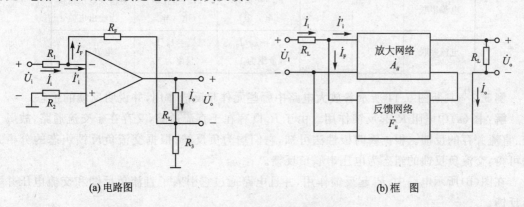

图 5.10 电流并联负反馈

电流并联负反馈的框图如图 5.10(b)所示。放大网络的输入信号是净输入电流 $\dot{I}'_i$,输出信号是放大电路的输出电流 $\dot{I}_o$,放大网络的放大倍数用符号 $\dot{A}_{ii}$ 表示,称为放大网络的电流放大倍数,其表达式为

$$\dot{A}_{ii} = \frac{\dot{I}_o}{\dot{I}_i}$$

反馈网络的输入信号是放大电路的输出电流 $\dot{I}_o$，输出信号是反馈电流 $\dot{I}_F$，反馈系数等于 $\dot{I}_F$ 与 $\dot{I}_o$ 之比，用符号 $\dot{F}_{ii}$ 表示，$\dot{F}_{ii}$ 量纲为 1，其表达式为

$$\dot{F}_{ii} = \frac{\dot{I}_F}{\dot{I}_o}$$

在图 5.10(a)电路中，反馈电流为 $\dot{I}_F \approx -\dfrac{\dot{I}_o R_3}{R_3+R_F}$，则反馈系数为

$$\dot{F}_{ii} = \frac{\dot{I}_F}{\dot{I}_o} \approx -\frac{R_3}{R_3+R_F}$$

根据以上讨论可知，对于不同组态的负反馈放大电路来说，其放大网络的放大倍数和反馈网络反馈系数的物理意义以及量纲都各不相同，因此，统称为广义的放大倍数和广义的反馈系数。为了便于比较和记忆，现将 4 种负反馈组态进行比较如表 5.1 所列。

表 5.1 4 种负反馈放大电路的放大倍数及功能

组态	$\dot{X}_i$	$\dot{X}_o$	$\dot{F}$（量纲）	$\dot{A}$（量纲）	功 能
电压串联	$\dot{U}_i$	$\dot{U}_o$	$\dot{F}_{uu}=\dot{U}_F/\dot{U}_o$（量纲为 1）	$\dot{A}_{uu}=\dot{U}_o/\dot{U}_i$（量纲为 1）	电压放大
电压并联	$\dot{I}_i$	$\dot{U}_o$	$\dot{F}_{iu}=\dot{I}_F/\dot{U}_o$（电导）	$\dot{A}_{ui}=\dot{U}_o/\dot{I}_i$（电阻）	将输入电流转换为输出电压
电流串联	$\dot{U}_i$	$\dot{I}_o$	$\dot{F}_{ui}=\dot{U}_F/\dot{I}_o$（电阻）	$\dot{A}_{iu}=\dot{I}_o/\dot{U}_i$（电导）	将输入电压转换为输出电流
电流并联	$\dot{I}_i$	$\dot{I}_o$	$\dot{F}_{ii}=\dot{I}_F/\dot{I}_o$（量纲为 1）	$\dot{A}_{ii}=\dot{I}_o/\dot{I}_i$（量纲为 1）	电流放大

例 5.2 判断图 5.11 所示各放大电路中哪些元件起反馈作用，并说明反馈的组态。

解：图(a)中电阻 R_E 起反馈作用。由于 R_E 既存在于直流通路，又存在于交流通路，故属于交、直流并存的反馈。根据瞬时极性法可知，它们均为负反馈；根据交流负反馈组态的分析方法可得，交流负反馈的组态为电压串联负反馈。

在图(b)所示电路中，R_B 起反馈作用，并且电路通过它引入了直流负反馈和交流电压并联负反馈。

与图(b)所示电路相同，在图(c)所示电路中，R_B 起反馈作用，引入了直流负反馈和交流电流并联负反馈。

在(d)所示电路中，R 起反馈作用，引入了交流电流串联负反馈。

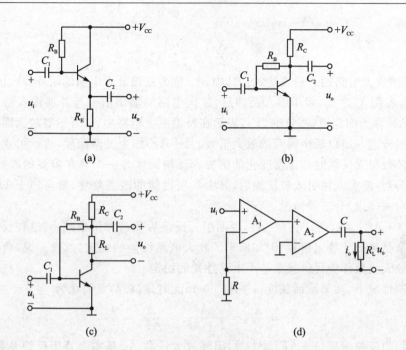

图 5.11 例 5.2 用图

5.2 反馈的一般表达式和近似估算法

5.2.1 反馈的一般表达式

为了便于深入研究放大电路中反馈的一般规律,将各种不同极性、不同组态的反馈,用一个统一的方框图来表示,如图 5.2 所示。

方框图中各物理量的含义前面已经作了说明。现在来分析引入反馈后放大电路中各变量之间的关系。由图可见,放大网络的放大倍数(开环放大倍数)$\dot{A}$ 和反馈网络的反馈系数 $\dot{F}$ 分别为

$$\dot{A} = \frac{\dot{X}_o}{\dot{X}'_i} \tag{5.1}$$

$$\dot{F} = \frac{\dot{X}_F}{\dot{X}_o} \tag{5.2}$$

净输入信号为

$$\dot{X}'_i = \dot{X}_i - \dot{X}_F \tag{5.3}$$

由以上三个表达式,可推出输出信号

$$\dot{X}_o = \dot{A}\dot{X}'_i = \dot{A}(\dot{X}_i - \dot{X}_F) = \dot{A}(\dot{X}_i - \dot{F}\dot{X}_o)$$

整理上式可得

$$\dot{A}_F = \frac{\dot{X}_o}{\dot{X}_i} = \frac{\dot{A}}{1+\dot{A}\dot{F}} \tag{5.4}$$

式(5.4)是反馈放大电路的一般表达式。其中,$\dot{A}_F$ 称为反馈放大电路的闭环放大倍数,它是输出量 $\dot{X}_o$ 与输入量 $\dot{X}_i$ 之比,表示引入反馈后,放大电路的输出信号与外加输入信号之间总的放大倍数。$\dot{A}\dot{F}$ 称为回路增益,量纲为 1,表示在反馈放大电路中,信号沿着放大网络和反馈网络组成的环路传递一周以后所得到的放大倍数。$1+\dot{A}\dot{F}$ 称为反馈深度,表示引入反馈后放大电路的放大倍数与无反馈时相比所变化的倍数。反馈深度是一个非常重要的参数,通过后面的分析将会看到,放大电路引入负反馈后,其中各项性能的改善程度,皆与 $|1+\dot{A}\dot{F}|$ 的大小有关。下面针对式(5.4)分三种情况进行讨论:

(1) 若 $|1+\dot{A}\dot{F}|>1$,则 $|\dot{A}_F|<|\dot{A}|$,说明引入反馈后使放大倍数减小,这种反馈称为负反馈。负反馈虽然降低了放大倍数,但却换来了放大电路性能的稳定,也就是说,负反馈放大电路是以牺牲放大倍数作为代价换来整个电路性能的稳定。

在负反馈情况下,如果反馈深度 $|1+\dot{A}\dot{F}|\gg 1$,此时式(5.4)可简化为

$$\dot{A}_F = \frac{\dot{X}_o}{\dot{X}_i} = \frac{\dot{A}}{1+\dot{A}\dot{F}} \approx \frac{\dot{A}}{\dot{A}\dot{F}} = \frac{1}{\dot{F}} \tag{5.5}$$

式(5.5)表明,当反馈深度 $|1+\dot{A}\dot{F}|\gg 1$ 时,闭环放大倍数 $\dot{A}_F$ 基本上等于反馈系数 $\dot{F}$,而与放大电路的放大倍数 $\dot{A}$ 几乎无关,这种反馈称为深度负反馈。当电路引入深度负反馈时,即使由于温度等因素变化而导致放大网络的放大倍数 $\dot{A}$ 发生变化,只要反馈系数 $\dot{F}$ 一定,就能保证闭环放大倍数 $\dot{A}_F$ 稳定,这是深度负反馈放大电路的一个突出优点。实际在设计放大电路时,为了提高稳定性,往往选用开环电压增益 A_{od} 很高的集成运放,以便引入深度负反馈。

(2) 若 $|1+\dot{A}\dot{F}|<1$,则 $|\dot{A}_F|>|\dot{A}|$,即引入反馈后放大倍数比原来增大,因此这种反馈称为正反馈。正反馈虽然可以提高增益,但使放大电路的性能不稳定,所以很少使用。

(3) 若 $|1+\dot{A}\dot{F}|=0$,即 $\dot{A}\dot{F}=-1$,则 $|\dot{A}_F|\rightarrow\infty$。说明当 $\dot{X}_i=0$ 时,$\dot{X}_o\neq 0$,此时放大电路虽然没有外加输入信号,但有一定的输出信号。放大电路的这种状态称为自激振荡。当反馈放大电路发生自激振荡时,输出信号将不受输入信号的控制,也就是说,放大电路失去了放大作用。但是,有时为了产生正弦波或其他波形信号,有意识地在放大电路中引入一个正反馈,并使之满足自激振荡的条件。关于这方面的知识将在本书第 7 章进行介绍。

5.2.2 深度负反馈放大电路电压放大倍数的估算

1. 估算方法及依据

(1) 利用关系式 $\dot{A}_F\approx 1/\dot{F}$ 估算闭环电压放大倍数

前面已经介绍过,对于深度负反馈,由于 $|1+\dot{A}\dot{F}|\gg 1$,所以闭环电压放大倍数计算如下:

$$\dot{A}_F \approx \frac{1}{\dot{F}} \tag{5.6}$$

式(5.6)表明,在深度负反馈条件下,闭环放大倍数 $\dot{A}_F$ 近似等于反馈系数 $\dot{F}$ 的倒数,因此,只要求出 $\dot{F}$,即可得到 $\dot{A}_F$。

但是,式(5.6)中 $\dot{A}_F$ 是广义的放大倍数,其含义和量纲与反馈组态有关(见表 5.1),并非专指电压放大倍数。也就是说,运用式(5.6)估算闭环电压放大倍数是有条件的。只有当负反馈组态是电压串联时,式(5.6)中的 $\dot{A}_F$ 才代表闭环电压放大倍数,此时该式可表示为

$$\dot{A}_{uuF} \approx \frac{1}{\dot{F}_{uu}} \tag{5.7}$$

也就是说,只有在电压串联组态情况下,方可利用式(5.7)直接估算深度负反馈放大电路的闭环电压放大倍数。

(2) 利用关系式 $\dot{X}_i \approx \dot{X}_F$ 估算闭环电压放大倍数

对于电压串联负反馈以外的其他三种反馈组态,即电压并联式、电流串联式、电流并联式负反馈,由表 5.1 可知,式(5.6)中的 $\dot{A}_F$ 分别应是 $\dot{A}_{uiF}$、$\dot{A}_{iuF}$ 和 $\dot{A}_{iiF}$,它们的物理意义分别表示负反馈放大电路的闭环转移电阻、闭环转移电导和闭环电流放大倍数。因此,对于这三种组态的负反馈放大电路,如果利用式(5.6),则分别求出 $\dot{A}_{uiF}$、$\dot{A}_{iuF}$ 和 $\dot{A}_{iiF}$ 后再需经过转换才能得到闭环电压放大倍数 $\dot{A}_{uuF}$。此时,可根据深度负反馈的特点,采用更加简捷的估算方法。

由于 $\dot{A}_F = \dot{X}_o / \dot{X}_i$,$\dot{F} = \dot{X}_F / \dot{X}_o$,由 $\dot{A}_F \approx 1/\dot{F}$ 即可得到 $\dot{X}_i \approx \dot{X}_F$;根据 $\dot{X}'_i = \dot{X}_i - \dot{X}_F$,可得净输入信号 $\dot{X}'_i \approx 0$。

上述结论说明:

① 对于深度串联负反馈电路,净输入电压近似为 0,即可认为

$$\dot{U}_i \approx \dot{U}_F \tag{5.8}$$

② 对于深度并联负反馈电路,净输入电流近似为 0,即可认为

$$\dot{I}_i \approx \dot{I}_F \tag{5.9}$$

由此可知,在估算闭环电压放大倍数之前,首先需判断负反馈组态是串联还是并联负反馈,以便在式(5.8)和(5.9)中选择其中一个,再根据放大电路的实际情况,列出 $\dot{U}_i$ 和 $\dot{U}_F$(或 $\dot{I}_i$ 和 $\dot{I}_F$)的表达式,然后直接估算出闭环电压放大倍数。

2. 计算举例

例 5.3 假设图 5.12 中的集成运放均为理想运放,并设各电路均满足深度负反馈条件,试估算各电路的闭环电压放大倍数。

解:为了估算闭环电压放大倍数,首先应判断各电路的组态。

图(a)电路引入的是电压并联负反馈。在深度负反馈条件下可得 $\dot{I}_i \approx \dot{I}_F$。又因电路引入的是深度负反馈,故运放工作在线性状态,满足"虚短"和"虚断"两个特点,可认为其反相输入端的电压等于零,则由电路可分别求得

$$\dot{I}_i = \frac{\dot{U}_i}{R_1}$$

$$\dot{I}_\mathrm{F} = -\frac{\dot{U}_\mathrm{o}}{R_\mathrm{F}}$$

由于 $\dot{I}_\mathrm{i} \approx \dot{I}_\mathrm{F}$，可得

$$-\frac{\dot{U}_\mathrm{o}}{R_\mathrm{F}} = \frac{\dot{U}_\mathrm{i}}{R_1}$$

则闭环电压放大倍数为

$$\dot{A}_{uuF} = \frac{\dot{U}_\mathrm{o}}{\dot{U}_\mathrm{i}} \approx -\frac{R_\mathrm{F}}{R_1} = -\frac{2.2}{20} = -0.11$$

图 5.12(b) 电路中引入的是电压串联负反馈。可先求出反馈系数 $\dot{F}_{uu}$，然后根据式(5.7)直接估算闭环电压放大倍数。由电路可以看出

$$\dot{U}_\mathrm{F} = \frac{R_3}{R_2 + R_3}\dot{U}_\mathrm{o}$$

故

$$\dot{F}_{uu} = \frac{\dot{U}_\mathrm{F}}{\dot{U}_\mathrm{o}} = \frac{R_3}{R_2 + R_3}$$

所以

$$\dot{A}_{uuF} \approx \frac{1}{\dot{F}_{uu}} = 1 + \frac{R_2}{R_3} = 1 + \frac{3}{2} = 2.5$$

图 5.12(c) 电路中引入的是电流并联负反馈。在深度负反馈条件下，可认为 $\dot{I}_\mathrm{i} \approx \dot{I}_\mathrm{F}$。由电路图可得

$$\dot{I}_\mathrm{i} \approx \frac{\dot{U}_\mathrm{S}}{R_\mathrm{S}}$$

$$\dot{I}_\mathrm{F} \approx \frac{R_{E2}}{R_{E2} + R_\mathrm{F}}\dot{I}_{E2}$$

由于 $\dot{I}_\mathrm{i} \approx \dot{I}_\mathrm{F}$，故

$$\frac{R_{E2}}{R_{E2} + R_\mathrm{F}}\dot{I}_{E2} \approx \frac{\dot{U}_\mathrm{S}}{R_\mathrm{S}}$$

则

$$\dot{U}_\mathrm{S} \approx \frac{R_{E2}R_\mathrm{S}}{R_{E2} + R_\mathrm{F}}\dot{I}_{E2}$$

而

$$\dot{U}_\mathrm{o} = \dot{I}_{C2}R_{C2}$$

所以闭环电压放大倍数为

$$\dot{A}_{uuF} = \frac{\dot{U}_\mathrm{o}}{\dot{U}_\mathrm{S}} \approx \frac{\dot{I}_{C2}R_{C2}(R_{E2} + R_\mathrm{F})}{R_{E2}R_\mathrm{S}\dot{I}_{E2}} \approx \frac{R_{C2}(R_{E2} + R_\mathrm{F})}{R_{E2}R_\mathrm{S}}$$

图 5.12(d) 电路中负反馈组态为电流串联式，故 $\dot{U}_\mathrm{i} \approx \dot{U}_\mathrm{F}$。由电路图可得

$$\dot{U}_\mathrm{F} = \dot{I}_\mathrm{E}R_{E1} \approx \dot{I}_\mathrm{C}R_{E1} \approx \dot{U}_\mathrm{i}$$

而

$$\dot{U}_\mathrm{o} = -\dot{I}_\mathrm{C}R'_\mathrm{L}$$

其中

$$R'_L = R_C \mathbin{/\mkern-6mu/} R_L$$

所以电压放大倍数为

$$\dot{A}_{uuF} = \frac{\dot{U}_o}{\dot{U}_i} \approx \frac{-\dot{I}_C R'_L}{\dot{I}_C R_{E1}} = -\frac{R'_L}{R_{E1}}$$

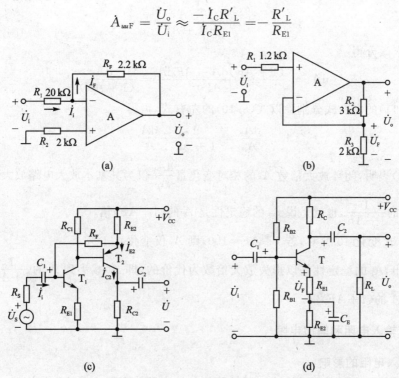

图 5.12　例 5.3 用图

5.3　负反馈对放大电路性能的影响

放大电路引入负反馈虽然降低了放大倍数，但却能改善多方面的性能，如稳定放大倍数、改变输入/输出电阻、展宽频带、减小非线性失真等。

5.3.1　稳定放大倍数

放大电路的放大倍数可能由于种种原因而发生变化，比如器件更换或老化、环境温度变化、电源电压波动、负载变化等因素；如果在放大电路中引入交流负反馈，就会大大减小这些因素对放大倍数的影响，从而使放大倍数得到稳定。

当放大电路引入深度负反馈时，闭环电压放大倍数 $A_F \approx 1/F$，几乎仅取决于反馈网络，而反馈网络通常由无源元件电阻组成，因而可获得很好的稳定性。那么，就一般情况而言，是否引入交流负反馈就一定使 A_F 得到稳定呢？

在中频段，$\dot{A}_F$、$\dot{A}$ 和 $\dot{F}$ 均为实数，$\dot{A}_F$ 的表达式可写成

$$A_F = \frac{A}{1+AF} \quad (5.10)$$

对式(5.10)求微分得

$$dA_F = \frac{(1+AF)dA - AF dA}{(1+AF)^2} = \frac{dA}{(1+AF)^2} \quad (5.11)$$

用式(5.11)的左右式分别除以式(5.10)的左右式，可得

$$\frac{dA_F}{A_F} = \frac{1}{1+AF} \cdot \frac{dA}{A} \quad (5.12)$$

式(5.12)表明，闭环放大倍数 A_F 的相对变化量 $\frac{dA_F}{A_F}$ 仅为其基本放大电路放大倍数 A 的相对变化量 $\frac{dA}{A}$ 的 $\frac{1}{1+AF}$，也就是说 A_F 的稳定性是 A 的 $(1+AF)$ 倍。

例如，当 A 变化 10% 时，若 $1+AF=100$，则 A_F 仅变化 0.1%。

应当指出，A_F 的稳定性是以损失放大倍数为代价的，即 A_F 减小到 A 的 $\frac{1}{1+AF}$，才使其稳定性提高到 A 的 $(1+AF)$ 倍。

5.3.2 改变输入电阻和输出电阻

1. 对输入电阻的影响

负反馈对输入电阻的影响取决于反馈网络与放大网络在输入端的连接方式。

(1) 引入串联负反馈，增大输入电阻

在图 5.13(a)所示串联负反馈放大电路的输入回路中，根据输入电阻的定义，放大网络的输入电阻 $R_i = U'_i / I_i$，而整个电路的输入电阻

$$R_{iF} = \frac{U_i}{I_i} = \frac{U'_i + U_F}{I_i} = \frac{U'_i + AFU'_i}{I_i} = (1+AF)\frac{U'_i}{I_i} = (1+AF)R_i \quad (5.13)$$

式(5.13)即为串联负反馈放大电路输入电阻的表达式。可以看出，引入串联负反馈后，输入电阻将增大到原来的 $(1+AF)$ 倍。

(2) 引入并联负反馈，减小输入电阻

在图 5.13(b)所示并联负反馈放大电路的输入回路中，根据输入电阻的定义，放大网络的输入电阻 $R_i = U_i / I'_i$，而整个电路的输入电阻

$$R_{iF} = \frac{U_i}{I_i} = \frac{U_i}{I'_i + I_F} = \frac{U_i}{I'_i + AFI'_i} = \frac{1}{1+AF} \cdot \frac{U_i}{I'_i} = \frac{1}{1+AF} R_i \quad (5.14)$$

由此可见，引入并联负反馈后，输入电阻减小到原来的 $\frac{1}{1+AF}$。理想情况下，即 $(1+AF)\to$

∞时,串联负反馈放大电路的输入电阻趋于无穷大,并联负反馈放大电路的输入电阻趋于零。

必须指出,负反馈对输入电阻的影响,仅限于影响反馈环内的电阻,而反馈环以外的电阻不受影响。

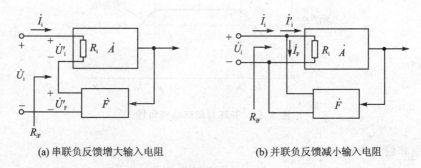

(a) 串联负反馈增大输入电阻　　　　　(b) 并联负反馈减小输入电阻

图 5.13　交流负反馈对输入电阻的影响

2. 对输出电阻的影响

放大电路的输出电阻是从放大器输出端看进去的等效电源的内阻。负反馈对输出电阻的影响取决于反馈网络在放大电路输出端的取样方式。当电路引入电压负反馈时,反馈取自于输出电压,并且能稳定输出电压,使其趋于一恒压源,输出电阻很小。可以证明,这时的输出电阻是无反馈时输出电阻的 $1/(1+AF)$。当电路引入电流负反馈时,反馈取自于输出电流,并且稳定输出电流,使其趋于一恒流源,输出电阻很大。可以证明,这时的输出电阻是无反馈时输出电阻的 $(1+AF)$ 倍。详细推导过程可参考有关书籍。

在理想情况下,即 $(1+AF) \to \infty$ 时,电压负反馈放大电路的输出电阻趋于零,电流负反馈放大电路的输出电阻趋于无穷大。

5.3.3　展宽频带

在放大电路中,由于三极管结电容的存在,使得高频时的放大倍数下降;而在阻容耦合放大电路中,由于耦合电容和旁路电容的存在,将使低频时的放大倍数下降。电路引入交流负反馈后,使放大倍数得到稳定,它可以减小由于各种原因,包括信号频率变化所造成的放大倍数的变化。当输入信号幅值一定时,若频率变化使得输出信号下降,则反馈信号就相应减小,因而使得放大电路的净输入信号与中频时相比有所提高,所以使得输出信号回升;于是通频带得以展宽。

在通常情况下,放大电路的增益带宽积为一常数,即

$$A_F(f_{HF} - f_{LF}) = A(f_H - f_L)$$

一般情况下, $f_H \gg f_L$,所以 $A_F f_{HF} \approx A f_H$,这表明,引入负反馈后,电压放大倍数下降几分之一,通频带就展宽几倍。可见,引入负反馈可以展宽通频带,但这是以降低放大倍数为代价的,图 5.14 即表示这种关系。

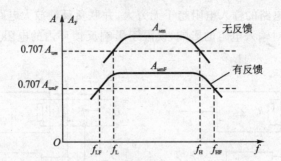

图 5.14 开环与闭环幅频特性

5.3.4 减小非线性失真

三极管的输入特性输出特性均是非线性的,只有在小信号输入时才可近似作线性处理。当输入信号较大时,有可能使电路进入非线性区,使输出波形产生非线性失真。利用负反馈可以有效地改善放大电路的非线性失真。

在图 5.15(a)所示电路中,放大电路无反馈,当输入信号为正弦波时,由于放大电路的非线性,使输出信号幅值出现上大下小、正半周与负半周不对称的失真波形。但是,当电路中引入负反馈后,由于反馈信号取自输出信号,所以也呈上大下小的波形,这样,净输入信号就会呈现上小下大的波形(因为净输入信号 $x'_i = x_i - x_f$),如图 5.15(b)所示;经过放大电路非线性的校正,使得输出信号幅值正、负半周趋于对称,近似为正弦波,即改善了输出波形。可以证明,在输出信号基波不变的情况下,引入负反馈后,电路的非线性失真减小到原来的 $\frac{1}{1+AF}$。

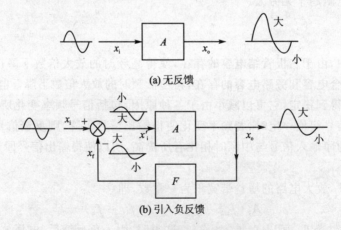

图 5.15 利用负反馈减小非线性失真

5.4 负反馈放大电路的自激振荡及消除方法

前面已提到,反馈深度愈大,对放大电路性能改善就愈明显。但是,反馈深度过大将引起放大电路产生自激振荡。产生自激振荡时,即使放大电路输入端不加信号,其输出端也有一定频率和幅度的输出波形,这就破坏了正常的放大功能,故放大电路应避免产生自激振荡。

5.4.1 产生自激振荡的原因及条件

对式(5.4)$\left(\text{即 } \dot{A}_F = \dfrac{\dot{X}_o}{\dot{X}_i} = \dfrac{\dot{A}}{1+\dot{A}F}\right)$的讨论可知,当$|1+\dot{A}F|=0$,即$\dot{A}F=-1$时,则$|\dot{A}_F|\to\infty$,此时即使无信号输入,也有输出波形,即产生了自激振荡。产生的原因是由于电路中存在多级RC回路,因此,放大电路的放大倍数和相位移将随频率而变化。每一级RC回路,最大相移为$\pm 90°$。而前面讨论的负反馈,是指在中频信号时,反馈信号与输入信号极性相反,削弱了净输入信号。但当频率变高或变低时,输出信号和反馈信号将产生附加相移。若附加相移达到$\pm 180°$,则反馈信号与输入信号将变成同相,增强了净输入信号,反馈电路变成正反馈。当反馈信号加强,使反馈信号大于净输入信号时,此时就是去掉输入信号也有信号输出。

因此,产生自激振荡的条件为负反馈变为正反馈,且负反馈信号足够大。公式$1+\dot{A}F=0$可写成

$$\dot{A}F = -1 \tag{5.15}$$

式(5.15)即为负反馈放大电路产生自激振荡的条件。它含有幅值和相位两个条件:

$$|\dot{A}F| = 1 \tag{5.16}$$

$$\arg\dot{A}F = \pm(2n+1)\pi \quad (n \text{ 为整数}) \tag{5.17}$$

式(5.16)为幅值条件,说明净输入量的幅值等于反馈量的幅值;式(5.17)为相位条件,表明相位关系在相加点的极性从"一"变为"+"。

从式(5.16)、(5.17)可以判断出单级负反馈放大电路是稳定的,不会产生自激振荡,因为其最大附加相移不可能超过90°。两级反馈电路也不会产生自激,因为当附加相移为$\pm 180°$时,相应的$|\dot{A}F|=0$,振幅条件不满足。而当出现三级以上反馈电路时,则容易产生自激振荡。故在深度负反馈时,必须采取措施破坏其自激条件。

5.4.2 自激振荡的判断方法

自激振荡的判断方法是,首先看相位条件,只有相位条件满足了,绝大多数情况下,只要$|\dot{A}F|\geqslant 1$,放大器将产生自激。如相位条件不满足,则肯定不自激。

一般可根据环路增益$\dot{A}F$的频率特性是否同时满足式(5.16)和式(5.17)所示条件,来判断一个负反馈放大电路是否会产生自激振荡。分析如下:

由自激条件可知,当相位条件满足附加相移 $\varphi=\pm180°$、$|\dot{A}\dot{F}|<1$ 时,即 $20\lg|\dot{A}\dot{F}|\leqslant0$ dB 时,电路稳定;否则不稳定,将产生自激。图 5.16(a)和图 5.16(b)分别表示产生自激振荡和不产生自激振荡的情况。图中 f_c 为附加相移 $\varphi=180°$ 时的频率;f_0 为 $20\lg|\dot{A}\dot{F}|=0$ dB 时的频率。由图可看出,$f_c<f_0$ 时,负反馈放大电路将产生自激振荡;$f_c>f_0$ 时,负反馈放大电路不会产生自激振荡。

从工程实际的角度来看,在临界情况即当 $f_c=f_0$ 时,电路条件稍有变化,就可能使之从稳定工作状态转向不稳定的自激状态。为此,一般要求负反馈放大电路不但是稳定的,而且还要有一定的稳定余量,即所谓的"稳定裕度"。观察图 5.16(b)所示不产生自激振荡时 $\dot{A}\dot{F}$ 的频率特性,定义 f_0 时对应的幅值为幅值裕度 G_m,则

$$G_m = 20\lg|\dot{A}\dot{F}||_{f=f_0} \tag{5.18}$$

G_m 的绝对值越大表明电路越稳定。一般要求 $G_m\leqslant-10$ dB。定义频率为 f_c 时对应的附加相移为相位裕度 φ_m,则

$$\varphi_m = 180° - |\Delta\varphi(f_c)| \tag{5.19}$$

φ_m 越大,表明电路越稳定。一般要求 $\varphi_m\geqslant45°$。

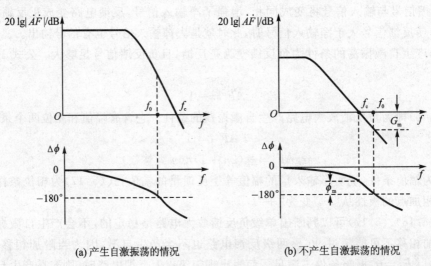

(a) 产生自激振荡的情况　　　　　　(b) 不产生自激振荡的情况

图 5.16　$\dot{A}\dot{F}$ 的频率特性

5.4.3　消除自激振荡的方法

对于一个负反馈放大电路而言,消除自激的方法就是采取措施破坏自激的幅度或相位条件。

最简单的方法是减少其反馈系数或反馈深度,使当附加相移 $\varphi_m=180°$ 时,$|\dot{A}\dot{F}|<1$。这样虽然能够达到消振的目的,但是由于反馈深度下降,不利于放大电路其他性能的改善。为此

希望采取某些措施,使电路既有足够的反馈深度,又能稳定地工作。

通常采用的措施是在放大电路中加入由 R、C 元件组成的校正电路,如图 5.17(a)、(b)、(c)所示。它们均会使高频放大倍数衰减快一些,以便当 $\varphi_m = 180°$ 时,$|\dot{A}\dot{F}| < 1$。以图 5.17(a)为例,电容 C 相当于在第一级负载两端并联,频率较高时,容抗变小,使一级放大倍数下降,从而破坏自激振荡的条件,使电路稳定工作。为了不致使高频区放大倍数下降太多,尽可能选容量小的电容。图 5.17(c)将电容接在三极管的 B、C 之间,根据密勒定理,电容的作用可增大 $|1+\dot{A}_2|$ 倍,这样,可以选用较小的电容,达到同样的消振效果。

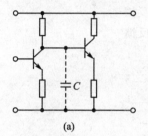
(a)
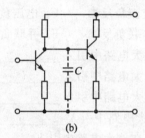
(b)
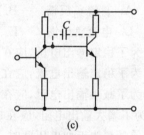
(c)

图 5.17 常用的消振电路

本章小结

反馈不仅是改善放大电路性能的重要手段,也是电子技术和自动调节原理中一个基本概念。本章首先以工作点稳定电路为例,引出反馈的基本概念,然后从 4 种常用的负反馈组态出发,阐明负反馈放大电路的表示方法、分析方法、负反馈对放大电路性能的影响以及引入负反馈的一般原则,最后讲述负反馈放大电路产生自激振荡的原因和消除自激振荡的措施。

(1) 所谓放大电路中的反馈,就是将放大电路的输出量(电压或电流)的一部分或者全部,通过一定的电路形式(反馈网络)引回到它的输入端来影响输入量(电压或电流)的连接方式。

(2) 按照不同的分类标准,反馈可分为正负反馈、交直流反馈、串并联反馈和电压电流反馈。交流负反馈有 4 种组态,分别是:电压串联负反馈、电压并联负反馈、电流串联负反馈和电流并联负反馈。

(3) 负反馈放大电路的分析计算应针对不同的情况采取不同的方法。

如为简单的负反馈放大电路,可以利用微变等效电路法进行分析计算。如为复杂的负反馈放大电路,由于实际上比较容易满足 $|1+\dot{A}\dot{F}| \gg 1$ 的条件,因此大多数属于深负反馈放大电路。本章主要介绍深负反馈放大电路闭环电压放大倍数的近似估算。

(4) 电路引入负反馈后,放大电路的许多性能得到了改善,如提高了放大电路增益的稳定性,展宽了通频带,减小了非线性失真,改变了放大电路的输入、输出电阻。而这些性能的改善都是以牺牲负反馈放大电路的放大倍数作为代价的。

(5) 负反馈放大电路在一定条件下可能转化为正反馈,甚至产生自激振荡,自激振荡的条件是 $\dot{A}\dot{F}=-1$,或分别用幅度条件和相位条件表示为 $|\dot{A}\dot{F}|=1$ 和 $\arg \dot{A}\dot{F}=\pm(2n+1)\pi$($n$ 为整数)。

习题 5

5.1 选择合适答案填入空内。

A. 直流负反馈 　　B. 交流负反馈 　　C. 电压负反馈
D. 电流负反馈 　　E. 串联负反馈 　　F. 并联负反馈

(1) 为了稳定输出电压,应在放大电路中引入_____;
(2) 为了稳定输出电流,应在放大电路中引入_____;
(3) 为了减小输出电阻,应在放大电路中引入_____;
(4) 为了增大输出电阻,应在放大电路中引入_____;
(5) 信号源为近似电压源时,应在放大电路中引入_____;
(6) 信号源为近似电流源时,应在放大电路中引入_____;
(7) 为了展宽频带,应在放大电路中引入_____;
(8) 为了稳定静态工作点,应在放大电路中引入_____。

5.2 在题图 5.1 所示各放大电路中,试说明存在哪些反馈支路,并判断哪些是正反馈,哪些是负反馈,哪些是直流反馈,哪些是交流反馈。如为交流负反馈,请判断反馈的组态。

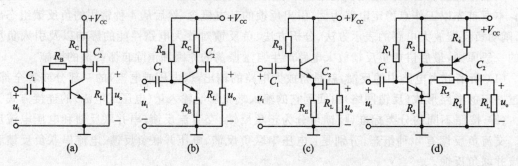

题图 5.1

5.3 在题图 5.2 所示电路中,试说明存在哪些反馈支路,并判断哪些是正反馈,哪些是负反馈,哪些是直流反馈,哪些是交流反馈。如为交流负反馈,请判断反馈的组态。

5.4 在题图 5.3 电路中:
(1) 电路中共有哪些反馈(包括级间反馈和局部反馈),分别说明它们的极性和组态。
(2) 如果要求 R_{F1} 只引入交流反馈,R_{F2} 只引入直流反馈,应该如何改变?请画在图上。
(3) 在第(2)小题情况下,上述两路反馈各对电路产生什么影响?

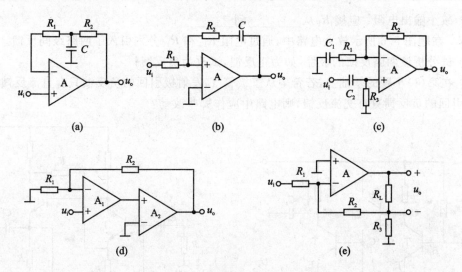

题图 5.2

5.5 在题图 5.4 电路中,为了实现下列要求,试说明应分别引入何种级间反馈,从哪一点到哪一点。请画在图上,并在反馈支路上分别注明①、②、③。

(1) 提高输入电阻;
(2) 稳定输出级电流;
(3) 仅稳定各级静态工作点,但不改变 A_u、R_i、R_o 等动态指标。

在上述第一小题的情况下,假设满足深负反馈条件,为了得到闭环电压放大倍数 $A_{usF} = 20$,反馈支路的电阻 R_{F1} 应为多大?

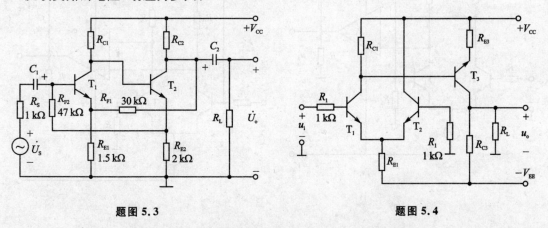

题图 5.3   题图 5.4

5.6 在题图 5.5 电路中,要求达到以下效果,应该引入什么反馈?
(1) 提高从 B_1 点看进去的输入电阻:应接 R_F 从_____到_____;

(2) 减小输出电阻：应接 R_F 从_____到_____；

5.7 在题图 5.6 所示放大电路中，通过电阻 R_{F1} 和 R_{F2} 分别引入了两路级间反馈。

(1) 试分析该两路反馈的极性，如为正反馈，试改为负反馈；

(2) 在第(1)小题的基础上，若希望从三极管 T_2 发射极引回的负反馈只有直流反馈，从 T_2 集电极引回的负反馈只有交流反馈，则电路中应作哪些改动？

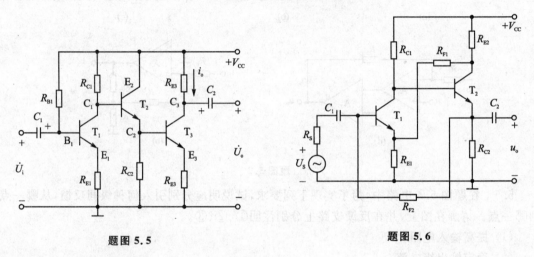

题图 5.5　　　　　　　　　　题图 5.6

5.8 试比较题图 5.7(a)和(b)所示电路中的反馈。

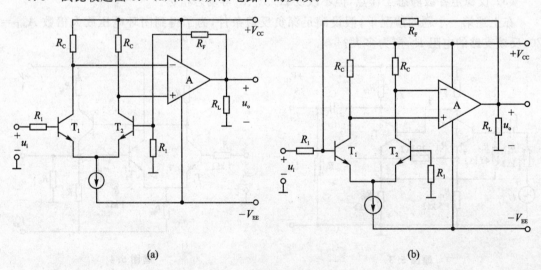

题图 5.7

(1) 分别说明两个电路中反馈的极性和组态；

(2) 分别说明上述反馈在电路中的作用；

(3) 假设两个电路中均为输入电阻 $R_1=1\text{ k}\Omega$，反馈电阻 $R_F=10\text{ k}\Omega$，试分别估算两个电路的电压放大倍数 $\dot{A}_{uuF}=\dfrac{\dot{U}_o}{\dot{U}_i}$。

5.9 在题图 5.8 所示电路中，

(1) 计算在未接入 T_3 且 $u_i=0$ 时，T_1 管的 U_{C1Q} 和 U_{EQ}（均对地）。设 $\beta_1=\beta_2=100$，$U_{BEQ1}=U_{BEQ2}=0.7\text{ V}$。

(2) 计算当 $u_i=+50\text{ mV}$ 时 U_{C1} 和 U_{C2} 各是多少？给定 $r_{be}=10.8\text{ k}\Omega$。

(3) 如接入 T_3 并通过 C_3 经 R_F 反馈到 B_2，试说明 B_3 应与 C_1 还是 C_2 相连才能实现负反馈。

(4) 在第(3)小题情况下，若 $AF\gg 1$，试计算 R_F 应是多少才能使引入负反馈后的放大倍数 $\dot{A}_{uuF}=\dfrac{\dot{U}_o}{\dot{U}_i}=10$。

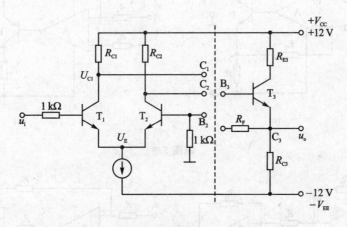

题图 5.8

5.10 在题图 5.9 所示各电路中，假设所有集成运放均为理想运放，试分别估算其电压放大倍数 $\dot{A}_{uuF}$。

5.11 试分别判断题图 5.10 所示各电路中反馈的极性和组态，如为正反馈，将其改接成为负反馈，并分别估算各电路的电压放大倍数。

5.12 选择填空：

(1) 负反馈放大电路的自激振荡产生在_____；

　　A. 中频段　　　　B. 高频段或低频段

(2) 负反馈放大电路产生自激振荡的原因是_____；

　　A. $\dot{A}\dot{F}=1$　　B. $|\dot{A}\dot{F}|>1$　　C. $\arg\dot{A}\dot{F}=\pm(2n+1)\pi$（$n$ 为整数）

(3) 阻容耦合放大电路的耦合电容和旁路电容越多，电容越容易产生_____；

　　A. 高频振荡　　　B. 低频振荡

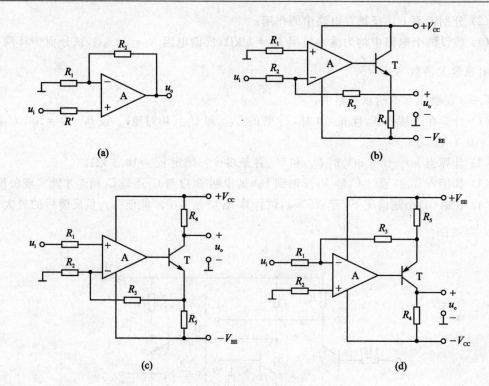

题图 5.9

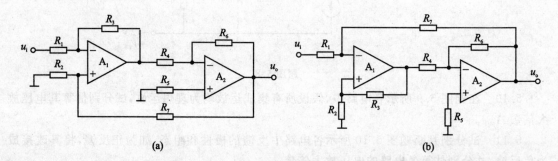

题图 5.10

第6章 集成运算放大器的应用

集成运放作为通用性器件,它的应用十分广泛。以集成运放为核心部件,在其外围加上一定形式的外接电路,即可构成各种功能的电路,例如能对信号进行加、减、微分和积分的运算电路,滤波电路,比较电路以及波形产生和变换电路等。

在第5章已经讨论过,集成运放有线性和非线性两个工作状态,因此在分析具体的集成运放应用电路时,首先判断运放工作在线性区还是非线性区,再运用线性区和非线性区的特点分析电路的工作原理。

一般而言,判断运放工作状态的最直截的方法是看电路中引入反馈的极性,若为负反馈,则工作在线性区;若为正反馈或者没有引入反馈(开环状态),则运放工作在非线性状态。

6.1 运算电路

集成运算放大器引入负反馈后,可以实现比例、加法、减法、积分、微分等数学运算功能,实现这些运算功能的电路统称为运算电路。在运算电路中,运放工作在线性区,在分析各种运算电路时,要注意其输入方式,并利用"虚短"和"虚断"的特点。

6.1.1 比例运算电路

比例运算电路的输出电压与输入电压成比例关系,即电路可以实现比例运算,它的一般表达式为

$$u_o = K u_i \tag{6.1}$$

式(6.1)中的 K 称为比例系数(实际上就是比例电路的电压放大倍数),这个比例系数可以是正值,也可以是负值,决定于输入电压的接法。

比例电路是最基本的运算电路,它是其他各种运算电路的基础。本章随后将介绍的各种运算电路,都是在比例电路的基础上,加以扩展或演变以后得到的。根据输入信号接法的不同,比例电路有3种基本形式:反相输入、同相输入以及差动输入比例电路。

1. 反相比例运算电路

图 6.1 所示为反相比例运算电路,其中输入电压 u_i 通过电阻 R_1 接入运放的反相输入端。R_F 为反馈电

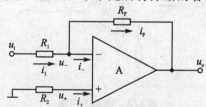

图 6.1 反向比例运算电路

阻,引入了电压并联负反馈。同相输入端电阻 R_2 接地,为保证运放输入级差动放大电路的对称性,要求 $R_2=R_1 // R_F$。

根据前面的分析,该电路的运放工作在线性区,并具有"虚短"和"虚断"的特点。由于"虚断",故 $i_+=0$,即 R_2 上没有压降,则 $u_+=0$。又因"虚短",可得

$$u_+ = u_- = 0$$

上式说明在反相比例运算电路中,集成运放的反相输入端与同相输入端两点的电位不仅相等,而且均等于零,如同该两点接地一样,这种现象称为"虚地"。虚地是反相比例运算电路的一个重要特点。

由于 $i_-=0$,则由图 6.1 可见

$$i_1 = i_F$$

即

$$\frac{u_i - u_-}{R_1} = \frac{u_- - u_o}{R_F}$$

上式中 $u_-=0$,由此可求得反相比例电路输出电压与输入电压的关系为

$$u_o = -\frac{R_F}{R_1} u_i \tag{6.2}$$

则反相比例运算电路的电压放大倍数为

$$A_{uF} = \frac{u_o}{u_i} = -\frac{R_F}{R_1} \tag{6.3}$$

式(6.3)中的负号表示输出电压与输入电压反相。若 $R_F=R_1$,则 $u_o=-u_i$,输出电压与输入电压大小相等,相位相反。这时,反相比例电路只起反相作用,称为反相器。

由于反相输入端虚地,故该电路的输入电阻为

$$R_{iF} = R_1$$

可以看出,反相比例电路的输入电阻不高,这是由于电路中接入了电压并联负反馈的缘故(并联负反馈将降低输入电阻)。

反相比例运算电路中引入了深度的电压并联负反馈,该电路输出电阻很小,具有很强的带负载能力。

例 6.1 图 6.2 所示电路为另一种反相比例运算电路,通常称为 T 形反馈网络反相比例运算电路,试求该电路的电压放大倍数。

解:利用虚短和虚断的特点可得

$$i_2 = i_1 = u_i / R_1$$

$$u_M = 0 - i_2 R_2 = -\frac{R_2}{R_1} \cdot u_i$$

$$i_3 = \frac{0 - u_M}{R_3} = \frac{R_2 u_i}{R_1 R_3}$$

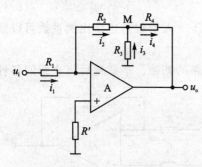

图 6.2 例 6.1 用图

电路的输出电压为

$$u_o = -i_2 R_2 - i_4 R_4 = -i_2 R_2 - (i_2 + i_3) R_4 =$$
$$-i_2(R_2 + R_4) - i_3 R_4 = -\frac{u_i}{R_1}(R_2 + R_4) - \frac{u_i}{R_1} \cdot \frac{R_2 R_4}{R_3}$$

因此,电压放大倍数为

$$A_{uF} = \frac{u_o}{u_i} = -\frac{R_2 + R_4}{R_1}\left(1 + \frac{R_2 /\!/ R_4}{R_3}\right)$$

上式表明,当 $R_3 \to \infty$ 时,电压放大倍数 A_{uF} 如式(6.2)所示。T形网络电路的输入电阻 $R_i = R_1$。若要求比例系数为 -50 且 $R_i = 100 \text{ k}\Omega$,则 R_1 应取 $100 \text{ k}\Omega$;如果 R_2 和 R_4 也取 $100 \text{ k}\Omega$,那么只要 R_3 取 $1.02 \text{ k}\Omega$,即可得到 -50 的比例系数。

因为 R_3 的引入使反馈系数减小,所以为保证足够的反馈深度,应选用开环增益更大的集成运放。

2. 同相比例运算电路

图 6.3 是同相比例运算电路,运放的反相输入端通过电阻 R_1 接地,同相输入端则通过补偿电阻 R_2 接输入信号,$R_2 = R_1 /\!/ R_F$。电路通过电阻 R_F 引入了电压串联负反馈,运放工作在线性区。同样根据"虚短"和"虚断"的特点可知

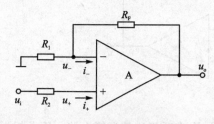

图 6.3 同相比例运算电路

$$i_+ = i_- = 0$$

故

$$u_- = \frac{R_1}{R_1 + R_F} u_o$$

而且

$$u_+ = u_- = u_i$$

由以上二式可得

$$u_o = \left(1 + \frac{R_F}{R_1}\right) u_i \tag{6.4}$$

则同相比例运算电路的电压放大倍数为

$$A_{uF} = \frac{u_o}{u_i} = \left(1 + \frac{R_F}{R_1}\right) \tag{6.5}$$

A_{uF} 的值总为正,表示输出电压与输入电压同相。另外,该比值总是大于或等于1,不可能小于1。

如果同相比例运算电路中的 $R_F = 0$,此时输出电压全部反馈到反相输入端,从式(6.4)可得输入电压 u_i 等于输出电压 u_o,而且同相,故称这一电路为电压跟随器,如图 6.4 所示。

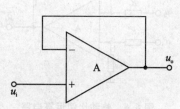

图 6.4 电压跟随器

理想运放的开环差模增益为无穷大,因而电压跟随器具有比射极输出器好得多的跟随特性。

集成电压跟随器具有多方面的优良性能。例如型号为 AD9620 的芯片,电压增益为 0.994,输入电阻为 0.8 MΩ,输出电阻为 40 Ω,带宽为 600 MHz,转换速率为 2 000 V/μs。

同相比例运算电路引入的是电压串联负反馈,具有较高的输入电阻和很低的输出电阻,这是这种电路的主要优点。

例 6.2 电路如图 6.5 所示,已知 $u_o = -55\,u_i$,其余参数如图中所标注,试求出 R_5 的值。

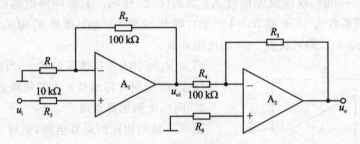

图 6.5 例 6.2 用图

解:图 6.5 所示电路中,A_1 构成同相比例运算电路,A_2 构成反相比例运算电路。因此根据式(6.4)和式(6.2)可得

$$u_{o1} = \left(1 + \frac{R_2}{R_1}\right)u_i = \left(1 + \frac{100}{10}\right)u_i = 11u_i$$

$$u_o = -\frac{R_5}{R_4}u_{o1} = -\frac{R_5}{100\,\Omega} \times 11u_i = -55u_i$$

于是可计算出电阻 $R_5 = 500$ kΩ。

3. 差动比例运算电路

前面介绍的反相和同相比例运算电路,都是单端输入放大电路,差动比例运算电路属于双端输入放大电路,其电路如图 6.6 所示。为了保证运放两个输入端对地的电阻平衡,同时为了避免降低共模抑制比,通常要求 $R_1 = R'_1, R_F = R'_F$。

在理想条件下,由于"虚短",$i_+ = i_- = 0$,利用叠加定理可求得反相输入端的电位为

$$u_- = \frac{R_F}{R_1 + R_F}u_i + \frac{R_1}{R_1 + R_F}u_o$$

而同相输入端电位为

$$u_+ = \frac{R'_F}{R'_1 + R'_F}u'_i$$

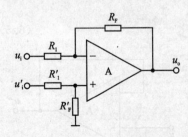

图 6.6 差动比例运算电路

因为"虚短",$u_+ = u_-$,所以

$$\frac{R_F}{R_1+R_F}u_i + \frac{R_1}{R_1+R_F}u_o = \frac{R'_F}{R'_1+R'_F}u'_i$$

当满足 $R_1=R'_1$,$R_F=R'_F$ 时,整理上式,可求得输出电压与输入电压关系式为

$$u_o = -\frac{R_F}{R_1}(u_i - u'_i) \tag{6.6}$$

所以,差动比例运算电路的电压放大倍数为

$$A_{uF} = \frac{u_o}{u_i - u'_i} = -\frac{R_F}{R_1} \tag{6.7}$$

在电路元件参数对称的条件下,差动比例运算电路的差模输入电阻为

$$R_{iF} = 2R_1$$

由以上分析可见,差动比例运算电路的输出电压与两个输入电压之差成正比,实现了差动比例运算。

例 6.3 在图 6.7 所示放大电路中,已知 $R_1=100$ kΩ,$R_2=10$ kΩ,$R_3=9.1$ kΩ,$R_4=R_6=25$ kΩ,$R_5=R_7=200$ kΩ。(1) 试分析集成运放 A_1、A_2 和 A_3 分别组成何种应用电路? (2) 列出 u_{o1}、u_{o2} 和 u_{o3} 的表达式; (3) 设 $u_{i1}=0.5$ V,$u_{i2}=0.1$ V,求输出电压 u_{o3}。

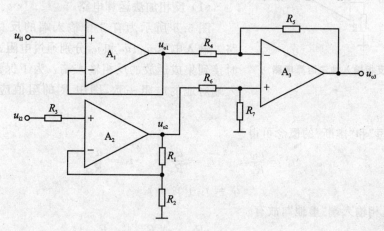

图 6.7 例 6.3 用图

解:(1) 本例中 A_1 组成电压跟随器,A_2 组成同相比例电路,A_3 组成差动比例电路。

(2)
$$u_{o1} = A_{uF1} u_{i1} = u_{i1}$$

$$u_{o2} = A_{uF2} u_{i2} = \left(1 + \frac{R_1}{R_2}\right) u_{i2} = \left(1 + \frac{100}{10}\right) u_{i2} = 11 u_{i2}$$

$$u_{o3} = -\frac{R_5}{R_4}(u_{o1} - u_{o2}) = -\frac{200}{25}(u_{i1} - 11 u_{i2}) = 88 u_{i2} - 8 u_{i1}$$

(3) 当 $u_{i1}=0.5$ V,$u_{i2}=0.1$ V 时,根据上式可得

$$u_{o3} = (88 \times 0.1 - 8 \times 0.5) \text{ V} = 4.8 \text{ V}$$

6.1.2 加减运算电路

实现多个输入信号按各自不同的比例求和或求差的电路统称为加减运算电路。若所有输入信号均作用于集成运放的同一个输入端,则实现加法运算;若一部分输入信号作用于集成运放的同相输入端,而另一部分输入信号作用于反相输入端,则实现加减运算。加减运算的一般表达式为

$$u_o = K_1 u_{i1} + K_2 u_{i2} + \cdots + K_n u_{in} \tag{6.8}$$

式(6.8)中,K_1、K_2、$\cdots$、K_n 称为比例系数,其值可正可负,但在加法电路中,K_1、K_2、$\cdots$、K_n 均为正值或均为负值。

1. 加法运算电路

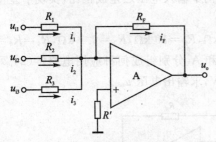

图 6.8 反相输入加法运算电路

加法运算电路的输出反映多个模拟输入信号相加的结果,它可以在比例电路的基础上加以扩展而得到。用运放实现加法运算时,可以采用反相输入方式,也可采用同相输入方式。

(1) 反相加法运算电路

图 6.8 所示为有 3 个输入端的反相加法运算电路。输入电压 u_{i1}、u_{i2} 和 u_{i3} 分别通过电阻 R_1、R_2 和 R_3 同时接到集成运放的反相输入端。为了保证运放两个输入端对地的电阻一致,图中 R' 的阻值应为 $R' = R_1 // R_2 // R_3 // R_F$。

根据"虚短"和"虚断"的概念可得

$$i_1 = \frac{u_{i1}}{R_1}, \quad i_2 = \frac{u_{i2}}{R_2}, \quad i_3 = \frac{u_{i3}}{R_3}$$

$$i_F = i_1 + i_2 + i_3$$

又因运放的反相输入端"虚地",故有

$$u_o = -i_F R_F = -\left(\frac{R_F}{R_1} u_{i1} + \frac{R_F}{R_2} u_{i2} + \frac{R_F}{R_3} u_{i3}\right) \tag{6.9}$$

式(6.9)便是 3 输入端的反相加法运算电路输出电压表达式。当 $R_1 = R_2 = R_3 = R$ 时,则变为

$$u_o = -\frac{R_F}{R}(u_{i1} + u_{i2} + u_{i3}) \tag{6.10}$$

当然,这种加法电路的输入端可以多于或少于 3 个。无论有多少个输入端,分析输出、输入关系的方法是相同的。

反相输入加法运算电路的优点是,当改变某一输入回路的电阻时,仅仅改变输出电压与该路输入电压之间的比例关系,对其他各路没有影响,因此调节比较灵活方便。另外,由于"虚地",因此加在集成运放输入端的共模电压很小。在实际工作中,反相输入方式的加法电路应

用比较广泛。

(2) 同相加法运算电路

如果将多个求和输入信号加到集成运放的同相输入端,即可构成同相加法运算电路。图 6.9 所示为有 3 个输入信号的同相加法运算电路,利用理想运放线性工作区的两个特点,可以推出输出电压与各输入电压之间的关系为

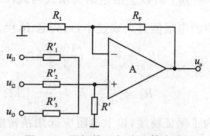

图 6.9 同相输入加法运算电路

$$u_\text{o} = \left(1 + \frac{R_\text{F}}{R_1}\right)\left(\frac{R_+}{R'_1}u_{i1} + \frac{R_+}{R'_2}u_{i2} + \frac{R_+}{R'_3}u_{i3}\right)$$

(6.11)

式(6.11)中 $R_+ = R'_1 // R'_2 // R'_3 // R'$,也就是说,$R_+$ 与接在运放同相输入端所有各路的输入电阻以及反馈电阻有关,如欲改变某一路输入电压与输出电压的比例关系,则当调节该路输入端电阻时,同时也将改变其他各路的比例关系,故常常需要反复调整,才能最后确定电路的参数,因此估算和调整的过程不太方便。另外,由于集成运放两个输入端不"虚地",所以对集成运放的最大共模输入电压的要求比较高。在实际工作中,同相加法不如反相加法电路应用广泛。

另外,同相加法电路也可由反相加法电路与反相比例电路共同实现。通过前面的分析可以看出,反相与同相加法电路的 u_o 表达式只差一个负号,因此,若在图 6.8 所示反相加法电路的基础上再加一个反相器,则可消除负号,变为同相加法电路。如图 6.10 所示,其中

$$u_{o1} = -\frac{R_\text{F}}{R_1}u_{i1} - \frac{R_\text{F}}{R_2}u_{i2} - \frac{R_\text{F}}{R_3}u_{i3}$$

$$u_\text{o} = -\frac{R_4}{R_4}u_{o1} = \frac{R_\text{F}}{R_1}u_{i1} + \frac{R_\text{F}}{R_2}u_{i2} + \frac{R_\text{F}}{R_3}u_{i3}$$

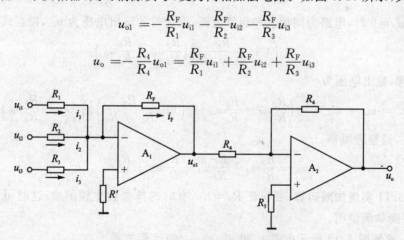

图 6.10 双运放加法运算电路

例 6.4 假设一个控制系统中的温度、压力和速度等物理量经传感器后分别转换成为模拟电压量 u_{i1}、u_{i2}、u_{i3},要求该系统的输出电压与上述各物理量之间的关系为

$$u_\text{o} = -3u_{i1} - 10u_{i2} - 0.53u_{i3}$$

现采用图 6.8 所示的反相加法电路,试选择电路中的参数以满足以上要求。

解：将以上给定的关系式与式(6.9)比较,可得 $\dfrac{R_F}{R_1}=3, \dfrac{R_F}{R_2}=10, \dfrac{R_F}{R_3}=0.53$。为了避免电路中的电阻值过大或过小,可先选 $R_F=100\ \text{k}\Omega$,则

$$R_1 = \dfrac{R_F}{3} = \left(\dfrac{100}{3}\right)\ \text{k}\Omega = 33.3\ \text{k}\Omega, \qquad R_2 = \dfrac{R_F}{10} = \left(\dfrac{100}{10}\right)\ \text{k}\Omega = 10\ \text{k}\Omega$$

$$R_3 = \dfrac{R_F}{0.53} = \left(\dfrac{100}{0.53}\right)\ \text{k}\Omega = 188.7\ \text{k}\Omega, \qquad R' = R_1 \mathbin{/\mkern-5mu/} R_2 \mathbin{/\mkern-5mu/} R_3 \mathbin{/\mkern-5mu/} R_F$$

为了保证精度,以上电阻应选用精密电阻。

2. 加减混合运算电路

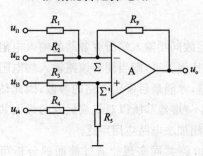

图 6.11　加减运算电路

前面介绍的差动比例运算电路实际上就是一个简单的加减运算电路。如果在差动比例运算电路的同相输入端和反相输入端各输入多个信号,就变成了一般的加减混合运算电路,如图 6.11 所示。令 $R_N = R_1 \mathbin{/\mkern-5mu/} R_2 \mathbin{/\mkern-5mu/} R_F$,$R_P = R_3 \mathbin{/\mkern-5mu/} R_4 \mathbin{/\mkern-5mu/} R_5$,取 $R_N = R_P$,使电路参数对称。利用叠加定理可方便地得到这个电路的运算关系。

当 $u_{i3} = u_{i4} = 0$ 时,$u_+ = u_- = 0$,电路为反相加法运算电路,设此时的输出电压为 u_{o1},根据式(6.9)得

$$u_{o1} = -\left(\dfrac{R_F}{R_1} u_{i1} + \dfrac{R_F}{R_2} u_{i2}\right)$$

当 $u_{i1} = u_{i2} = 0$ 时,电路为同相求和运算电路,设此时的输出电压为 u_{o2},根据式(6.11)得

$$u_{o2} = \left(1 + \dfrac{R_F}{R_1 \mathbin{/\mkern-5mu/} R_2}\right)\left(\dfrac{R_P}{R_3} u_{i3} + \dfrac{R_P}{R_4} u_{i4}\right)$$

根据叠加定理,输出电压为

$$u_o = u_{o1} + u_{o2} = -\left(\dfrac{R_F}{R_1} u_{i1} + \dfrac{R_F}{R_2} u_{i2}\right) + \left(1 + \dfrac{R_F}{R_1 \mathbin{/\mkern-5mu/} R_2}\right)\left(\dfrac{R_P}{R_3} u_{i3} + \dfrac{R_P}{R_4} u_{i4}\right)$$

利用 $R_N = R_P$,经整理可得

$$u_o = \dfrac{R_F}{R_3} u_{i3} + \dfrac{R_F}{R_4} u_{i4} - \dfrac{R_F}{R_1} u_{i1} - \dfrac{R_F}{R_2} u_{i2}$$

利用图 6.11 实现加减运算,要保证 $R_N = R_P$,有时选择参数比较困难,这时可考虑用两级电路实现,下面举例说明。

例 6.5　求解图 6.12 所示电路 u_o 和 u_{i1}、u_{i2}、u_{i3} 的运算关系。

解：图 6.12 所示为由两个反相加法电路组成的加减运算电路。图中

$$u_{o1} = -\left(\dfrac{R_{F1}}{R_1} u_{i1} + \dfrac{R_{F1}}{R_2} u_{i2}\right)$$

$$u_o = -\left(\dfrac{R_{F2}}{R_4} u_{o1} + \dfrac{R_{F2}}{R_3} u_{i3}\right)$$

将 u_{o1} 代入 u_o,可得

$$u_o = \frac{R_{F2}}{R_4}\left(\frac{R_{F1}}{R_1}u_{i1} + \frac{R_{F1}}{R_2}u_{i2}\right) - \frac{R_{F2}}{R_3}u_{i3}$$

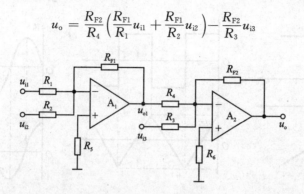

图 6.12 例 6.5 用图

6.1.3 积分和微分运算电路

积分运算和微分运算互为逆运算。在自动控制系统中,常用积分电路和微分电路作为调节环节;此外,它们还广泛应用于波形的产生和变换以及仪器仪表之中。以集成运放作为放大电路,利用电阻和电容作为反馈网络,可以实现这两种运算电路。

1. 积分运算电路

积分电路如图 6.13 所示,由"虚地"和"虚短"的概念可得 $i_i = i_C = u_i/R$,所以输出电压 u_o 为

$$u_o = -u_C = \frac{1}{C}\int i_C dt = -\frac{1}{RC}\int u_i dt \qquad (6.12)$$

从而实现了输入电压与输出电压之间的积分运算。通常将式(6.12)中电阻 R 与电容 C 的乘积称为积分时间常数,用符号"τ"表示。

当求解 t_1 到 t_2 时间段的积分值时,输出电压为

$$u_o = -\frac{1}{RC}\int_{t_1}^{t_2} u_i dt + u_o(t_1) \qquad (6.13)$$

式(6.13)中 $u_o(t_1)$ 为积分起始时刻的输出电压。

当输入 u_i 为一常量 U_i 时,输出电压为

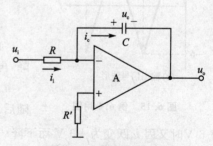

图 6.13 基本积分电路

$$u_o = -\frac{1}{RC}U_i(t_2 - t_1) + u_o(t_1) \qquad (6.14)$$

式(6.14)表明输出电压是输入电压的线性积分。

积分电路的波形变换作用如图 6.14 所示。当输入为阶跃信号时,若 t_0 时刻电容上的电压为零,则输出电压波形如图 6.14(a)所示。当输入为方波和正弦波时,输出电压分别如图 6.14

(b)和(c)所示。

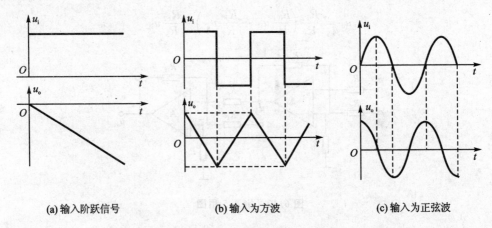

(a) 输入阶跃信号　　(b) 输入为方波　　(c) 输入为正弦波

图 6.14　积分电路的波形变换作用

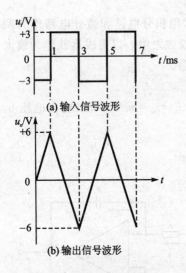

(a) 输入信号波形

(b) 输出信号波形

图 6.15　例 6.6 用图

例 6.6　在图 6.13 所示积分电路中，已知 $R=10\text{ k}\Omega$，$C=0.05\text{ }\mu\text{F}$，输入电压是周期为 4 ms、幅值为 ±3 V 的方波信号，且在 $t=0$ 时 $u_i=-3\text{ V}$，$t=1\text{ ms}$ 时 u_i 跃变为 $+3\text{ V}$，$t=3\text{ ms}$ 时 u_i 又跃变为 -3 V，后面类推，如图 6.15(a) 所示。设电容初始电压为 0。试求输出电压 u_o 的波形。

解：当 $t=0$ 时，方波电压为 -3 V，1/4 个周期（即 1 ms），输出电压 u_o 为

$$u_o = -\frac{1}{RC}U_i(t_2-t_1)+u_o(t_1)=$$
$$[-2\,000\times(-3)\times 1\times 10^{-3}+0]\text{ V}=6\text{ V}$$

此后，方波跃变为 $+3\text{ V}$，因而输出电压从 $+6\text{ V}$ 开始下降，再经过半个周期（即 $t=3\text{ ms}$），u_o 为

$$u_o = [-2\,000\times 3\times(3-1)\times 10^{-3}+6]\text{ V}=-6\text{ V}$$

随后 u_o 又因 u_i 跃变为 -3 V 而上升，经半个周期 u_o 上升至 $+6\text{ V}$ 时又因 u_i 跃变为 $+3\text{ V}$ 而下降……因此，u_o 的波形如图 6.15(b) 所示。可知，输入端的方波变成了输出端的三角波，积分运算电路实现了波形变换。

积分电路在自动控制系统中用以延缓过渡过程的冲击，使被控制的电动机外加电压缓慢上升，避免其机械转矩猛增，造成传动机械的损坏。积分电路还常用来做显示器的扫描电路，以及模/数转换器、数学模拟运算等。

2. 微分运算电路

将积分电路中 R 和 C 的位置互换，即可组成基本微分电路，如图 6.16 所示。由"虚地"和

"虚短"的概念可得 $i_C = i_R$,则输出电压为

$$u_o = -i_R R = -i_C R = -RC\frac{du_C}{dt} = -RC\frac{du_i}{dt} \tag{6.15}$$

可见,输出电压正比于输入电压的微分。

微分电路的波形变换作用如图 6.17 所示,可将矩形波变成尖脉冲输出。微分电路在自动控制系统中可用作加速环节,例如电动机出现短路故障时,起加速保护作用,迅速降低其供电电压。

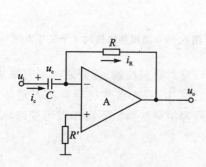

图 6.16 基本微分电路

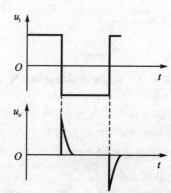

图 6.17 微分电路的波形变换作用

6.1.4 模拟乘法器及其应用

模拟乘法器是一种完成两个模拟信号相乘的电子器件。近年来,单片的集成模拟乘法器发展十分迅速。由于技术性能不断提高,而价格比低廉,使用比较方便,所以应用十分广泛,不仅用于模拟信号的运算,而且已经扩展到电子测量仪表、无线电通信等各个领域。

1. 模拟乘法器的图形符号和运算关系

模拟乘法器的图形符号如图 6.18 所示,它有两个输入电压信号 u_X、u_Y 和一个输出电压信号 u_o。输入和输出信号可以是连续的电流信号,也可以是连续的电压信号。对于一个理想的电压乘法器,其输出端的电压 u_o 仅与两个输入端的电压 u_X、u_Y 的乘积成正比,故乘法器的输出与输入关系为

$$u_o = k u_X u_Y \tag{6.16}$$

式中,k 是比例系数,其值可正可负,若 k 大于 0 则为同相乘法器,若 k 值小于 0 则为反相乘法器。

根据两个输入电压 u_X 和 u_Y 正负极性的不同取值情况,在 u_X 和 u_Y 的坐标系中,模拟乘法器可能有不同的工作象限,如图 6.19 所示。如果允许两输入电压均可以有两种极性,则乘法器可以在 4 个象限内工作,称为四象限乘法器;如果只允许其中一个输入电压有两种极性,而另

一个输入电压限定为某一种极性,则乘法器只能在两个象限内工作,称为二象限乘法器。如果两个输入电压均被分别限定为某一种单极性,则乘法器只能在某一个象限内工作,称为单象限乘法器。

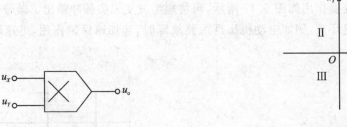

图 6.18　模拟乘法器的图形符号　　　　图 6.19　模拟乘法器的 4 个工作象限

模拟乘法器的种类很多,有霍尔效应乘法器、对数－反对数乘法器、四分之一平方乘法器、三角波平均乘法器、时间分割乘法器、可变跨导乘法器。其中,只有可变跨导乘法器最便于集成。因此,在集成模拟乘法器中,应用最多的是可变跨导模拟乘法器。下面即以可变跨导乘法器为例介绍其工作原理。

2. 可变跨导模拟乘法器的工作原理

可变跨导式模拟乘法器是在恒流源差动放大电路的基础上发展起来的,因此从差动放大电路入手,简要说明变跨导乘法器的工作原理。图 6.20 所示是具有恒流源的差动放大电路,由前面的学习可知,其输出电压 u_o 与输入电压 u_X 的关系是

$$u_o = -\frac{\beta R_C}{r_{be}} \cdot u_X \tag{6.17}$$

式中

$$r_{be} = r_{bb'} + (1+\beta)\frac{U_T}{I_{EQ}} \tag{6.18}$$

式(6.18)中的 I_{EQ} 是每只三极管射极电流的静态值,在理想情况下,I_{EQ} 等于恒流源电流 I 的一半,即 $I_{EQ} = \frac{1}{2}I$。当 I_{EQ} 的值较小时,$r_{bb'}$ 可忽略不计,于是式(6.18)可近似简化为

$$r_{be} = 2(1+\beta)\frac{U_T}{I}$$

将上式代入式(6.17)可得

$$u_o = -\frac{\beta R_C I}{2(1+\beta)U_T} \cdot u_X \approx -\frac{R_C}{2U_T} \cdot u_X I \tag{6.19}$$

由上式可见,输出电压正比于输入电压 u_X 与恒流源电流 I 的乘积。如能设法使恒流源电流 I 受另一个输入电压 u_Y 的控制,与 u_Y 成正比,则 u_o 将正比于 u_X 与 u_Y 的乘积。

由上述指导思想出发,将另一个输入电压加在恒流管 T_3 的基极与负电源之间,如图 6.21

所示。当 $u_Y \gg u_{BE3}$ 时,恒流源电流为

$$I = \frac{u_Y - u_{BE3}}{R_E} \approx \frac{u_Y}{R_E} \quad (6.20)$$

即 I 与 u_Y 成正比。将此式代入式(6.19)可得

$$u_o \approx -\frac{R_C}{2R_E U_T} \cdot u_X u_Y = K u_X u_Y \quad (6.21)$$

最后可得到输出电压 u_o 正比于输入电压 u_X 与 u_Y 的乘积,实现了乘法运算。

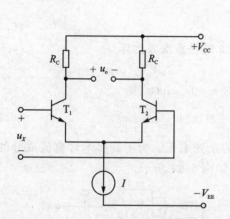

图 6.20 恒流源差动放大电路

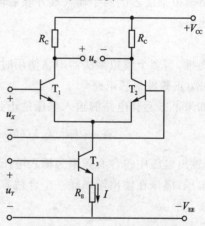

图 6.21 变跨导乘法器原理图

在这种乘法器电路中,跨导 $g_m \approx \frac{I_{EQ}}{U_T}$ 不是常数,而随另一个输入电压 u_Y 而变化,所以称为变跨导式乘法器。

图 6.21 只是变跨导乘法器的原理性电路图,如用于实际,还存在许多缺点。例如,若 u_Y 幅度较小,不满足 $u_Y \gg u_{BE3}$ 时,运算误差较大。又如,u_Y 的极性必须为正,因此,这种电路是二象限乘法器。为了克服上述缺点,并使乘法器的工作区域扩展为 4 个象限,可以采用双平衡式模拟乘法电路,如图 6.22 所示。

图中,由于 u_X 和 u_Y 都是差动输入信号,其值可正可负,所以这种乘法器是四象限的。但是这种乘法器的两个输入信号只能是小信号,即输出电压与两个输入电压之积成线性关系的范围小,需进一步

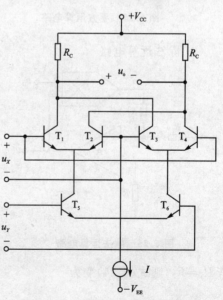

图 6.22 双平衡乘法器原理图

改进。

3. 模拟乘法器的应用

模拟乘法器的用途十分广泛，除了用于模拟信号的运算，如乘法、平方、除法及开方等运算以外，还在电子测量及无线电通讯等领域用于振幅调制、混频、倍频、同步检测、鉴相、鉴频、自动增益控制及功率测量等方面。

（1）平方运算电路

将模拟乘法器的两个输入端并联后输入相同的信号，就可实现平方运算，如图 6.23 所示。其输出电压

$$u_o = k u_i^2 \tag{6.22}$$

以此类推，当多个模拟乘法器串联使用时，可以实现 u_i 的任意次方运算。

（2）正弦波倍频电路

如果平方运算电路的输入电压是正弦波信号，即 $u_i = U_m \sin\omega t$，则

$$u_o = k u_i^2 = k(U_m \sin\omega t)^2 = \frac{1}{2}kU_m^2(1-\cos 2\omega t) \tag{6.23}$$

可见，输出电压中包含有频率为输入电压频率二倍的余弦电压。为了获得不含直流成分的二倍频电压，应该在输出端串联一个合适容量的电容，如图 6.24 所示。

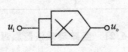

图 6.23 平方运算电路

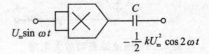

图 6.24 正弦波倍频电路

（3）除法运算电路

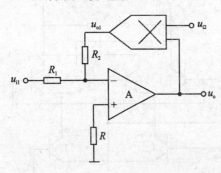

图 6.25 除法运算电路

图 6.25 所示为除法运算电路，模拟乘法器放在反馈回路中，并形成深度负反馈。根据乘法规律可得

$$u_{o1} = k u_{i2} u_o$$

而根据"虚短"和"虚断"的概念，则有 $u_- = u_+ = 0$，$i_1 = i_2$，所以

$$\frac{u_{i1}}{R_1} = \frac{-u_{o1}}{R_2}$$

将 u_{o1} 代入，整理可得

$$u_o = -\frac{R_2}{kR_1} \cdot \frac{u_{i1}}{u_{i2}} \tag{6.24}$$

若 $R_1 = R_2$，则式（6.24）变为

$$u_o = -\frac{1}{k} \cdot \frac{u_{i1}}{u_{i2}} \tag{6.25}$$

从而实现了 u_{i1} 对 u_{i2} 的除法运算，$-\dfrac{1}{k}$ 是其比例系数。

必须指出，u_{i1} 和 u_{o1} 极性必须相反，才能保证运放工作于深度负反馈状态，因此要求 u_{i2} 必须为正，u_{i1} 的极性可以是任意的，故图 6.25 所示电路属二象限除法运算电路。

（4）平方根运算电路

在图 6.25 所示除法运算电路中，如果将 u_{i2} 端也接到 u_o 端，则除法运算电路变成了平方根运算电路，如图 6.26 所示。由图可得

$$u_i = -u_{o1} = -ku_o^2$$

所以

$$u_o = \sqrt{-\dfrac{u_i}{k}} \qquad (6.26)$$

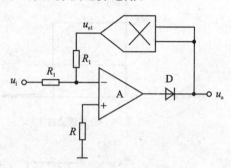

图 6.26　平方根运算电路

由式(6.26)看出，只有当输入信号 u_i 为负值，才能满足负反馈条件。图 6.26 中二极管的作用是防止出现当 u_i 因受干扰等原因变为正值时，u_o 为负值的情况，而且 u_{o1} 与 u_i 都为正值，运算放大电路变为正反馈，电路不能正常工作，电路将出现锁定现象，加了二极管后，即可避免锁定现象的发生。

（5）功率测量

功率等于相应的电压与电流的乘积，因此，可将被测电路的电压信号和电流信号分别接到乘法器的两个输入端，则其输出电压即反映了被测电路的功率。

（6）自动增益控制

为了实现自动增益控制，常常利用一个直流电压来控制电路的增益，所以也称为压控增益。可将信号电压和直流控制电压分别接到乘法器的两个输入端，则电路的增益将随着直流控制电压的大小而变化。

6.2　有源滤波器

有源滤波器是一种信号处理电路，在有源滤波器中集成运放工作在线性工作区。

1. 滤波的概念

在电子电路传输的信号中，往往包含多种频率的正弦波分量，其中除有用频率分量外，还有无用的甚至是对电子电路工作有害的频率分量，如高频干扰和噪声。滤波器的作用就是，允许一定频率范围内的信号顺利通过，而抑制或削弱（即滤除）那些不需要的频率分量，简称滤波。

2. 滤波器的分类及幅频特性

根据滤波器输出信号中所保留的频率段的不同，可将滤波器分为低通滤波器((LPF)、高

通滤波器(HPF)、带通滤波器(BPF)和带阻滤波器(BEF)四大类。它们的幅频特性如图 6.27 所示,被保留的频段称为"通带",被抑制的频段称为"阻带"。A_u 为各频率的增益,A_{um} 为通带的最大增益,图中虚线所示为实际滤波特性,实线为理想滤波特性。

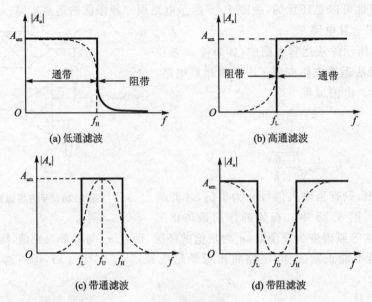

图 6.27　滤波器的幅频特性

滤波电路的理想特性是:
(1) 通带范围内信号无衰减地通过,阻带范围内无信号输出;
(2) 通带与阻带之间的过渡为零。

3. 无源滤波器

图 6.28 所示 RC 电路就是一个简单的无源滤波器。图 6.28(a)电路中,电容 C 上的电压为输出电压,对输入信号中的高频信号,电容的容抗 X_C 很小,则输出电压中的高频信号幅值很小,受到抑制,为低通滤波电路。图 6.28(b)电路中,电阻 R 上的电压为输出电压,由于高频时

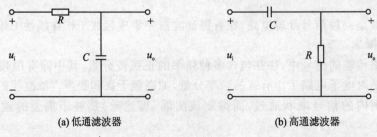

图 6.28　无源滤波器

容抗很小,则高频信号能顺利通过,而低频信号被抑制,因此为高通滤波电路,其幅频特性如图 6.27(a)、(b)所示。

无源滤波电路结构简单,但有以下缺点:

(1) 由于 R 及 C 上有信号压降,使输出信号幅值下降,降低了通带电压放大倍数;

(2) 带负载能力差,当负载电阻 R_L 变化时,输出信号的幅值将随之改变,滤波特性也随之变化;

(3) 过滤带较宽,幅频特性不理想。

4. 有源滤波器

为了克服无源滤波器的缺点,可将 RC 无源滤波器接到集成运放的同相输入端。因为集成运放为有源元件,故称这种滤波电路为有源滤波器。

(1) 有源低通滤波器

图 6.29(a)所示电路为低通滤波器,RC 为无源低通滤波电路,输入信号通过它加到同相比例运算电路的输入端,即集成运放的同相输入端,因而电路中引入了深度电压负反馈。

图 6.29(a)所示电路的电压放大倍数为

$$\dot{A}_u = \frac{\dot{U}_o}{\dot{U}_i} = \left(1 + \frac{R_F}{R_1}\right)\frac{\dot{U}_+}{\dot{U}_i} = \frac{1 + \dfrac{R_F}{R_1}}{1 + \mathrm{j}\dfrac{f}{f_0}} = \frac{A_{up}}{1 + \mathrm{j}\dfrac{f}{f_0}} \tag{6.27}$$

式中

$$A_{up} = 1 + \frac{R_F}{R_1} \tag{6.28}$$

$$f_0 = \frac{1}{2\pi RC} \tag{6.29}$$

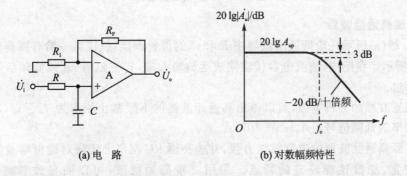

(a) 电 路　　　　　　　　(b) 对数幅频特性

图 6.29　一阶有源低通滤波器

在图 6.29(a)所示电路中,当 $f=0$ 时,电容 C 相当于开路,此时的电压放大倍数 A_{up} 即为同相比例运算电路的电压放大倍数。一般情况下,$A_{up} > 1$,所以与无源滤波器相比,合理选择

R_1 和 R_F 就可得到所需的放大倍数。由于电路引入了深度电压负反馈,输出电阻近似为零,因此电路带负载后,$\dot{U}_o$ 与 $\dot{U}_i$ 关系不变,即 R_L 不影响电路的频率特性。当信号频率 f 为通带截止频率 f_0 时,$|\dot{A}_u|=A_{up}/\sqrt{2}$;因此在图 6.29(b)所示的对数幅频特性中,当 $f=f_0$ 时的增益比通带增益 $20 \lg A_{up}$ 下降 3 dB。当 $f>f_0$ 时,增益以 -20 dB/十倍频的斜率下降,这是一阶低通滤波器的特点。而理想的低通滤波器则在 $f>f_0$ 时,增益立刻降到 0。

为了改善一阶低通滤波器的特性,使之更接近于理想情况,可利用多个 RC 环节构成多阶低通滤波器。具有两个 RC 环节的电路,称为二阶低通滤波器;具有三个 RC 环节的电路,称为三阶低通滤波器电路;依此类推,阶数愈多,$f>f_0$ 时,$|\dot{A}_u|$ 下降愈快,$\dot{A}_u$ 的频率特性愈接近理想情况。图 6.30(a)所示电路就是一种二阶低通滤波器,图 6.30(b)所示是其不同 Q(品质因数)值下的幅频特性。由此可以看出,二阶低通滤波器的幅频特性比一阶的好。

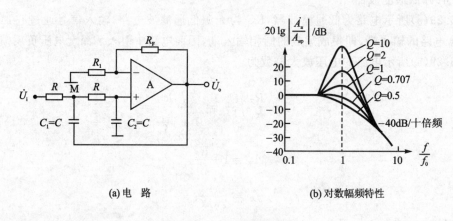

(a) 电　路　　　　　　　(b) 对数幅频特性

图 6.30　二阶低通滤波器

(2) 有源高通滤波器

将图 6.29(a)所示一阶低通滤波器中 R 和 C 的位置调换,就成为一阶有源高通滤波器,如图 6.31(a)所示。在图中,滤波电容接在集成运放输入端,它将阻隔、衰减低频信号,而让高频信号顺利通过。

同低通滤波器的分析类似,可以得出高通滤波器的下限截止频率为 $f_0=1/(2\pi RC)$,对于低于截止频率的低频信号,$|A_u|<0.707|A_{um}|$。

一阶有源高通滤波器的带负载能力强,并能补偿 RC 网络上压降对通带增益的损失,但存在过渡带较宽,滤波性能较差的特点。采用二阶高通滤波,可以明显改善滤波性能。将图 6.30(a)所示二阶低通滤波器中 R 和 C 的位置调换,就成为二阶有源高通滤波电路。如图 6.31(b)所示。

(3) 有源带通滤波器

将低通滤波器和高通滤波器串联,如图 6.32 所示,就可得到带通滤波器。设前者的截止

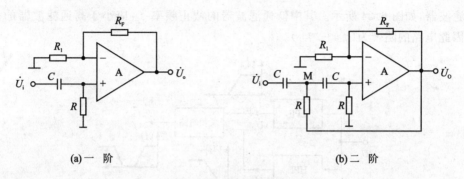

(a) 一阶　　　　　　　　　(b) 二阶

图 6.31　有源高通滤波器

频率为 f_{01}，后者的截止频率为 f_{02}，f_{02} 应小于 f_{01}，则通频带为 $(f_{01}-f_{02})$。实用电路中也常采用单个集成运放构成压控电压源二阶带通滤波电路，如图 6.33(a) 所示，图(b) 是它的幅频特性。Q 值愈大，通带放大倍数数值愈大，频带愈窄，选频特性愈好。调整电路的 A_{up} 能够改变频带宽度。

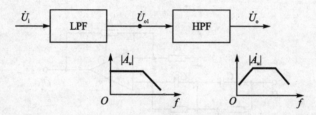

图 6.32　由低通滤波器和高通滤波器串联组成的带通滤波器

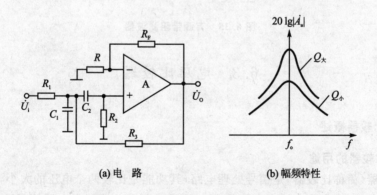

(a) 电　路　　　　　　　(b) 幅频特性

图 6.33　压控电压源二阶带通滤波器

(4) 有源带阻滤波器

将输入电压同时作用于低通滤波器和高通滤波器，再将两个电路的输出电压求和，就可得到带阻滤波器,如图 6.34 所示。其中低通滤波器的截止频率 f_{01} 应小于高通滤波器的截止频率 f_{02},因此电路的阻带为 $(f_{02}-f_{01})$。

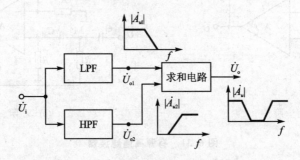

图 6.34 带阻滤波器的方框图

实用电路常利用无源 LPF 和 HPF 并联构成无源带阻滤波器,然后接同相比例运算电路,从而得到有源带阻滤波器,如图 6.35 所示。由于两个无源滤波器均由三个元件构成英文字母 T,故称为双 T 网络。

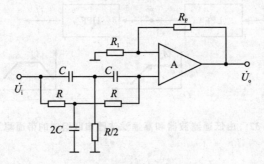

图 6.35 有源带阻滤波器

6.3 电压比较器

6.3.1 电压比较器概述

1. 电压比较器的用途

电压比较器(简称比较器)是信号处理电路,其功能是比较两个电压的大小,通过输出电压的高电平或低电平,表示两个输入电压的大小关系。在自动控制和电子测量中,常用于鉴幅、模数转换、各种非正弦波形的产生和变换电路中。

2. 电压比较器的特点

电压比较器的输入信号通常是两个模拟量,一般情况下,其中一个输入信号是固定不变的

参考电压 U_{REF},另一个输入信号则是变化的信号 u_i。输出只有两种可能的状态:正饱和值 $+U_{oM}$ 或负饱和值 $-U_{oM}$。可以认为,比较器的输入信号是连续变化的模拟量,而输出信号则是数字量,即 **0** 或 **1**。

电压比较器中集成运放通常工作在非线性区,即满足如下关系:

当 $u_-<u_+$ 时,$U_o=+U_{oM}$,正向饱和;

当 $u_->u_+$ 时,$U_o=-U_{oM}$,负向饱和;

当 $u_-=u_+$ 时,$U_{oL}<U_o<U_{oH}$,状态不定。

上述关系表明,工作在非线性区的运放,当 $u_-<u_+$ 或 $u_->u_+$ 时,其输出状态都保持不变,只有当 $u_-=u_+$ 时,输出状态才能够发生跳变。反之,若输出状态发生跳变,必定发生在 $u_-=u_+$ 的时刻。这是分析比较器的重要依据。

3. 电压比较器的要素

电压比较器有以下 3 个要素:

(1) 比较器的阈值

比较器的输出状态发生跳变的时刻,所对应的输入电压值叫做比较器的阈值电压,简称阈值或门限电压,简称门限,记作 U_{TH}。

(2) 比较器的传输特性

比较器的输出电压 U_o 与输入电压 U_i 之间的对应关系叫做比较器的传输特性,它可用曲线表示,也可用方程式表示。

(3) 比较器的组态

若输入电压 u_i 从运放的"一"端输入,则称为反相比较器;若从"+"端输入,则称为同相比较器。

4. 电压比较器的种类

(1) 单限比较器。电路只有一个阈值电压,输入电压变化(增大或减小)经过阈值电压时,输出电压发生跃变。

(2) 滞回比较器。电路有两个阈值电压 U_{TH1} 和 U_{TH2},且 $U_{TH1}>U_{TH2}$。输入电压从小到大增加经过 U_{TH1} 时,输出电压产生跃变。而输入电压从大到小减小经过 U_{TH1} 时,输出电压并不发生变化,只有继续减小到 U_{TH2} 时,输出电压才发生另一次跃变,即电路具有滞回特性。它与单限比较器的相同之处在于,在输入电压向单一方向的变化过程中,输出电压只跃变一次,根据这一特点可以将滞回比较器视为两个不同的单限比较器的组合。

(3) 双限比较器。电路有两个阈值电压 U_{TH1} 和 U_{TH2},且 $U_{TH1}<U_{TH2}$,输入电压 u_i 从小变大(或从大变小)的过程中,经过 U_{TH1} (或 U_{TH2})时输出电压 u_o 发生一次跃变,继续增大(或减小)经过 U_{TH2} (或 U_{TH1})时,u_o 发生相反方向的跃变。即输入电压向单一方向的变化过程中,输出电压将发生两次跃变。

6.3.2 单限比较器

单限电压比较器的基本电路如图 6.36(a)所示,集成运放处于开环状态,工作在非线性区,输入信号 u_i 加在反相端,参考电压 U_{REF} 接在同相端。当 $u_i > U_{REF}$ 时,即 $u_- > u_+$ 时,$U_o = -U_{oM}$;当 $u_i < U_{REF}$ 时,即 $u_- < u_+$ 时,$U_o = +U_{oM}$。传输特性如图 6.36(d)所示。

若希望当 $u_i > U_{REF}$ 时,$U_o = +U_{oM}$,只需将 u_i 输入端与 U_{REF} 输入端调换即可,如图 6.36(b)所示。

如果输入电压过零时,输出电压发生跳变,就称为过零电压比较器,如图 6.36(c)所示,特性曲线如图 6.36(f)所示。过零电压比较器可将正弦波转换为方波,如图 6.37 所示。

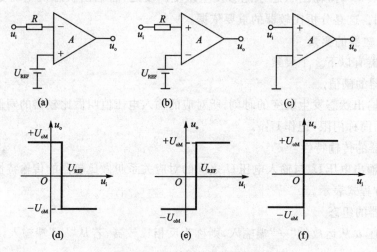

图 6.36 单门限电压比较电路

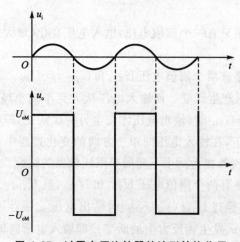

图 6.37 过零电压比较器的波形转换作用

6.3.3 滞回电压比较器

单限电压比较器只有一个阈值电压,只要输入电压经过阈值电压,输出电压就产生跃变。若输入电压受到干扰或噪声的影响在阈值电压上下波动,则即使其幅值很小,输出电压也会在正、负饱和值之间反复跃变,如图 6.38 所示。若发生在自动控制系统中,这种过分灵敏的动作将会对执行机构产生不利的影响,甚至干扰其他设备,使之不能正常工作。为了克服这个缺点,可将比较器的输出端与输入端之间引入由 R_1 和 R_2 构成的电压串联正反馈,使得运放同相输入端的电压随着输出电压而改变;输入电压接在运放的反相输入端,参考电压经 R_2 接在运放的同相输入端,构成滞回电压比较器,电路如图 6.39(a)所示。滞回比较器也称施密特触发器。

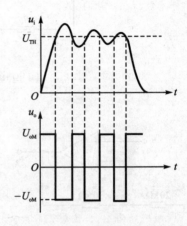

图 6.38 输入电压受干扰时单限比较器的工作情况

图 6.39(a)所示滞回比较器电路中,D_Z 是稳压二极管,起输出限幅作用。当输入电压很小时,比较器输出为高电平,即 $u_o = U_{oM}$。利用叠加定理可求出同相输入端的电压

$$u_+ = \frac{R_1}{R_1 + R_2} U_{REF} + \frac{R_2}{R_1 + R_2} U_{oM} \tag{6.30}$$

因 $u_+ = u_-$ 为输出电压的跳变条件,临界条件可用"虚短"和"虚断"的概念,所以 $u_i = u_-$ 和 $u_+ = u_-$ 时的 u_i 即为阈值 U_{TH1},即

$$U_{TH1} = u_i = u_- = u_+ = \frac{R_1}{R_1 + R_2} U_{REF} + \frac{R_2}{R_1 + R_2} U_{oM} \tag{6.31}$$

由于 u_+ 不变,当输入电压增大至 $u_i > u_+$ 时,比较器的输出端由高电平变为低电平,即 $u_o = U_{oL} = -U_{oM}$,此时,同相输入端的电压变为

$$U_{TH2} = u'_+ = \frac{R_1}{R_1 + R_2} U_{REF} + \frac{R_2}{R_1 + R_2} (-U_{oM}) \tag{6.32}$$

可见 $u'_+ < u_+$。当输入电压继续增大时,比较器输出将维持低电平。只有当输入电压由大变小至 $u_i < u'_+$ 时,比较器输出才由低电平翻转为高电平,其传输特性如图 6.39(b)所示。由此可见滞回比较器有两个门限电压 U_{TH1} 和 U_{TH2},分别称为上门限电平和下门限电平。两个门限电压之差称为门限宽度或回差电压。调整 R_1 和 R_2 的大小,可改变比较器的门限宽度。门限宽度越大,比较器抗干扰的能力越强,但分辨率随之下降。

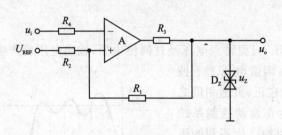

(a) 电路图 (b) 传输特性

图 6.39 滞回比较器

例 6.7 求图 6.40 所示滞回比较器的输出波形。已知输出高、低电平值分别为 ±5 V，$t=0$ 时，$u_o = U_{oH}$，$u_i = 4\sin\omega t$ V。

解：第一步：求两个门限电平。

由电路知 $u_i = u_+ = u_-$，而

$$u_+ = \frac{R_1}{R_1+R_2}U_{REF} + \frac{R_2}{R_1+R_2}U_{oM}$$

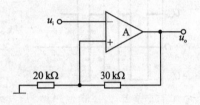

图 6.40 例 6.7 用图

所以 $U_{TH1} = \dfrac{R_1}{R_1+R_2}U_{REF} + \dfrac{R_2}{R_1+R_2}U_{oM} =$

$$\left(0 + \frac{20}{50} \times 5\right) \text{V} = 2 \text{ V}$$

$$U_{TH2} = \frac{R_1}{R_1+R_2}U_{REF} + \frac{R_2}{R_1+R_2}(-U_{oM}) =$$

$$\left[0 + \frac{20}{50} \times (-5)\right] \text{V} = -2 \text{ V}$$

第二步：在输入信号波形图上画出两条门限电平线，反映输入信号与门限电平的比较，并标出 $u_i > U_{TH1}$ 与 $u_i < U_{TH2}$ 的时间区域，如图 6.41(a) 所示。

第三步：在输出坐标轴上画出 $u_i > U_{TH1}$ 与 $u_i < U_{TH2}$ 所对应的时间区域的输出电压，如图 6.41(b) 所示。

第四步：对于 $U_{TH2} < u_i < U_{TH1}$ 相应时间区域，可参照前一时刻画出输出波形。由于 $t=0$ 时，$u_o = U_{oM}$，因此在 $0 \sim t_1$ 区域 $u_o = U_{oM}$，如图 6.41(c) 所示。

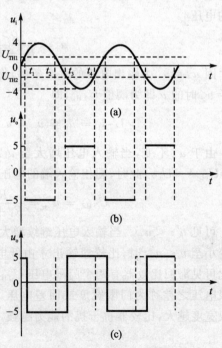

图 6.41 例 6.7 用图

6.3.4 双限电压比较器

单限比较器和滞回比较器在输入电压单一方向变化时,输出电压只跃变一次,因而不能检测出输入电压是否在两个给定电压之间,而双限比较器具有这一功能。图6.42(a)所示为一种双限比较器,它由两个运放 A_1 和 A_2 组成。输入电压分别接到 A_1 的同相端和 A_2 的反相端,两个参考电压 U_{REFH} 和 U_{REFL} 分别接到 A_1 的反相端和 A_2 的同相端,并且 $U_{REFH} > U_{REFL}$,这两个参考电压就是比较器的两个阈值电压 U_{TH1} 和 U_{TH2},$U_{TH1} = U_{REFH}$,$U_{TH2} = U_{REFL}$。电阻 R 和稳压管 D_Z 构成限幅电路。

当输入电压 $u_i > U_{REFH}$ 时,必然大于 U_{REFL},所以集成运放 A_1 的输出 $u_{o1} = +U_{oM}$,A_2 的输出 $u_{o2} = -U_{oM}$,使得二极管 D_1 导通,D_2 截止,稳压管 D_Z 工作在稳压状态,输出电压 $u_o = +U_Z$。

当 $u_i < U_{REFL}$ 时,必然小于 U_{REFH},所以 A_1 的输出 $u_{o1} = -U_{oM}$,A_2 的输出 $u_{o2} = +U_{oM}$,因此 D_1 截止,D_2 导通,D_Z 工作在稳压状态,输出电压 u_o 仍为 $+U_Z$。

当 $U_{REFL} < u_i < U_{REFH}$ 时,$u_{o1} = u_{o2} = -U_{oM}$,此时 D_1、D_2 均截止,稳压管截止,$u_o = 0$。

由以上分析可以画出电压传输特性如图6.42(b)所示,其形状如窗口,因此双限比较器又名窗口比较器。

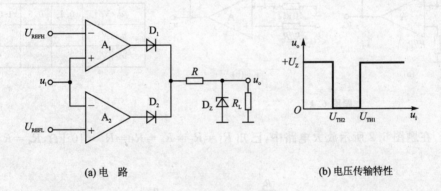

(a) 电 路   (b) 电压传输特性

图 6.42 双限比较器

本章小结

(1) 在分析集成运放的各种应用电路时,常常将其中的集成运放看成是一个理想的运算放大器。理想运放有两种工作状态,即线性和非线性工作状态,在其传输特性曲线上对应两个工作区域。当运放工作在线性区时,满足"虚短"和"虚断"特点。集成运放可用于模拟信号的运算、产生、放大、滤波等。

(2) 运放电路是集成运放最基本的应用之一,其输出电压是输入电压某种运算的结果,如比例、加减、积分和微分等,因而要求集成运放工作在线性区。由于集成运放具有高增益的特点,必须引入深度负反馈将净输入电压降到很小,才能保证输出电压和净输入电压成线性关系,所以深度负反馈是判断运算电路的重要标志。

(3) 有源滤波电路是模拟信号的处理电路,通常由 RC 网络和集成运放构成,且运放工作在线性区。其主要性能指标有通带电压放大倍数、通带截止频率、通带宽度和等效品质因数等。

(4) 电压比较器是集成运放的基本应用之一,其输入信号为模拟信号,输出通常只有高电平和低电平两种状态。在电压比较器中,集成运放多处于开环状态或仅引入正反馈,因而工作在非线性区。

习题 6

6.1 电路如题图 6.1 所示,已知集成运放输出电压的最大幅值为 $+14$ V,试填题表 6.1。

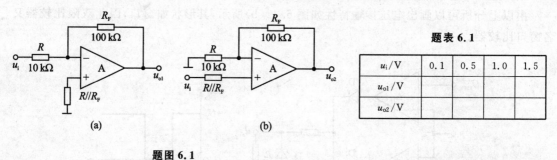

题表 6.1

u_i/V	0.1	0.5	1.0	1.5
u_{o1}/V				
u_{o2}/V				

题图 6.1

6.2 在题图 6.2 所示放大电路中,已知 $R_1=R_2=R_5=R_7=R_8=10$ kΩ,$R_6=R_9=R_{10}=20$ kΩ。

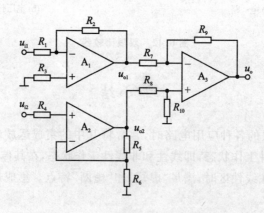

题图 6.2

(1) 试问 R_3 和 R_4 分别应选用多大电阻？
(2) 列出 u_{o1}、u_{o2} 和 u_o 的表达式；
(3) 设 $u_{i1}=0.3\text{ V},u_{i2}=0.1\text{ V}$，则输出电压 $u_o=?$

6.3 电路如题图 6.3 所示。
(1) 写出 u_o 与 u_{i1}、u_{i2} 的运算关系式；
(2) 当 R_P 滑动端在最上端时，若 $u_{i1}=10\text{ mV},u_{i2}=20\text{ mV}$，则 $u_o=?$
(3) 若 u_o 的最大幅值为 $\pm14\text{ V}$，输入电压最大值 $u_{i1,\max}=10\text{ mV},u_{i2,\max}=20\text{ mV}$，最小值均为 0 V，则为了保证集成运放工作在线性区，R_2 的最大值为多少？

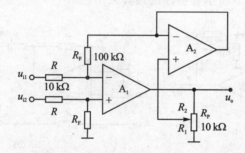

题图 6.3

6.4 试求题图 6.4 所示各电路输出电压与输入电压的运算关系式。

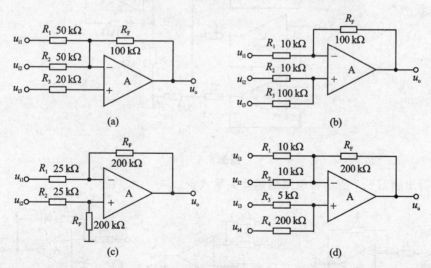

题图 6.4

6.5 在题图 6.5(a) 所示电路中，已知输入电压 u_i 的波形如题图 6.5(b) 所示，当 $t=0$ 时 $u_o=0$。试画出输出电压 u_o 的波形。

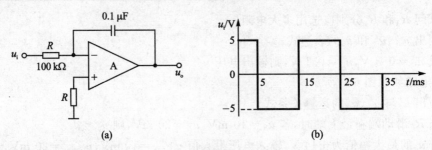

题图 6.5

6.6 分别求解题图 6.6 所示各电路的运算关系。

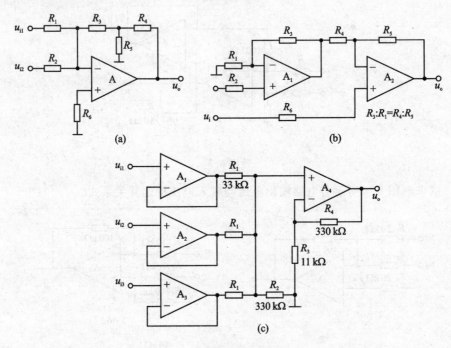

题图 6.6

6.7 写出题图 6.7 所示各电路的运算关系式。

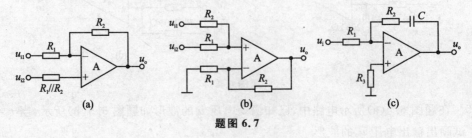

题图 6.7

6.8 试证明题图 6.8 中，$u_o = \left(1 + \dfrac{R_1}{R_2}\right)(u_{i2} - u_{i1})$。

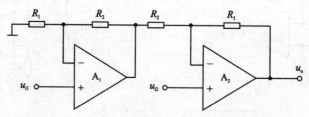

题图 6.8

6.9 试设计一个比例放大器，实现运算关系 $A_{uF} = \dfrac{u_o}{u_i} = 0.5$。

6.10 写出题图 6.9 所示各电路的输入、输出关系。

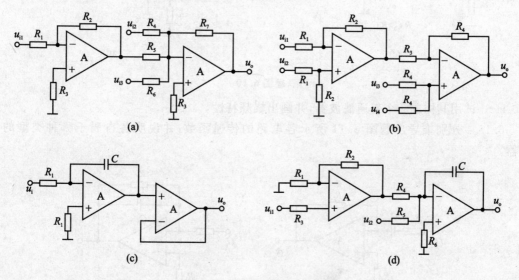

题图 6.9

6.11 试用集成运放组成一个运算电路，要求实现以下运算关系：
$$u_o = 2u_{i1} - 5u_{i2} + 0.1u_{i3}$$

6.12 在下列各种情况下，应分别采用哪种类型（低通、高通、带通、带阻）的滤波器。
(1) 抑制 50 Hz 交流电源的干扰；
(2) 处理具有 1 Hz 固定频率的有用信号；
(3) 从输入信号中取出低于 2 kHz 的信号；
(4) 抑制频率为 100 kHz 以上的高频干扰。

6.13 试说明题图 6.10 所示各电路属于哪种类型的滤波电路，是几阶滤波电路？

6.14 设一阶 LPF 和二阶 HPF 的通带放大倍数均为 2，通带截止频率分别为 2 kHz 和

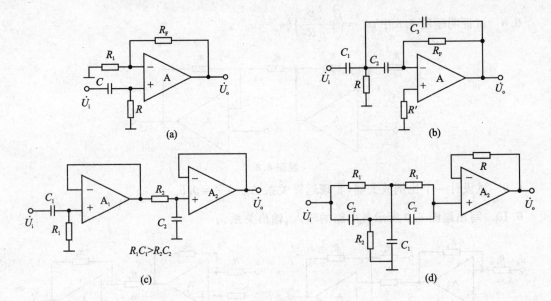

题图 6.10

100 Hz。试用其构成一个带通滤波器,并画出幅频特性。

6.15 分别推导出题图 6.11 所示各电路的传递函数,并说明各自属于哪种类型的滤波器。

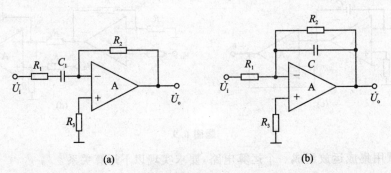

题图 6.11

6.16 求解题图 6.12 所示各电路的电压传输特性。

6.17 已知单限比较器、滞回比较器和双限比较器的电压传输特性如题图 6.13(a)所示,它们的输入均为题图 6.13(b)所示三角波,试画出 u_{o1}、u_{o2}、u_{o3} 的波形。

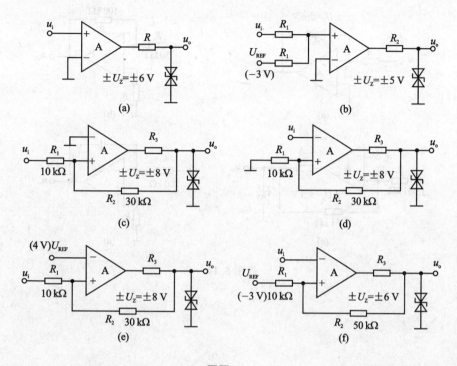

题图 6.12

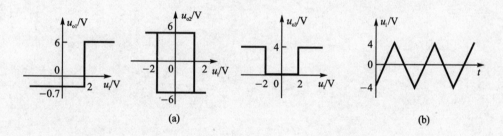

题图 6.13

6.18 已知题图 6.14 所示各电路的输入电压均为 $4\sin\omega t$ V,试画出输入电压 u_i 和各电路的输出电压 u_{o1}、u_{o2}、u_{o3}、u_{o4} 的波形。

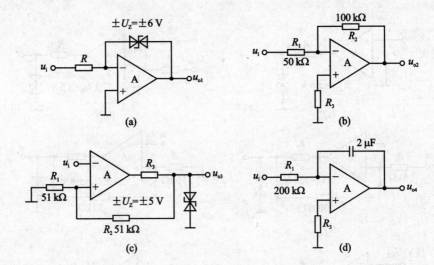

题图 6.14

第 7 章 波形发生电路

正弦波和各种非正弦波作为信号源在自动控制、电子测量、工业加工、通信、广播以及家用电器等技术领域得到广泛应用。本章首先阐明 RC、LC、石英晶体等正弦波振荡电路的振荡条件、电路组成和判断方法，然后讲述矩形波、三角波、锯齿波等非正弦波发生电路的工作原理、振荡条件和输出波形，最后介绍几种波形变换电路。

7.1 正弦波振荡电路

7.1.1 正弦波振荡电路的基础知识

1. 产生正弦波振荡的条件

正弦波振荡电路在不加任何输入信号的情况下，由电路自身产生一定频率、一定幅度的正弦波电压输出，因而称为"自激振荡"电路。在第 5 章所讲的负反馈放大电路中，也会发生自激振荡，其原因是由于放大电路和反馈网络所产生的附加相移会使中频情况下的负反馈在高频或低频情况下变成正反馈。可见，正反馈是自激振荡的必要条件和重要标志，负反馈放大电路中的自激振荡是有害的，必须加以消除。但对于正弦波振荡电路，其目的就是要产生一定频率和幅度的正弦波，因而在放大电路中有意引入正反馈，并创造条件，使之产生稳定可靠的振荡，如图 7.1 所示。

图中，在放大电路的输入端输入正弦信号 $\dot{X}_i$，在它的输出端可输出正弦信号 $\dot{X}_o = \dot{A}\dot{X}_i$。如果通过反馈网络引入正反馈信号 $\dot{X}_F$，使 $\dot{X}_F$ 的相位和幅度都和 $\dot{X}_i$ 相同，即 $\dot{X}_F = \dot{X}_i$，那么这时即使去掉输入信号，电路仍能维持输出正弦信号 $\dot{X}_o$。这种用 $\dot{X}_F$ 代替 $\dot{X}_i$ 的方法构成了振荡器的自激振荡原理。

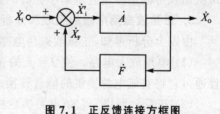

图 7.1 正反馈连接方框图

由图 7.1 可以看出

$$\dot{X}_o = \dot{A}\dot{X}_i$$
$$\dot{X}_F = \dot{F}\dot{X}_o$$
$$\dot{X}_F = \dot{A}\dot{F}\dot{X}_i$$

根据前面对自激振荡原理的分析可得

$$\dot{A}\dot{F} = 1 \qquad (7.1)$$

式(7.1)便是产生正弦波振荡的条件。也可把式(7.1)分解为振幅平衡条件和相位平衡条件。

(1) 幅值平衡条件

$$|\dot{A}\dot{F}| = AF = 1 \tag{7.2}$$

该条件表明放大电路的开环放大倍数与正反馈网络的反馈系数的乘积应等于1,即反馈电压的大小必须和输入电压相等。

(2) 相位平衡条件

$$\varphi_A + \varphi_F = 2n\pi(n 为整数) \tag{7.3}$$

φ_A是基本放大电路输出信号和输入信号的相位差,φ_F为反馈网络输出信号和输入信号的相位差。式(7.3)表示基本放大电路的相位移与反馈网络的相位移的和等于0或2π的整数倍,即电路必须引入正反馈。

2. 正弦波振荡的起振和稳幅

实际上,振荡电路开始建立振荡时,并不需要借助于外加输入信号,它本身就能起阵,但电路由自行起振到稳定需要一个建立的过程。例如当电路接通电源时,将有电扰动作用于电路。根据频谱分析,这种扰动信号是由多种频率的分量所组成的,其中必然包含频率为f_0的正弦波。用一个选频网络将f_0信号"挑选"出来,使它满足振荡相位平衡条件和幅值平衡条件,其他频率成分的信号则因为不符合振荡条件而衰减为零,所以电路就将维持频率为f_0的正弦波振荡。

振荡初始,输出信号将由小逐渐变大,要求电路具有放大作用,所以电路的起振条件为

$$|\dot{A}\dot{F}| > 1 \tag{7.4}$$

当然电路应首先满足式(7.3)所示的相位平衡条件。如果$|\dot{A}\dot{F}|$始终大于1,则输出信号将会一味地增加,将使输出波形失真,显然这是应当避免的。因此,振荡电路还必须有稳幅环节,其作用是在输出电压幅值增大到一定数值后,设法减小放大倍数或减小反馈系数,使得$|\dot{A}\dot{F}|=1$,从而获得幅值稳定且基本不失真的正弦波输出信号。

3. 正弦波振荡电路的组成和分析方法

由以上分析可知,正弦波振荡电路必须有以下4个组成部分:

(1) 电压放大电路。使$f=f_0$的正弦输出信号能够从小逐渐增大,直到达到稳定幅值,而且通过它将直流电源提供的能量转换成交流功率。

(2) 正反馈网络。它使电路满足相位平衡条件,否则就不可能产生正弦波振荡。

(3) 选频网络。它保证电路只产生单一频率的正弦波振荡。多数电路中,它和正反馈网络合二为一。

(4) 稳幅环节。保证输出波形具有稳定的幅值。

正弦波振荡电路常以选频网络所用元件来命名,分别为RC、LC和石英晶体正弦波振荡电路。RC正弦波振荡电路的输出波形较好,振荡频率较低,一般在几百kHz以下;LC正弦波振荡电路的振荡频率较高,一般在几百kHz以上;石英晶体正弦波振荡电路的振荡频率极其稳定。

分析电路是否会产生正弦波振荡,首先观察其是否具有 4 个必要的组成部分,然后判断它是否满足正弦波振荡的条件,具体如下:

(1) 观察电路是否存在放大电路、选频网络、反馈网络和稳幅环节 4 个部分。
(2) 检查放大电路是否有合适的静态工作点,能否正常放大。
(3) 用瞬时极性法判断电路是否在 $f=f_0$ 时引入了正反馈,即是否满足相位平衡条件。
(4) 判断电路能否满足起振条件和幅值平衡条件。

7.1.2 RC 正弦波振荡电路

RC 串并联网络正弦波振荡电路用以产生低频正弦波信号,是一种使用十分广泛的 RC 振荡电路。

1. 电路原理图

RC 串并联网络正弦波振荡电路的原理图如图 7.2 所示。它由三部分组成:运算放大器 A、RC 串并联正反馈选频网络以及由电阻 R_1、R_2 组成的负反馈稳幅网络。由图可见,串、并联网络中的 R、C 以及负反馈支路中的 R_1、R_2 正好组成一个电桥的 4 个臂,因此这种电路又称为文氏电桥振荡电路。

以下首先分析 RC 串并联网络的选频特性,然后由相位平衡条件和幅度平衡条件估算电路的振荡频率和起振条件。

2. RC 串并联网络的选频特性

RC 串并联网络如图 7.3 所示。其中 $\dot{U}_1$ 为反馈与选频网络的输入电压,也是放大器的输出电压;$\dot{U}_2$ 为电路的输出电压,也是放大器的反馈电压。RC 串并联正反馈选频网络的反馈系数为

$$\dot{F} = \frac{\dot{U}_2}{\dot{U}_1} = \frac{\dfrac{R}{1+\mathrm{j}\omega RC}}{R + \dfrac{1}{\mathrm{j}\omega C} + \dfrac{R}{1+\mathrm{j}\omega RC}} = \frac{1}{3+\mathrm{j}\left(\omega RC - \dfrac{1}{\omega RC}\right)} \tag{7.5}$$

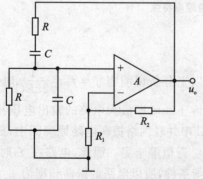

图 7.2 文氏桥正弦波振荡电路

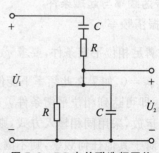

图 7.3 RC 串并联选频网络

令 $\omega_0 = 1/(RC)$，则上式变为

$$\dot{F} = \frac{1}{3 + j\left(\dfrac{\omega}{\omega_0} - \dfrac{\omega_0}{\omega}\right)} \tag{7.6}$$

幅频特性

$$F = \frac{1}{\sqrt{3^2 + \left(\dfrac{\omega}{\omega_0} - \dfrac{\omega_0}{\omega}\right)^2}} \tag{7.7}$$

相频特性

$$\varphi_F = -\arctan\frac{\left(\dfrac{\omega}{\omega_0} - \dfrac{\omega_0}{\omega}\right)}{3} \tag{7.8}$$

由式(7.7)和式(7.8)可以画出 RC 串并联网络的频率特性曲线，如图 7.4 所示。从图中可以看出，当 $\omega = \omega_0$ 时，反馈系数的幅值最大，为 $F = 1/3$，即输出电压 U_2 最大，并且与输入电压 U_1 同相位，$\varphi_F(\omega_0) = 0$。而当 $\omega \ne \omega_0$ 时，输出均被大幅度衰减，即 RC 串并联网络具有选频特性。ω_0 称为 RC 串并联电路的固有频率。

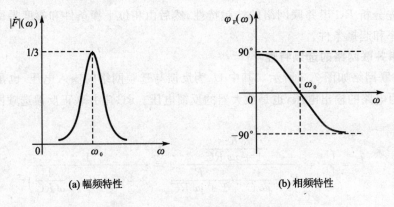

图 7.4 RC 串并联网络的频率特性

3. 振荡频率与起振条件

（1）振荡频率

为了满足相位平衡条件，要求 $\varphi_A + \varphi_F = \pm 2n\pi$。以上分析说明当 $f = f_0 = \dfrac{1}{2\pi RC}$ 时，串并联网络的 $\varphi_F = 0$，如果在此频率下能使放大电路的 $\varphi_A = \pm 2n\pi$，即放大电路的输出电压与输入电压同相，即可达到相位平衡条件。在图 7.2 所示 RC 串并联网络振荡电路原理图中，放大部分是集成运放，采用同相输入方式，则在中频范围内 φ_A 近似等于零。因此，电路在 f_0 时 $\varphi_A + \varphi_F = 0$，而对于其他任何频率，则不满足振荡的相位平衡条件，所以电路的振荡频率为

第7章 波形发生电路

$$f_0 = \frac{1}{2\pi RC} \tag{7.9}$$

（2）起振条件

已经知道当 $f=f_0$ 时，$|\dot F|=1/3$。为了满足振荡的幅度平衡条件，必须使 $|\dot A\dot F|>1$，由此可以求得振荡电路的起振条件为

$$|\dot A|>3 \tag{7.10}$$

因同相比例运算电路的电压放大倍数为 $A_{uf}=1+(R_2/R_1)$，为了使 $|\dot A|=A_{uf}>3$，图7.2所示振荡电路中负反馈支路的参数应满足以下关系：

$$R_2>2R_1 \tag{7.11}$$

例 7.1 某正弦波信号发生器由文氏桥振荡电路组成，其选频网络如图7.5所示，用开关切换不同的电容来实现振荡频率的粗调，用调节同轴电位器来实现振荡频率的细调。已知 C_1、C_2、C_3 分别为 $0.22\ \mu F$、$0.022\ \mu F$、$0.002\ 2\ \mu F$，固定电阻 $R=3.3\ k\Omega$，同轴电位器 $R_P=33\ k\Omega$，试估算该仪器三档频率的调节范围。

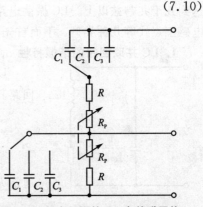

图 7.5 频率可调的 RC 串并联网络

解：（1）当 $C=C_1=0.22\ \mu F$ 时，若电位器 R_P 调到最大，则

$$f=\frac{1}{2\pi(R+R_P)C_1}=\left[\frac{1}{2\pi(3.3+33)\times 10^3 \times 0.22\times 10^{-6}}\right] Hz \approx 20\ Hz$$

若 R_P 调到 0，则

$$f=\frac{1}{2\pi RC_1}=\left(\frac{1}{2\pi\times 3.3\times 10^3\times 0.22\times 10^{-6}}\right) Hz \approx 219\ Hz$$

（2）当 $C=C_2=0.022\ \mu F$ 时，若电位器 R_P 调到最大，则

$$f=\frac{1}{2\pi(R+R_P)C_2}=\left[\frac{1}{2\pi(3.3+33)\times 10^3\times 0.022\times 10^{-6}}\right] Hz \approx 200\ Hz$$

若 R_P 调到 0，则

$$f=\frac{1}{2\pi RC_2}=\left(\frac{1}{2\pi\times 3.3\times 10^3\times 0.022\times 10^{-6}}\right) Hz \approx 2\ 190\ Hz = 2.19\ kHz$$

（3）当 $C=C_3=0.002\ 2\ \mu F$ 时，若电位器 R_P 调到最大，则

$$f=\frac{1}{2\pi(R+R_P)C_3}=\left[\frac{1}{2\pi(3.3+33)\times 10^3\times 0.002\ 2\times 10^{-6}}\right] Hz \approx 2\ 000\ Hz = 2\ kHz$$

若 R_P 调到 0，则

$$f=\frac{1}{2\pi RC_3}=\left(\frac{1}{2\pi\times 3.3\times 10^3\times 0.002\ 2\times 10^{-6}}\right) Hz \approx 21\ 900\ Hz = 21.9\ kHz$$

可见,此仪器的三档频率范围分别为Ⅰ档——20~219 Hz;Ⅱ档——200 Hz~2.19 kHz;Ⅲ档——2~21.9 kHz。三档均在低频信号范围内,并且三个档之间互相有覆盖。

7.1.3 LC 正弦波振荡电路

LC 振荡器是利用 LC 并联回路作为正反馈选频网络,该电路产生的振荡频率较高,可以达到几十兆赫兹以上。LC 振荡电路按照反馈方式的不同可分为变压器反馈式、电容三点式、电感三点式等几种类型。下面首先分析 LC 并联谐振电路的选频特性。

1. LC 并联回路的谐振特性

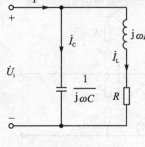

图 7.6 LC 并联回路

LC 并联回路如图 7.6 所示,回路中的电阻 R 为电感线圈及回路其他损耗的等效电阻。电路的等效阻抗为

$$Z = \frac{-\frac{1}{j\omega C}(R+j\omega L)}{-\frac{1}{j\omega C}+(R+j\omega L)} \tag{7.12}$$

通常 R 很小($R \ll \omega L$),式(7.12)近似为

$$Z = \frac{L/C}{R+j\left(\omega L - \frac{1}{\omega C}\right)} \tag{7.13}$$

幅频特性为

$$|Z| = \frac{L/C}{\sqrt{R^2+\left(\omega L - \frac{1}{\omega C}\right)^2}} \tag{7.14}$$

当信号频率为某一特定频率 f_0,即 $f=f_0$ 时,LC 回路产生谐振,此时电路的阻抗 $|Z|$ 最大,而当信号频率 $f > f_0$ 或者 $f < f_0$ 时,电路的阻抗都小于最大阻抗,因此说,LC 并联电路具有选频特性。不难得出,要使 LC 回路产生谐振,必须要求

$$\omega_0 L - \frac{1}{\omega_0 C} = 0$$

于是得到

$$\omega_0 = \frac{1}{\sqrt{LC}} \tag{7.15}$$

ω_0 为 LC 并联回路的谐振角频率,或用频率 f_0 表示为

$$f_0 = \frac{1}{2\pi\sqrt{LC}} \tag{7.16}$$

2. 变压器反馈式 LC 正弦波振荡电路

(1) 工作原理

图 7.7 所示是变压器反馈式 LC 振荡电路,它由共射放大电路、LC 并联谐振电路(选频电

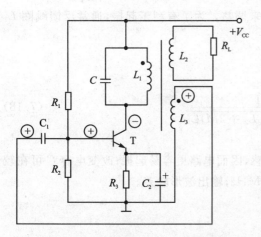

图 7.7 变压器反馈式 LC 振荡电路

路)和变压器反馈电路三部分组成。LC 电路由电容 C 与变压器初级线圈 L_1 组成。谐振时，LC 并联回路呈电阻性，在 $f=f_0$ 时，放大器的输出与输入信号反相，即 $\varphi_A=180°$。变压器次级线圈 L_3 是反馈线圈，利用变压器的耦合作用，反馈线圈产生反馈电压。因为变压器同名端的电压极性相同，所以反馈电压与输出电压反相，$\varphi_F=180°$，即谐振时满足相位平衡条件。调节变压器的变压系数，可改变反馈量的大小，一般都能满足振荡电路的起振条件 $|\dot{A}\dot{F}|>1$。

(2) 谐振频率

该电路的振荡频率近似等于 LC 并联回路的谐振频率，即

$$f_0 \approx \frac{1}{2\pi\sqrt{LC}} \tag{7.17}$$

式中，L 是谐振回路的等效电感。

(3) 振幅的稳定

振幅的稳定是利用三极管的非线性特性来实现的。在振荡初期，输出信号和反馈信号都很小，基本放大电路工作在线性放大区，使输出电压的幅度不断增大。当幅度达到某一数值后，基本放大电路的工作状态进入饱和区，使得集电极电流 i_C 失真，其基波分量减小，再经过 LC 并联回路选频，输出稳定的正弦波信号。

变压器反馈式 LC 振荡电路的特点是电路容易起振，改变电容可调整谐振频率，但输出波形不好，常用于对波形要求不高的设备。

3. 电感三点式正弦波振荡电路

三点式振荡电路是由 LC 并联回路的三个端点与三极管的三个电极连接，构成的反馈式振荡电路。这种振荡电路可分为电感三点式(也称哈特莱电路)和电容三点式(也称考毕兹电路)。

(1) 工作原理

电感三点式振荡电路如图 7.8 所示。电路由一个带抽头的电感线圈和电容器组成的 LC 并联回路，该回路作为选频与反馈网络，它的 3 个端点分别与三极管的 3 个电极相连。其中 L_2 为反馈线圈，作用是实现正反馈(可用瞬时极性法判断)。

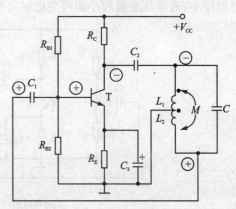

图 7.8 电感三点式振荡电路

反馈量的大小可以通过改变线圈抽头的位置来调整。为了有利于起振,通常反馈线圈 L_2 的匝数占总匝数的 $1/8 \sim 1/4$。

(2) 振荡频率

电感三点式振荡电路的振荡频率为

$$f_0 = \frac{1}{2\pi\sqrt{(L_1+L_2+2M)C}} \tag{7.18}$$

式中,M 是线圈 L_1 和 L_2 的互感系数。

电感三点式振荡电路的特点是:由于存在互感,因而电路更容易起振;改变电容 C 可在较大范围内调节振荡频率,一般从几百 kHz 到几十 MHz;输出波形较差。

4. 电容三点式正弦波振荡电路

(1) 工作原理

电容三点式振荡电路如图 7.9(a) 所示。由 C_1、C_2 和 L 组成并联选频和反馈网络。正反馈电压取自电容 C_2 的两端。谐振时,选频网络呈电阻性,满足自激振荡的相位条件。由于三极管的 β 值足够大,通过调节 C_1、C_2 的比值可得到合适的反馈电压,因而使电路满足振幅平衡条件。一般电容的比值取为 $C_1/C_2 = 0.01 \sim 0.5$。

(2) 振荡频率

电容三点式振荡电路的振荡频率为

$$f_0 = \frac{1}{2\pi\sqrt{L\left(\dfrac{C_1 C_2}{C_1+C_2}\right)}} \tag{7.19}$$

该频率近似等于 LC 并联回路的谐振频率。

电容三点式振荡电路的特点是:电路的反馈电压取自 C_2 的两端,高次谐波分量小,振荡输出波形较好;C_1 和 C_2 较小时,电路的振荡频率较高,一般可达 100 MHz 以上;振荡频率的调节范围小,通常用容量较小的可变电容与电感线圈串联,来实现频率的连续可调。

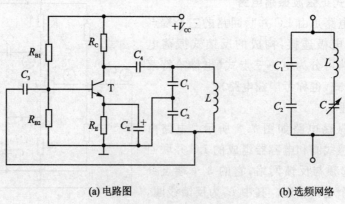

(a) 电路图 (b) 选频网络

图 7.9 电容三点式振荡电路

为了方便地调节频率和提高振荡频率的稳定性,可把图 7.9(a)中的选频网络变成图 7.9(b)所示形式,该选频网络的谐振频率为

$$f' \approx \frac{1}{2\pi \sqrt{LC'}} \tag{7.20}$$

式(7.20)中,$\frac{1}{C'} = \frac{1}{C_1} + \frac{1}{C_2} + \frac{1}{C}$。由于 $C_1 \gg C, C_2 \gg C$,因此 f_0 主要由 LC 决定。通过调节 C 可以方便地调节振荡频率。

例 7.2 图 7.10 所示为某超外差收音机的本机振荡电路,振荡线圈原、副边线组的同名端如图中圆点所示。

(1) 判断电路中的放大电路是共射、共基、共集接法中的哪一种;
(2) 判断电路是否满足相位平衡条件;
(3) 说明电容 C_1 和 C_2 起何作用;
(4) 说明 C_2 断开后电路还能否维持振荡,简述原因;
(5) 计算当 $C_4 = 20$ pF 时,在 C_5 的变化范围内,振荡频率的可调范围。

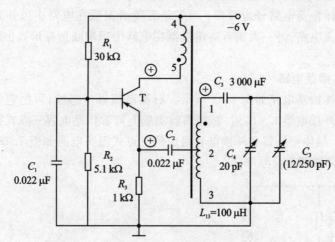

图 7.10 某超外差收音机中的本机振荡电路

解:(1) 此电路为共基射极调谐型变压器反馈式 LC 正弦波振荡电路。

(2) 用瞬时极性法,断开 C_2 左端,假设从发射极输入对地为"+"、频率为 f_0 的信号 $\dot{U}_i$,则集电极电位为"+"(共基电路输出与输入同相),电感线圈的 1 端对地也为"+",而 2~3 端的电压反馈到发射极,正好与所加输入信号 $\dot{U}_i$ 极性相同,所以电路满足相位平衡条件。

(3) 电容 C_1、C_2 的容量比谐振回路里的电容 C_3、C_4、C_5 大很多。C_1 为旁路电容,C_2 为耦合电容。

(4) 若 C_2 断开,则电路失去了正反馈通路,所以不能维持振荡。

(5) 振荡频率表达式为

$$f_0 \approx \frac{1}{2\pi \sqrt{L_{13} \cdot \frac{(C_4+C_5)C_3}{C_4+C_5+C_3}}}$$

当 $C_5=250$ pF 时，$f_0 \approx 1.33$ MHz；当 $C_5=12$ pF 时，$f_0 \approx 2.96$ MHz，所以振荡频率调节范围约为 $1.33 \sim 2.96$ MHz。

7.1.4 石英晶体正弦波振荡电路

在实际应用中，一般对振荡频率的稳定度要求较高。例如在无线电通信中，为了减小各电台之间的相互干扰，频率的稳定度必须达到一定的标准。频率的稳定度通常以频率的相对变化量来表示，即 $\Delta f_0/f_0$，其中 f_0 为频率的标称值；Δf_0 为频率的绝对变化量。

在 LC 振荡电路中，频率的稳定度相对较差。利用石英晶体代替 LC 谐振回路就构成了晶体振荡器，它可使振荡频率的稳定度提高几个数量级。石英晶体振荡器是一种高稳定性的振荡器，目前已广泛应用于各种通信系统、雷达、导航等电子设备中。

常用的石英晶体振荡电路分为两类：一类是石英谐振器在电路中以并联谐振形式出现，称为并联型晶体振荡电路；另一类是石英谐振器在电路中以串联谐振形式出现，称为串联型晶体振荡电路。

1. 并联型晶体振荡电路

并联型石英晶体振荡电路如图 7.11 所示。石英谐振器呈感性，可把它等效为一个电感。选频网络由晶体与外接电容 C_1、C_2 组成，振荡器实质上可看作是电容三点式振荡电路。

由运算放大器、晶体谐振器和外接电容组成的三点式振荡电路如图 7.12 所示，其中 C_S 为可调电容，调节 C_S 可微调振荡频率。

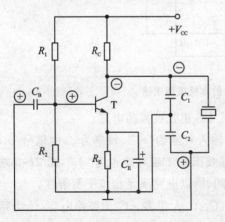

图 7.11 并联型石英晶体振荡器

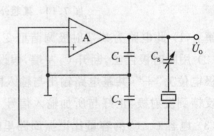

图 7.12 运算放大器构成的并联型石英晶体振荡器

2. 串联型晶体振荡电路

图 7.13 所示为一种串联型晶体振荡电路。图中 T_1 和 T_2 组成两级放大器,放大器的输出与输入电压反相,经石英谐振器与 R_E 和可变电阻 R_P 形成正反馈。可变电阻 R_P 的作用是用来调节反馈量的大小,使电路既能起振,又能输出良好的正弦波信号。

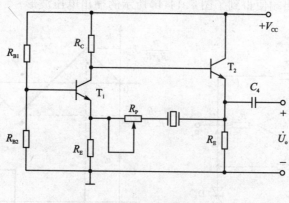

图 7.13 串联型晶体振荡电路

7.2 非正弦波振荡电路

在电子设备中,常用到一些非正弦信号,例如数字电路中用到的矩形波,示波器和电视机扫描电路中用到的锯齿波等,本节将介绍常见的矩形波、三角波、锯齿波信号发生电路。

7.2.1 矩形波发生电路

图 7.14(a)所示是一种能产生矩形波的基本电路。由图可见,它是在滞回电压比较器的基础上,增加一条 RC 充、放电负反馈支路构成的。

1. 工作原理

在图 7.14(a)中,集成运放工作在非线性区,输出只有两个值:$+U_{oM}$ 和 $-U_{oM}$。电容 C 上的电压加在集成运放的反相端,用以控制滞回比较器的工作状态。

设在刚接通电源时,电容 C 上的电压为零,输出为正饱和电压 $+U_{oM}$,同相端的电压为

$$u_+ = \frac{R_2}{R_1+R_2}U_{oM}$$

电容 C 在输出电压 $+U_{oM}$ 的作用下开始充电,充电电流 i_C 经过电阻 R_F,如图 7.14(a)中实线所示。

当充电电压 u_C 升至 u_+ 时,由于运放输入端 $u_- > u_+$,于是电路翻转,输出电压由 $+U_{oM}$ 翻至 $-U_{oM}$,同相端电压变为

$$u'_+ = -\frac{R_2}{R_1+R_2}U_{oM}$$

电容 C 开始放电,u_C 开始下降,放电电流 i_C 如图 7.14(a)中虚线所示。

当电容电压 u_C 降至 u'_+ 时,由于 $u_- < u_+$,于是输出电压又翻转到 $u_o = +U_{oM}$。如此周而复始,在集成运放的输出端便得到了图 7.14(b)所示的输出电压波形。

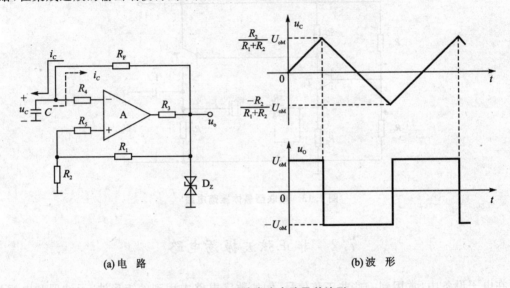

(a) 电　路　　　　　　　　　　(b) 波　形

图 7.14　矩形波发生电路及其波形

2. 振荡频率及其调节

电路输出矩形波电压的周期取决于充、放电的时间常数 RC。可以证明其周期为

$$T = 2.2RC$$

则振荡频率为

$$f = \frac{1}{2.2RC} \tag{7.21}$$

改变 RC 即可调节矩形波的周期和频率。

若矩形波的输出电压高电平和低电平时间相等,即占空比为 50%,则称为方波,即方波是占空比为 50% 的矩形波。因此,在图 7.14(a)电路中,只要适当选取电容 C 及电阻元件的参数,使电容的充、放电时间相等,便可得到方波发生电路。

7.2.2　三角波发生电路

三角波发生电路的基本结构如图 7.15(a)所示。

集成运放 A_2 构成一个积分电路,集成运放 A_1 构成滞回电压比较器,其反相端接地,集成运放 A_1 同相端的电压由 u_o 和 u_{o1} 共同决定,为

$$u_+ = \frac{R_2}{R_1+R_2}u_{o1} + \frac{R_1}{R_1+R_2}u_o$$

当 $u_+>0$ 时，$u_{o1}=+U_{oM}$；当 $u_+<0$ 时，$u_{o1}=-U_{oM}$。

在电源刚接通时，假设电容器初始电压为零，集成运放 A_1 输出电压为正饱和电压值 $+U_{oM}$，积分器输入为 $+U_{oM}$，电容 C 开始充电，输出电压 u_o 开始减小，u_+ 值也随之减小，当 u_o 减小到 $-(R_2/R_1)U_{oM}$ 时，u_+ 由正值变为零，滞回比较器 A_1 翻转，集成运放 A_1 的输出 $u_{o1}=-U_{oM}$。

当 $u_{o1}=-U_{oM}$ 时，积分器输入负电压，输出电压 u_o 开始增大，u_+ 值也随之增大，当 u_o 增加到 $(R_2/R_1)U_{oM}$ 时，u_+ 由负值变为零，滞回比较器 A_1 翻转，集成运放 A_1 的输出 $u_{o1}=+U_{oM}$。

此后，前述过程不断重复，便在 A_1 的输出端得到幅值为 U_{oM} 的矩形波，A_2 输出端得到三角波，可以证明其频率为

$$f = \frac{R_1}{4R_2R_3 C} \tag{7.22}$$

显然，可以通过改变 R_1、R_2、R_3 的阻值来改变三角波的频率。

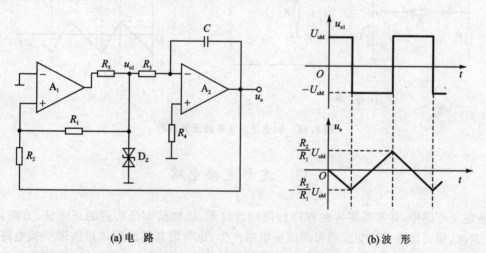

(a) 电路   (b) 波形

图 7.15 三角波发生电路及其波形

7.2.3 锯齿波发生电路

锯齿波发生电路能够提供一个与时间成线性关系的电压或电流波形，这种信号在示波器和电视机扫描电路以及许多数字仪表中得到广泛应用。

在图 7.15(a) 三角波发生电路中，输出是等腰三角形波。如果人为地使三角形两边不等，这样输出的电压波形就是锯齿波。简单的锯齿波发生电路如图 7.16(a) 所示。

锯齿波发生电路的工作原理与三角波的基本相同。只是与图 7.15(a) 所示三角波发生器

相比,图 7.16(a)所示电路中有两处不同,一是在积分器 A_2 的输入端加了一个电位器 R_P,通过调节 R_P,使积分器的输入电压值变化,积分到一定电压所需的时间也随之改变,从而改变了波形的频率。实际中常采用这种方法在图 7.15(a)三角波发生器的基础上加上这样一个电位器,从而方便调节三角波的频率。第二处不同是,在集成运放 A_2 的反相输入电阻 R_3 上并联由二极管 D_1 和电阻 R_5 组成的支路,这样积分器的正向积分和反向积分的速度明显不同,当 $u_{o1} = -U_{oM}$ 时,D_1 反偏截止,正向积分的时间常数为 R_3C;当 $u_{o1} = +U_{oM}$ 时,D_1 正偏导通,负向积分常数为 $(R_3//R_5)C$,若取 $R_5 \ll R_3$,则负向积分时间小于正向积分时间,形成如图 7.16(b)所示的锯齿波。

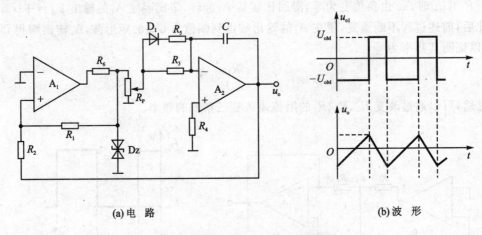

(a) 电 路 (b) 波 形

图 7.16 锯齿波发生电路及其波形

7.3 波形变换电路

在电子电路中,常常需要各种各样的周期性波形,比如前面分析过的正弦波、方波、矩形波、三角波、锯齿波等。这些波形可用振荡电路产生,也可用其他波形通过波形变换电路变换而来。比如前面分析过的电压比较器可以将周期性信号变换成方波;积分电路可将方波变换为三角波;微分电路可将三角波变换为方波等。除此之外,还可以采用其他方法将三角波变换为锯齿波或正弦波,将直流信号变换为频率与其幅值成正比的矩形波等,下面分别加以介绍。

7.3.1 三角波变锯齿波电路

三角波电压如图 7.17(a)所示,经波形变换电路所获得的锯齿波电压如图 7.17(b)所示。分析两个波形的变换可知,当三角波上升时,锯齿波与之相等,即

$$u_o : u_i = 1 : 1 \tag{7.23}$$

当三角波下降时,锯齿波与之相反,即

$$u_o : u_i = -1 : 1 \tag{7.24}$$

由此可知,波形变换电路应为比例运算电路,当三角波上升时,比例系数为1;当三角波下降时,比例系数为-1,利用可控的电子开关,可以实现比例系数的变化。

三角波变锯齿波电路如图 7.18 所示。利用结型场效应管组成的电子开关实现了比例系数的可控性。

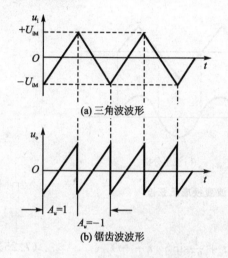

图 7.17　三角波变锯齿波　　　　图 7.18　三角波-锯齿波变换电路

当 T 的栅极控制电压 u_C 为负,且幅值超过场效应管夹断电压时,T 夹断,漏-源间可视为开路;当 u_C 为正时,场效应管导通,漏-源间呈低阻,其值与图中 100 kΩ 电阻相比可视为短路。因而可将 T 等效为开关 S。

如果在输入三角波电压 u_i 上升的半周内使场效应管 T 的栅极控制电压 u_C 为负半周,则 T 夹断(相当于开关 S 断开),根据虚短和虚断的概念,列出下列方程组

$$\left. \begin{array}{l} u_- = u_+ = \dfrac{u_i}{2} \\[4pt] \dfrac{u_i - u_-}{R} = \dfrac{u_-}{\frac{1}{2}R} + \dfrac{u_- - u_o}{R} \end{array} \right\}$$

可解得 $u_o = u_i$,即 $A_u = 1$。

如果在 u_i 下降的半个周期内,u_C 为正,则 T 导通(相当于开关 S 闭合),电路等效为集成运放 A 同相端接地的反相比例运算电路,其电压放大倍数 $A_u = -1$,所以达到了三角波变锯齿波的目的。

由以上分析可知,只有在电子开关的工作状态和输入电压波形严格对应,才能完成波形的转换,控制电压 u_C 与 u_i 的对应关系如图 7.18 所示。

7.3.2 三角波变正弦波电路

在三角波电压为固定频率或频率变化范围很小的情况下,可以考虑采用低通滤波的方法将三角波变换为正弦波,电路框图如图 7.19(a)所示。输入电压和输出电压的波形如图 7.19(b)所示,u_o 的频率等于 u_i 基波的频率。

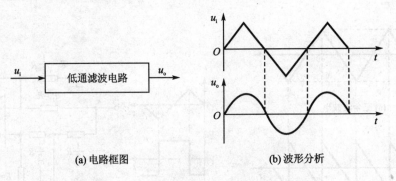

(a) 电路框图　　　　　　　　(b) 波形分析

图 7.19　利用低通滤波器将三角波变换成正弦波

将三角波按傅立叶级数展开

$$u_i(\omega t) = \frac{8}{\pi^2}U_m\left(\sin\omega t - \frac{1}{9}\sin 3\omega t + \frac{1}{25}\sin 5\omega t - \cdots\right) \tag{7.25}$$

式中,U_m 为三角波的幅值。根据式(7.25)可知,低通滤波器的通带截止频率应大于三角波的基波频率且小于三角波的三次谐波频率。当然,也可利用带通滤波器来实现上述变换。例如,若三角波的频率变化范围为 100~200 Hz,则低通滤波器的通带截止频率可取 250 Hz,带通滤波器的通频带可取 50~250 Hz。但是,如果三角波的最高频率超过其最低频率多倍,就要考虑采用折线法来实现变换了。

7.3.3 压控振荡电路

压控振荡电路的输入为直流信号,输出为频率与输入电压幅值成正比的矩形波,由于电路的振荡频率受输入电压的控制,故称为压控振荡电路。实际上,与其说压控振荡电路是将直流信号变为矩形波的波形变换电路,不如说它是能够将直流信号转换为数字信号,即实现模拟量到数字量转换的模-数转换电路。由于这一功能,压控振荡电路用途广泛,并已有多种规格的集成电路,其振荡频率与输入控制电压幅值的非线性误差小于 0.02%,但振荡频率较低,一般在 100 kHz 以下。

图 7.20(a)所示为压控振荡电路,集成运放 A_1 组成反相积分电路,A_2 组成同相滞回电压比较电路。图 7.20(b)所示为振荡波形。

在图 7.20(a)所示电路中,输出锯齿波的幅值可由 R_3、R_4 调节,而频率可由 R_3、R_4、R_1 和 C

第7章 波形发生电路

调节。一般先调节 R_3、R_4 以确定 u_{o1} 的幅值，再调节 R、C 以确定振荡频率。

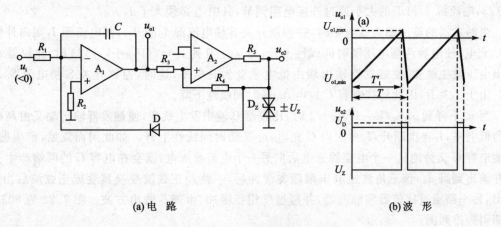

(a) 电 路

(b) 波 形

图 7.20 压控振荡器

7.4 集成函数发生器 8038 简介

集成函数发生器 8038 是一种多用途的波形发生器，可以产生正弦波、方波、三角波和锯齿波，其频率可以通过外加的直流电压进行调节，使用方便，性能可靠。

1. 8038 的工作原理

图 7.21 所示为 8038 的内部原理电路图，可以看出，它由两个恒流源、两个电压比较器和触发器等组成。

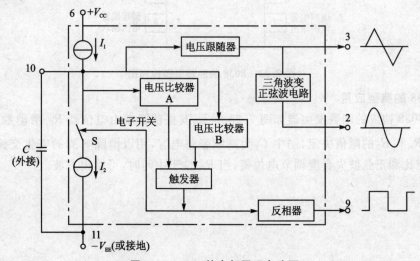

图 7.21 8038 的内部原理电路图

在图 7.21 中,电压比较器 A、B 的门限电压分别为两个电源电压之和 $(V_{CC}+V_{EE})$ 的 2/3 和 1/3,电流源 I_1 和 I_2 的大小通过外接电阻调节,其中 I_2 必须大于 I_1。

当触发器的输出端为低电平时,它控制开关 S 使电流源 I_2 断开。而电流源 I_1 则向外接电容 C 充电,使电容两端电压随时间线性上升,当 u_C 上升到 $u_C=2(V_{CC}+V_{EE})/3$ 时,比较器 A 的输出电压发生跳变,使触发器输出端由低电平变为高电平,这时,控制开关 S 使电流源 I_2 接通。由于 $I_2>I_1$,因此外接电容 C 放电,u_C 随时间线性下降。

当 u_C 下降到 $u_C \leqslant (V_{CC}+V_{EE})/3$ 时,比较器 B 输出发生跳变,使触发器输出端又由高电平变为低电平,I_2 再次断开,I_1 再次向 C 充电,u_C 又随时间线性上升。如此周而复始,产生振荡。外接电容 C 交替地从一个电流源充电后向另一个电流源放电,就会在电容 C 的两端产生三角波并输出到脚 3。该三角波经电压跟随器缓冲后,一路经正弦波变换器变成正弦波后由脚 2 输出,另一路通过比较器和触发器,并经过反相器缓冲,由脚 9 输出方波。图 7.22 为 8038 的外部引脚排列图。

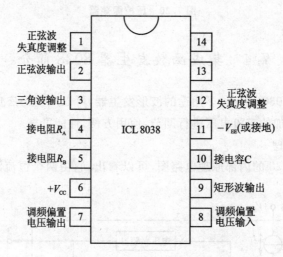

图 7.22 8038 的外部引脚排列图

2. 8038 的典型应用

利用 8038 构成的函数发生器如图 7.23 所示,其振荡频率由电位器 R_{P_1} 滑动触点的位置、C 的容量、R_A 和 R_B 的阻值决定,图中 C_1 为高频旁路电容,用以消除 8 脚的寄生交流电压,R_{P_2} 为方波占空比和正弦波失真度调节电位器,当 R_{P_2} 位于中间时,可输出方波。

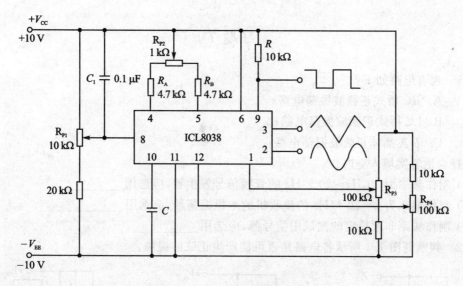

图 7.23 8038 的典型应用

本章小结

(1) 正弦波振荡电路是利用选频网络通过正反馈产生的自激振荡。正弦振荡的平衡条件是 $\dot{A}F=1$,分别表示为相位平衡条件 $\varphi_A+\varphi_F=2n\pi$($n$ 为整数)和幅值平衡条件 $|\dot{A}F|=1$。

正弦波振荡电路一般由放大电路、正反馈网络、选频网络和稳幅环节 4 个部分组成。按构成选频网络元件的不同,正弦波振荡电路可分为 RC 和 LC(包括石英晶体)两大类。

(2) 非正弦波发生电路主要包括矩形波、三角波和锯齿波发生电路,它们一般由开关电路(滞回比较器)、反馈网络和延迟环节(RC 电路、积分运算电路)等组成。在分析电路能否产生非正弦波振荡时,应首先观察电路是否包含主要组成部分;然后分别假设电压比较器的输出为高电平和低电平,并分析延迟环节的工作过程。

(3) 波形变换电路可将一种形状的波形变成另一种形状的波形,利用基本运算电路和电压比较器可以实现波形变换。此外,利用具有 +1 和 −1 比例系数的比例运算电路可将三角波变换成二倍频的锯齿波;利用滤波法或折线法可将三角波变换成正弦波,利用压控振荡电路实现直流信号到脉冲信号频率的转换等。

(4) 集成函数发生器 8038 是一种多用途的波形发生器,可以产生正弦波、方波、三角波和锯齿波,其频率可以通过外加的直流电压进行调节,使用方便,性能可靠。使用时只需按其应用图连接即可。

习题 7

7.1 现有电路如下：
  A. RC 桥式正弦波振荡电路；
  B. LC 桥式正弦波振荡电路；
  C. 石英晶体正弦波振荡电路；
选择合适答案填入空内。
(1) 制作频率为 20 Hz～20 kHz 的音频信号发生器，应选用_____。
(2) 制作频率为 2～20 MHz 的接收机的本机振荡器，应选用_____。
(3) 制作频率非常稳定的测试用信号源，应选用_____。

7.2 判断题图 7.1 所示各电路是否可能产生正弦波振荡。

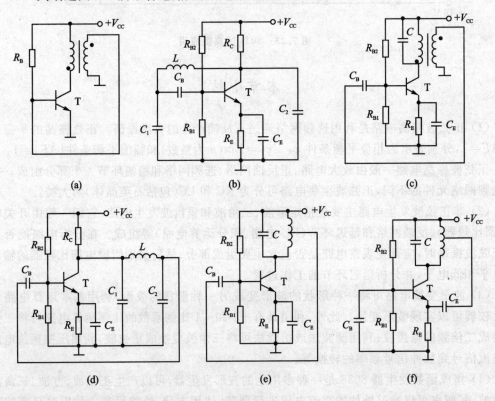

题图 7.1

7.3 已知文氏桥振荡电路如题图 7.2 所示，填空：
(1) 若电阻 R_1 为热敏电阻，则温度上升时其阻值应当_____才能起稳幅作用。

(2) 电路的振荡频率的表达式为_____。

(3) 若电阻 R_1 开路,则输出电压_____。

(4) 若电阻 R_F 开路,则输出电压_____。

7.4 某同学连接的文氏桥振荡电路如题图 7.3 所示,改正图中错误。

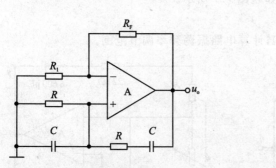

题图 7.2

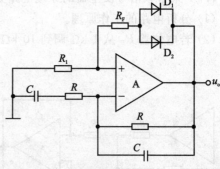

题图 7.3

7.5 根据题图 7.4 所示框图中的电路名称定性画出 u_{o1}、u_{o2} 和 u_{o3} 的波形。

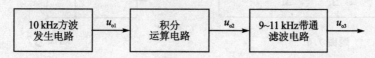

题图 7.4

7.6 标出题图 7.5 所示各电路中变压器的同名端,使电路满足正弦波振荡的相位平衡条件。

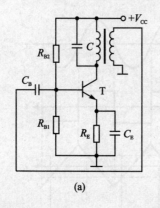

(a)

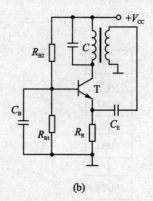

(b)

题图 7.5

7.7 方波发生电路如图 7.14 所示,选择填空:

(1) 为了增大输出电压 u_o 的幅值,应_____。

    A. 增大 R_1 B. 增大 R_2 C. 换稳定电压大的稳压管

(2) 为了增大振荡频率,应_____。

  A. 减小 R_2 B. 减小 R C. 减小 C

7.8 电路如题图 7.6 所示,试标出两个集成运放的同相输入端"＋"和反相输入端"－",并简述原因。

7.9 某音频信号发生器的原理电路如题图 7.7 所示。

(1) 分析电路的工作原理。

(2) 若电位器 R_P 从 1 kΩ 调到 10 kΩ,计算电路振荡频率调节范围。

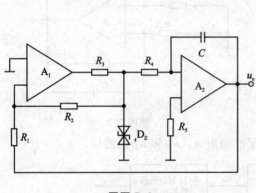

题图 7.6

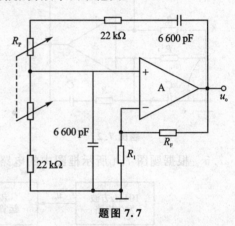

题图 7.7

7.10 波形变换电路方框图如题图 7.8(a)所示,各部分电路的输出电压波形如题图 7.8(b)所示,试说明各电路的名称。

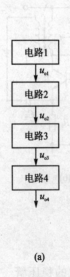

(a)   (b)

题图 7.8

第8章 功率放大电路

在多级放大电路中,输出级输出的信号往往都是送到负载并驱动负载工作。例如,使扬声器音圈振动发出声音;推动电动机旋转;使继电器或记录仪表动作等。这就要求多级放大电路的输出级能够给负载提供足够大的信号功率,即输出级不但要输出足够高的电压,同时还要输出足够大的电流。这种用来放大功率的放大电路称为功率放大电路,也称功率放大器,简称功放。

8.1 功率放大电路的特点和分类

8.1.1 功率放大电路的特点

由于功率放大电路的主要任务是输出较大的信号功率,故在性能要求上有以下几个主要特点:

1. 输出功率尽量大

为了使负载获得尽可能大的功率,要求功率管应有足够大的电压和电流输出幅度。因此功率管往往在接近极限运用状态下工作,这就要求在选择功率管时,必须考虑使它的工作状态不超过其本身的极限参数 I_{CM}、P_{CM} 和 $U_{(BR)CEO}$。

2. 效率要高

由于输出功率大,因此直流电源消耗的功率也大,这就存在效率问题。所谓效率是指负载得到的有用信号功率和直流电源供给的直流功率的比值。比值越大,效率越高。应尽量减小三极管的损耗功率,以提高能量转换的效率。

3. 非线性失真要小

功率放大电路是在大信号下工作的,输出电压和电流的幅值都很大,所以不可避免地会产生非线性失真,而且同一功放管输出功率越大,非线性失真往往越严重,这就使输出功率和非线性失真成为一对主要矛盾。但是,在不同场合下,对非线性失真的要求不同,例如,在测量系统和电声设备中,这个问题很重要,而在工业控制系统等领域中,则以输出功率为主要目的,对非线性失真的要求就降为次要问题了。需要指出的是,分析大信号工作状态已不能用微变等效电路分析法,而普遍采用图解法及近似估算法。

4. 三极管的散热和保护

在功率放大电路中,三极管的集电结消耗较大的功率使结温和管壳温度升高。为了充分利用允许的管耗而使三极管输出足够大的功率,放大器件的散热就成为一个重要的问题。此外,三极管承受的电压高,通过的电流大,所以还必须考虑三极管的保护问题。通常采取的措施是对三极管加装一定面积的散热片和电流保护环节。

8.1.2 功率放大电路的分类

根据放大电路中三极管静态工作点设置的不同,可分成甲类、乙类和甲乙类3种。

甲类放大电路的工作点设置在放大区的中间,这种电路的优点是在输入信号的整个周期内三极管都处于导通状态,输出信号失真小(前面讨论的电压放大电路都工作在这种状态),如图8.1(a)所示;缺点是三极管有较大的静态电流 I_{CQ},这时管耗 P_C 大,而且甲类放大时,不管有无输入信号,电源供给的功率是不变的。可以证明,即使在理想条件下,甲类放大电路的效率最高也只有50%,那些对于输出功率及效率要求不高的功率放大电路可以采用甲类。

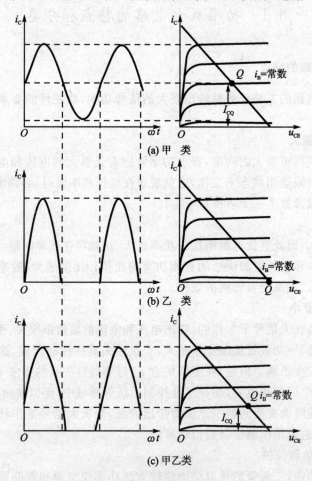

图 8.1 功率放大电路的工作状态

从甲类放大电路中可以看出,效率低的主要原因是静态电流 I_{CQ} 太大。在没有信号输入时,电源仍然输送功率。由此可见,提高效率的办法是减小静态电流 I_{CQ}。如果把静态工作点 Q 向下移动,使静态电流 I_{CQ} 等于零,则输入信号等于零时电源供给的功率也等于零,输入信号增大时电源供给的功率也随之增大,这样电源供给的功率及管耗都随着输出功率的大小而变,这样就能改变甲类放大时效率低的状况,这种工作方式下的电路称为乙类放大电路。可见,乙类放大电路的工作点设置在截止区,如图 8.1(b)所示。乙类放大电路提高了能量的转换效率,在理想情况下效率可达 78.5%,但此时却出现了严重的波形失真,在输入信号的整个周期,仅在半个周期内三极管导通,有电流流过,只能对半个周期的输入信号进行放大。

如果将图 8.1(b)所示输出特性曲线中的工作点 Q 上移一些,设在放大区但接近截止区,使三极管的导通时间大于信号的半个周期,且小于一个周期,这类工作方式下的电路称为甲乙类放大电路,如图 8.1(c)所示。目前常用的音频功率放大电路中,功放管多数是工作在甲乙类放大状态。这种电路的效率略低于乙类放大,但它克服了乙类放大电路产生的失真问题,目前使用较广泛。

8.2 乙类双电源互补对称功率放大电路

乙类放大电路具有能量转换效率高的特点,常用它作为功率放大器,但乙类放大电路只能放大半个周期的信号。为了解决这个问题,常用两个对称的乙类放大电路分别放大正、负半周的信号,然后合成为完整的波形输出,即利用两个乙类放大电路的互补特性完成整个周期信号的放大。

8.2.1 电路组成及工作原理

1. 电路组成

图 8.2 所示是双电源乙类互补功率放大电路。T_1 是 NPN 型管,T_2 是 PNP 型管。T_1 和 T_2 管的基极连在一起作为信号输入端,发射极连在一起作为信号输出端,R_L 为负载。这个电路实际上是由两个射极输出器组合而成。电路中正、负电源对称,两管参数对称。

2. 工作原理

由于两管都没有偏置电阻,故静态($u_i=0$)时,两管都截止,此时 I_{BQ}、I_{CQ}、I_{EQ} 均为零,负载上无电流通过,输出电压 $u_o=0$。

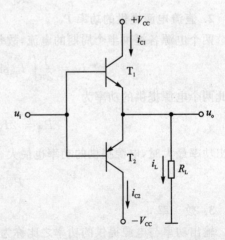

图 8.2 OCL 乙类互补对称功率放大电路

动态时,当输入信号 u_i 为正半周时,$u_i > 0$,两管的基极电位为正,故 T_1 管导通,T_2 管截止,i_{C1} 从 $+V_{CC}$ 流出,经 T_1 后流过负载电阻 R_L,在负载 R_L 上形成正半周输出电压 $u_o > 0$。

当输入信号 u_i 为负半周时,$u_i < 0$,两管的基极电位为负,故 T_2 管导通,T_1 管截止。i_{c2} 由公共端流经负载 R_L 和 T_2 到 $-V_{CC}$,在 R_L 上形成负半周输出电压 $u_o < 0$。

不难看出,在输入信号 u_i 的一个周期内,T_1、T_2 管轮流导通,而且 i_{C1}、i_{C2} 流过负载的方向相反,从而形成完整的正弦波。由于静态时不取用电流,故两管都处在乙类工作状态。这种电路中的三极管交替工作,组成推挽式电路,两个三极管互补对方缺少的另一个半周,且互相对称,故称为互补对称功率放大电路,又称为无输出电容的功率放大电路,即 OCL(output capacitorless)功率放大电路。

8.2.2 功率和效率的估算

1. 输出功率 P_o

在输入正弦信号作用下,忽略电路失真时,在输出端获得的电压和电流均为正弦信号,由功率的定义得

$$P_o = U_o I_o = \frac{1}{2} U_{om} I_{om} = \frac{1}{2} \frac{U_{om}^2}{R_L} \tag{8.1}$$

可见,输出电压 U_{om} 越大,输出功率 P_o 越高,当三极管进入饱和区时,输出电压 U_{om} 最大,其大小为

$$U_{o,max} = V_{CC} - U_{CES}$$

若忽略 U_{CES},则最大不失真输出功率为

$$P_{om} = \frac{1}{2R_L}(V_{CC} - U_{CES})^2 \approx \frac{1}{2} \frac{V_{CC}^2}{R_L} \tag{8.2}$$

2. 直流电源提供的功率 P_V

两个电源各提供半个周期的电流,故每个电源提供的平均电流为

$$I_V = \frac{1}{2\pi}\int_0^\pi I_{om} \sin \omega t \, d(\omega t) = \frac{I_{om}}{\pi} = \frac{U_{om}}{\pi R_L}$$

因此两个电源提供的功率为

$$P_V = 2 I_V V_{CC} = \frac{2}{\pi R_L} U_{om} V_{CC} \tag{8.3}$$

输出功率最大时,电源提供的功率也最大

$$P_{V,max} = \frac{2}{\pi} \cdot \frac{V_{CC}^2}{R_L} \tag{8.4}$$

3. 效率

输出功率与电源提供的功率之比称为电路的效率。在理想情况下,电路的最大效率为

$$\eta = \frac{P_{om}}{P_V} \times 100\% = \frac{\pi}{4} \times 100\% \approx 78.5\% \tag{8.5}$$

如果考虑三极管的饱和管压降,该功率放大电路实际上能够达到的效率将低于此值。

4. 管耗 P_T

直流电源提供的功率与输出功率之差就是消耗在三极管的功率,即管耗 P_T

$$P_T = P_V - P_o = \frac{2}{\pi R_L}V_{CC}U_{om} - \frac{1}{2R_L}V_{CC}^2 \tag{8.6}$$

所以最大输出功率时的总管耗为

$$P_T = \frac{2V_{CC}^2}{\pi R_L} - \frac{V_{CC}^2}{2R_L} = \frac{4-\pi}{2\pi} \cdot \frac{V_{CC}^2}{R_L} \tag{8.7}$$

可求得当 $U_{om} = \frac{2}{\pi}V_{CC} \approx 0.63V_{CC}$ 时,三极管消耗的功率最大,其值为

$$P_{T,max} = \frac{2V_{CC}^2}{\pi^2 R_L} = \frac{4}{\pi^2}P_{o,max} \approx 0.4P_{o,max} \tag{8.8}$$

每个三极管的最大管耗为

$$P_{T1,max} = P_{T2,max} = \frac{1}{2}P_{T,max} \approx 0.2P_{o,max} \tag{8.9}$$

式(8.9)就是每个三极管最大管耗与最大不失真输出功率的关系,可用作设计乙类互补对称功率放大电路时选择三极管的依据之一。例如,要求输出功率为 10 W,则应选择两个集电极最大功耗为 2 W 的三极管。

由以上分析可知,若想得到预期的最大输出功率,三极管有关参数的选择,应满足以下条件:

(1) 每个三极管的最大管耗 $P_{TM} \geqslant \frac{V_{CC}^2}{\pi^2 R_L} \approx 0.2P_{o,max}$;

(2) 由图 8.2 可知,当导通管饱和时,截止管承受的反压为 $2V_{CC}$,所以三极管的反向击穿电压应满足 $|U_{(BR)CEO}| > 2V_{CC}$;

(3) 三极管的最大集电极电流为 $\frac{V_{CC}}{R_L}$,因此三极管的 $I_{CM} \geqslant \frac{V_{CC}}{R_L}$。

例 8.1 乙类互补对称功率放大电路(OCL 电路)如图 8.2 所示,直流电源 $V_{CC} = 24$ V,在输入信号 u_i 的一个周期内 T_1、T_2 轮流导通,导通角各位 180°(即半个周期),负载电阻 $R_L = 8$ Ω,忽略三极管的饱和压降。求电路的最大输出功率、最大输出功率时直流电源供给的总功率、效率和总管耗,并选择三极管。

解:由式(8.2)可求得最大输出功率为

$$P_{om} = \frac{1}{2}\frac{V_{CC}^2}{R_L} = \left(\frac{1}{2} \times \frac{24^2}{8}\right) \text{W} = 36 \text{ W}$$

由式(8.4)可求得直流电源共给的总功率为

$$P_{V,max} = \frac{2}{\pi} \cdot \frac{V_{CC}^2}{R_L} = \left(\frac{2 \times 24^2}{8\pi}\right) \text{W} \approx 45.84 \text{ W}$$

由式(8.5)可求得效率为

$$\eta = \frac{P_{om}}{P_{V,max}} \times 100\% = \frac{36}{45.84} \times 100\% = 78.5\%$$

由式(8.7)可求得总管耗为

$$P'_T = \frac{4-\pi}{2\pi} \cdot \frac{V_{CC}^2}{R_L} = \left(\frac{4-\pi}{2\pi} \times \frac{24^2}{8}\right) W = 9.84 W$$

三极管参数的选择:

$$P_{TM} \geqslant 0.2 P_{om} = 0.2 \times 36 \text{ W} = 7.2 \text{ W}$$

$$|U_{(BR)CEO}| > 2V_{CC} = (2 \times 24) \text{ V} = 48 \text{ V}$$

$$I_{CM} \geqslant \frac{V_{CC}}{R_L} = \left(\frac{24}{8}\right) \text{A} = 3 \text{ A}$$

根据以上结果,适当留有余量,查半导体器件手册,找到相应的 NPN 型和 PNP 型三极管。需要指出的是,管耗最大时电路的效率并不是 78.5%,读者可自行分析此时的效率。

8.3 OCL 甲乙类互补对称功率放大电路

8.3.1 交越失真及其消除

图 8.2 所示的电路中,由于 T_1 和 T_2 的基极直接连在一起,没有直流偏置,则在输入电压 u_i 正半周与负半周的交界处,当 u_i 的幅度小于 T_1、T_2 输入特性曲线上的死区电压时,两管都不导电。也就是说,在 T_1、T_2 交替导电的过程中,将有一段时间两个三极管均截止。这种情况将导致 i_L 和 u_o 的波形发生失真,由于这种失真出现在波形正、负交越处,故称交越失真,如图 8.3 所示。

为了消除交越失真,必须建立一定的直流偏置,偏置电压只要大于三极管的死区电压即可,这时的 T_1、T_2 管工作在甲乙类放大状态。

图 8.4 所示为甲乙类互补对称功率放大电路。它是在图 8.2 的基础上,接入了两个基极偏置电阻 R_1、R_2 以及 T_1、T_2 基极之间的导电支路,该导电支路由电位器 R_P 和二极管 D_1、D_2 组成,这样就使得静态时存在一个较小的电流从 $+V_{CC}$ 流经 R_1、R_P、D_1、D_2、R_2 到 $-V_{CC}$,在 T_1 和 T_2 的基极之间产生一个电位差,

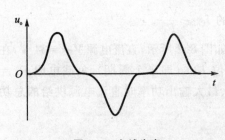

图 8.3 交越失真

故静态时两个三极管已有较小的基极电流,因而两管也各有一个较小的集电极电流。当输入正弦电压 u_i 时,在正、负半周两管分别导电的过程中,将有一段短暂的时间 T_1、T_2 同时导电,避免了两管同时截止,因此交替过程比较平滑,减小了交越失真。

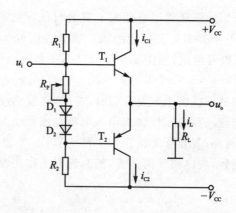

图 8.4 OCL 甲乙类互补对称功率放大电路

8.3.2 由复合管组成的 OCL 互补对称功率放大电路

如果功率放大电路输出端的负载电流比较大,必须要求互补对称管 T_1 和 T_2 是能输出大电流的三极管。但是,大电流的三极管一般 β 值较低,因此就需要中间级输出大的推动电流提供给输出级。在集成运放电路中,中间级一般是电压放大,很难输出大的电流。为了解决这一矛盾,一般输出级采用由复合管构成的 OCL 甲乙类互补功率放大电路,如图 8.5 所示。这种互补对称电路有一个缺点,大功率三极管 T_3 是 NPN 型,而 T_4 是 PNP 型,它们类型不同,很难做到特性互补对称。

为了克服这个缺点,可使 T_3 和 T_4 采用同一类型其至同一型号的三极管,例如二者均为 NPN 型,而 T_2 则用另一类型的三极管,如 PNP 型,如图 8.6 所示。此时 T_2 与 T_4 组成的复合管为 PNP 型,可与 T_1、T_3 组成的 NPN 性复合管实现互补。这种电路称为准互补对称电路。图中接入电阻 R_{E1} 和 R_{C2} 是为了调整功率管 T_3 和 T_4 的静态工作点。

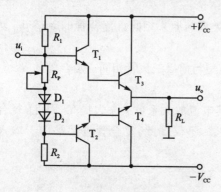

图 8.5 由复合管组成的 OCL 甲乙类互补功率放大电路

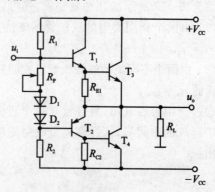

图 8.6 由复合管组成的 OCL 甲乙类准互补功率放大电路

复合管可由两个或两个以上三极管组合而成。复合管的接法有多种,它们可以由相同类型的三极管组成,也可以由不同类型的三极管组成。例如在图8.7(a)和(b)分别由两个同为NPN型或同为PNP型的三极管组成,但图8.7(c)和(d)中的复合管却由不同类型的三极管组成。

无论由相同或不同类型的三极管组成复合管时,首先,在前、后两个三极管的连接关系上,应保证前级三极管的输出电流与后级三极管的输入电流的实际方向一致,以便形成适当的电流通路,否则电路不能形成通路,复合管无法正常工作。其次,外加电压的极性应保证前后两个三极管均为发射结正向偏置,集电结反向偏置,使两管都工作在放大区。

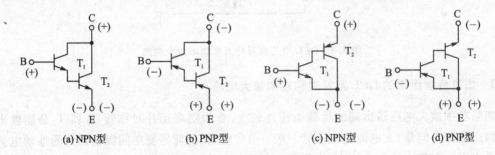

图 8.7 复合管的接法

例如在图8.7(a)和(b)中,前级的i_{E1}就是后级的i_{B2},二者的实际方向一致。而在图8.7(c)和(d)中,前级的i_{C1}就是后级的i_{B2},二者的实际方向也一致。至于基极回路和集电极回路的外加电压,应为如图8.7小括号中所示的正负极性,则前后两个三极管均工作在放大区。

图8.7(c)和(d)所示由不同类型三极管所组成的复合管,其β和r_{be}分别为

$$\beta = \beta_1(1+\beta_2) \approx \beta_1\beta_2$$

$$r_{be} = r_{be1}$$

综合图8.7所示的几种复合管,还可以得出以下结论:

(1) 由两个相同类型的三极管组成的复合管,其类型与原来相同。复合管的$\beta \approx \beta_1\beta_2$,复合管的$r_{be} = r_{be1} + (1+\beta_1)r_{be2}$。

(2) 由两个不同类型的三极管组成的复合管,其类型与前级三极管相同。复合管的$\beta \approx \beta_1\beta_2$,复合管的$r_{be} = r_{be1}$。

通过介绍可以看出,复合管与单个三极管相比,其电流放大系数β大大提高,因此,复合管常用于运放的中间级,以提高整个电路的电压放大倍数,不仅如此,复合管也常常用于输入级和输出级。

8.4 单电源互补对称功率放大电路

8.4.1 电路组成及工作原理

1. 电路组成

图 8.4 所示电路中,由于静态时 T_1、T_2 两管的发射极电位为零,故负载可直接连接到发射极,而不必采用耦合电容,因此称为 OCL 电路。其特点是低频效应好,便于集成,但需要两个独立电源,使用很不方便。为了简化电路,可采用单电源供电的互补对称功率放大电路,如图 8.8 所示。与图 8.4 相比省去了一个负电源($-V_{CC}$),在两管的发射极与负载之间增加了电容 C,这种电路通常称为无输出变压器的功率放大电路,即 OTL(output transformerless)功率放大电路。

2. 工作原理

图 8.8 电路中 R_1、R_2 为偏置电阻,适当选择 R_1、R_2 阻值,可使两管静态时发射极电位为 $V_{CC}/2$,电容两端电压也稳定在 $V_{CC}/2$,这样 T_1、T_2 两管的发射极之间如同分别加上了 $+V_{CC}/2$ 和 $-V_{CC}/2$ 的电源电压。

在输入信号正半周,T_1 导通,T_2 截止,T_1 以射极输出器形式将正信号传送给负载,同时对电容 C 充电;在输入信号负半周,T_1 截止,T_2 导通,电容 C 放电,相当于 T_2 管的直流工作电源,同时 T_2 也以射极输出器的形式将负向信号传送给负载。这样,负载 R_L 上得到一个完整的信号波形。

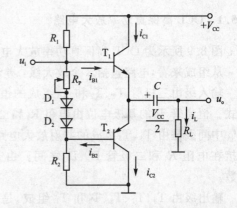

图 8.8 OTL 甲乙类互补对称功率放大电路

8.4.2 功率和效率的估算

单电源供电的互补对称功率放大电路功率和效率的计算方法与双电源供电相同,但要注意公式中的 V_{CC} 应换成 $V_{CC}/2$,因为此时每个管子的工作电压已不是 V_{CC},而是 $V_{CC}/2$。请读者自行推导 OTL 电路的有关公式,此处不再赘述。

与双电源互补对称功率放大电路相比,单电源互补对称电路的优点是少了一个电源,使用方便。缺点是由于有大电容 C,低频响应变差;大容量的电解电容具有电感效应,在高频时将产生相移;另外大容量的电解电容无法集成化,必须外接。

例 8.2 假设图 8.8 所示的 OTL 电路以及图 8.4 所示的 OCL 电路中的直流电源 V_{CC} 均为 20 V,负载电阻 R_L 均为 16 Ω,且三极管的饱和管压降均为 2 V,试分别估算两个电路的最

大输出功率 P_{om}。

解：OTL 电路的最大输出功率为

$$P_{om} = \frac{(V_{CC}/2 - U_{CES})^2}{2R_L} = \left[\frac{(20/2-2)^2}{2\times 16}\right] \text{W} = 2 \text{ W}$$

OCL 的最大输出功率为

$$P_{om} = \frac{(V_{CC} - U_{CES})^2}{2R_L} = \left[\frac{(20-2)^2}{2\times 16}\right] \text{W} = 10.1 \text{ W}$$

可见，在相同的 V_{CC} 和 R_L 之下，OCL 电路和 OTL 电路的最大输出功率差别很大。

8.5 实用功率放大电路举例

本节介绍两个实际的功率放大典型电路，一个是 OCL 高保真功率放大电路，另一个是 OTL 音频功率放大电路。

8.5.1 OCL 高保真功率放大电路

图 8.9 所示为 OCL 高保真功率放大电路，该电路可用于扩音机中。

从组成来看，电路包括 3 个放大级：差动放大输入级、中间级和功率输出级。

输入级由三极管 T_1、T_2 和 T_3 组成的恒流源式差动放大电路构成，属单端输入、单端输出方式。恒流管 T_3 的基极电位由电阻 R_1 和二极管 D_1、D_2 组成的支路提供。

中间级是由 T_4、T_5 组成的共射放大电路。T_4 管是放大管，T_5 是共集电极负载。T_5 的基极也接在电阻 R_1 和二极管 D_1、D_2 之间。由于采用有源负载，因此可以获得较高的电压放大倍数。

输出级由 T_6、T_7、T_8、T_9 和 T_{10} 组成，是一个 OCL 准互补对称功率放大电路。其中 T_7 与 T_9 构成 NPN 型复合管，T_8 与 T_{10} 构成 PNP 型复合管。三极管 T_6 和电阻 R_{C4}、R_{C5} 组成所谓 U_{BE} 扩大电路，其作用是给 T_7、T_8 提供一个较小的静态基极电流，使互补对称电路工作在甲乙类状态，用以减小交越失真。

此外，图 8.9 中电阻 R_F 的作用是从放大电路的输出端到 T_2 的基极之间引入一个深度交、直流电压串联负反馈，其作用是展宽频带、减小输出波形的非线性失真，降低输出电阻，提高放大电路的带负载能力，并能稳定静态工作点。

本放大电路的负载通常为扬声器，属于电感性负载，电路容易产生自激振荡或出现过电压损坏三极管。电容 C_5 和电阻 R_2 是补偿元件，使负载接近于纯电阻。

电容 C_2、C_3 和 C_4 的作用是防止自激振荡。

第8章 功率放大电路

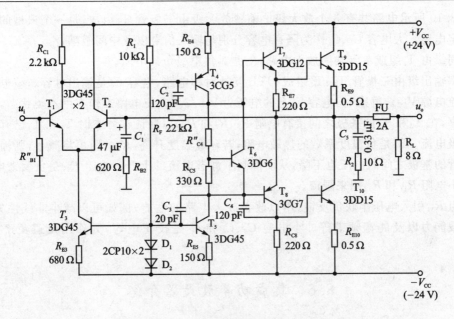

图 8.9 OCL 高保真功率放大电路

8.5.2 OTL 音频功率放大电路

图 8.10 所示为 OTL 音频功率放大电路，该电路可用于电视机的音频放大电路。

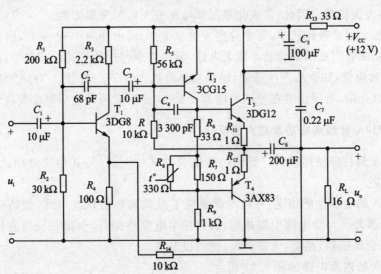

图 8.10 OTL 音频功率放大电路

图 8.10 所示电路共有 3 个放大级。前置放大级由三极管 T_1 组成，是一个典型的静态工作点稳定电路。大电容 C_1、C_2 作为隔直电容分别与输入信号以及中间级耦合。

中间级由 T_2 组成单管共射放大电路，R_9 是其集电极负载电阻。

功率输出级由三极管 T_3、T_4 组成 OTL 互补对称电路，电容 C_6 是输出电容。该电路只需一路直流电源 V_{CC}。静态时，电容 C_6 上的电压为 $V_{CC}/2$。为使电路工作在甲乙类状态，以减小交越失真，在 T_3 和 T_4 的基极之间接有电阻 R_6、R_7 和 R_8，以保证在静态时 T_3 和 T_4 已有一个较小的基极电流。R_8 是负温度系数的热敏电阻，若环境温度升高，R_8 的阻值将减小，则输出级两个功率管的基极之间的电压也下降，从而抑制了静态电流的上升。电阻 R_{10} 是负反馈电阻，发射极的小电阻 R_{11} 和 R_{12} 用来限流。

电阻 R_{14} 引入电压串联负反馈，用以改善放大电路的性能，例如可以减小非线性失真，提高带负载能力以及展宽频带等。小电容 C_2、C_4 和 C_7 是校正电容，其作用是避免产生自激振荡。

8.6 集成功率放大器介绍

随着线性集成电路的发展，集成功率放大器的应用已日益广泛。与分立元件三极管低频功率放大器相比，集成功率放大器具有体积小、质量轻、成本低、外接元件少、调试简单、使用方便等特点，而且在性能上也十分优越。例如，温度稳定性好、功耗低、电源利用率高、失真小。在集成功率放大器的电路中设计有许多保护措施，如过流保护、过压保护以及启动、消噪电路等，所以可靠性大大提高。因此，集成化是低频功率放大器的发展方向。

集成功率放大器品种比较多，有单片集成功率组件，输出功率 1 W 左右，以及由集成功率驱动器外接大功率管组成的混合功率放大电路，输出功率可达几十瓦。近几年，国内已生产出 VMOS 功率场效应管，如产品 VN 系列，输出功率可达 100 W。本节以 TDA2030A 音频功率放大器为例加以介绍，希望读者在使用时能举一反三，灵活应用其他功率放大器件。

8.6.1 TDA2030A 音频集成功率放大器简介

TDA2030A 是目前使用较为广泛的一种集成功率放大器，与其他功放相比，它的引脚和外部元件都较少。

TDA2030A 的电器性能稳定，并在内部集成了过载和热切保护电路，能适应长时间连续工作，由于其金属外壳与负电源引脚相连，因而在单电源使用时，金属外壳可直接固定在散热片上并与地线（金属机箱）相接，无须绝缘，使用很方便。

TDA2030A 的内部电路如图 8.11 所示。

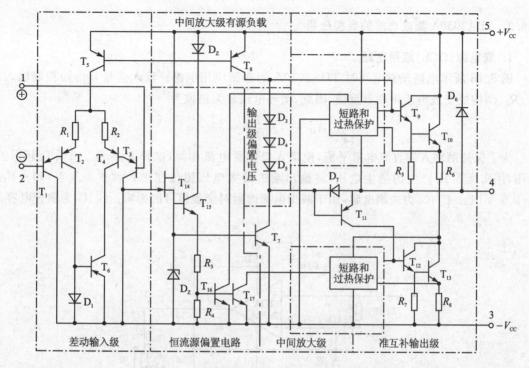

图 8.11 TDA2030A 集成功率放大器的内部电路

TDA2030A 多用于收音机和有源机箱中,作音频功率放大器,也可作其他电子设备中的功率放大。因其内部采用的是直接耦合,亦可以作直流放大。其主要性能参数如下:

电源电压 V_{CC} 为 $\pm 3 \sim \pm 18$ V;

输出峰值电流为 3.5 A;

输入电阻 >0.5 MΩ;

静态电流 <60 mA (测试条件为 $V_{CC}=\pm 18$ V);

电压增益为 30 dB;

频响 BW 为 $0 \sim 140$ kHz。

在电源为 ± 15 V、$R_L=4$ Ω 时,输出功率为 14 W。

TDA2030A 的外引脚排列图及功能如图 8.12 所示。

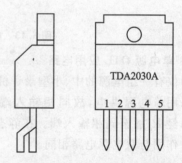

1—同相输入端; 2—反相输入端;
3—负电源端; 4—输出端; 5—正电源端

图 8.12 TDA2030A 的外引脚排列图及功能

8.6.2 TDA2030A 集成功放的典型应用

1. 双电源(OCL)应用电路

图 8.13 所示电路是双电源时 TDA2030A 的典型应用电路。输入信号 u_i 由同相端输入，R_1、R_2、C_2 构成交流电压串联负反馈，因此，闭环电压放大倍数为

$$A_{uF} = 1 + \frac{R_1}{R_2} = 33$$

为了保持两输入端直流电阻平衡，使输入级偏置电流相等，选择 $R_3 = R_1$。T_1、T_2 起保护作用，用来泄放 R_L 产生的感生电压，将输出端的最大电压钳位在 $+V_{CC}(+0.7\text{ V})$ 和 $-V_{CC}(-0.7\text{ V})$ 上。C_3、C_4 为去耦电容，用于减少电源内阻对交流信号的影响。C_1、C_2 为耦合电容。

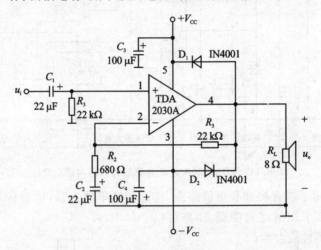

图 8.13 由 TDA2030A 构成的 OCL 电路

2. 单电源 OTL 应用电路

对仅有一组电源的中、小型录音机的音响系统，可采用单电源连接方式，如图 8.14 所示。由于采用单电源供电，故同相输入端用阻值相同的 R_1、R_2 组成分压电路，使 K 点电位为 $V_{CC}/2$，经 R_3 加至同相输入端。在静态时，同相输入端、反相输入端和输出端均为 $V_{CC}/2$。其他元件作用与双电源电路相同。

第8章 功率放大电路

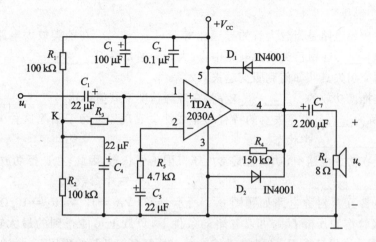

图 8.14　由 TDA2030A 构成的单电源 OTL 电路

本章小结

(1) 用两个特性相同的而类型不同的三极管组成的 OCL 功率放大电路,当三极管工作在乙类状态时,在理想情况下其效率可达 78.5 %。

(2) 乙类互补对称功率放大电路的两个三极管交替工作时会产生交越失真,消除的方法是使其工作在甲乙类工作状态。由于甲乙类互补对称功率放大电路设置偏置时接近于乙类状态,所以电路的计算公式可近似于乙类功放电路。

(3) OTL 互补对称电路省去输出变压器,但输出端需用一个大电容,电路中只需一路直流电源,利用一个 NPN 三极管和一个 PNP 三极管接成对称形式。当输入电压为正弦波时,两管轮流导电,二者互补,使负载上的电压基本上是一个正弦波。

(4) 由于大功率反型管(NPN 管和 PNP 管)难以做到特性相同,故常采用复合互补方式,即准互补方式。

(5) 由于集成功率放大器体积小,成本低,外接元件少,调试简单、使用方便,而且性能上也十分优越,因此其应用日益广泛。

习题 8

8.1　如何区分三极管是工作在甲类、乙类还是甲乙类？画出在 3 种工作状态下的静态工作点及相应的工作波形。

8.2　射极跟随器作为输出级驱动负载,在输入信号过小或过大时会出现什么情况？通常可采用什么办法解决？

8.3 甲类放大电路是指放大管的导通角等于_____，在乙类放大电路中，放大管导通角等于_____，在甲乙类放大电路中，放大管导通角等于_____。

8.4 何谓交越失真？如何克服交越失真？

8.5 乙类推挽功放的_____较高，在理想情况下其值得达_____。但这种电路会产生一种被称为_____失真的特有的非线性失真现象。为了消除这种失真，应当使推挽功放工作在_____类状态。

8.6 由于在功放电路中，功放管常常处于极限工作状态，因此，在选择功放管时应该特别注意_____、_____和_____三个参数。

8.7 双电源互补对称电路如题图 8.1 所示，已知 $V_{CC}=12$ V，$R_L=16$ Ω，u_i 为正弦波。求：(1) 在三极管饱和压降 U_{CES} 可以忽略的条件下，负载上可能得到的最大输出功率 P_{om}；(2) 每个三极管允许的管耗 P_{T1} 至少应为多少？(3) 每个三极管的耐压 $U_{(BR)CEO}$ 应大于多少？

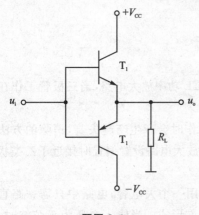

题图 8.1

8.8 在题图 8.1 所示电路中，设 u_i 为正弦波，$R_L=8$ Ω，要求最大输出功率 $P_{om}=9$ W。试求在三极管饱和压降 U_{CES} 可以忽略的条件下，(1) 正、负电源 V_{CC} 的最小值；(2) 根据所求 V_{CC} 最小值，计算相应的 I_{CM}、$U_{(BR)CEO}$ 的值；(3) 输出功率最大($P_{om}=9$ W)时，电源供给的功率 P_V；(4) 每个三极管允许的管耗 P_T 的最小值；(5) 当输出功率最大($P_{om}=9$ W)时的输入电压的有效值。

8.9 在题图 8.1 所示电路中，三极管在输入信号 u_i 作用下，在一周期内 T_1 和 T_2 轮流导电约 180°，电源电压 $V_{CC}=20$ V，负载 $R_L=8$ Ω，试计算：

(1) 设输入信号 $U_i=10$ V(有效值)时，电路的输出功率、管耗、直流电源供给的功率和效率；

(2) 当输入信号 u_i 的幅值 $U_{im}=V_{CC}=20$ V 时，电路的输出功率、管耗、直流电源供给的功率和效率。

8.10 单电源互补对称功放电路如题图 8.2 所示，设 u_i 为正弦波，$R_L=8$ Ω，三极管饱和压降 U_{CES} 可以忽略不计。试求最大不失真输出功率 P_{om}(不考虑交越失真)为 9 W 时，电源电压 V_{CC} 至少应为多大？

8.11 单电源互补对称电路如题图 8.3 所示，设 T_1、T_2 的特性完全对称，u_i 为正弦波，$V_{CC}=12$ V，$R_L=8$ Ω。试回答下列问题：

(1) 静态时，电容 C_2 两端电压应是多少？调整哪个电阻能满足这一要求？

(2) 动态时，若输出电压 u_o 出现交越失真，应调整哪个电阻？如何调整？

(3) 若 $R_1=R_3=1.1$ kΩ，T_1 和 T_2 的 $\beta=40$，$|U_{BE}|=0.7$ V，管耗 $P_T=400$ mW，假设 D_1、

D_2、R_2中任意一个开路,将会产生什么后果?

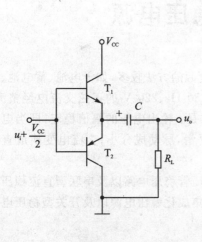

题图 8.2

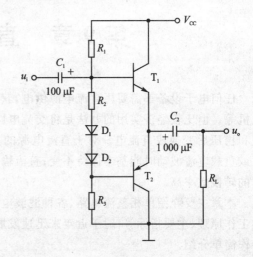

题图 8.3

8.12 在题图 8.4 所示复合管中,哪些接法不合理?不合理的请简要说明理;接法合理的请指出它们等效管的类型及引脚,并列出复合管的 β 和 r_{be} 的表达式。

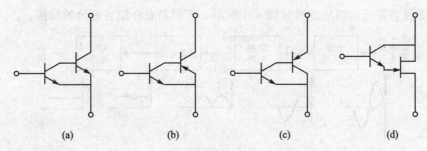

题图 8.4

第 9 章 直流稳压电源

任何电子设备都需要用直流电源供电,获得直流电源的方法较多,如干电池、蓄电池、直流电机等。但比较经济实用的办法是将交流电网提供的 50 Hz、220 V 的正弦交流电经整流、滤波和稳压后变换成直流电。对于直流电源的主要要求是:输出电压的幅值稳定,即当电网电压或负载电流波动时能基本保持不变;直流输出电压平滑,脉动成分小;交流电变换成直流电时的转换效率高。

本章主要介绍单相整流电路、各种滤波电路、硅稳压管稳压电路以及串联型直流稳压电路的工作原理、主要指标等;对于近年来迅速发展起来的集成化稳压电源以及开关型稳压电源也将作简单介绍。

9.1 直流稳压电源的组成

一般的小功率直流稳压电源是由电源变压器、整流电路、滤波电路和稳压电路等 4 个部分组成,其框图及各部分的输出波形如图 9.1 所示。下面简要介绍各部分的功能。

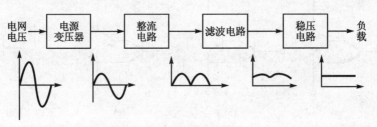

图 9.1 直流电源的组成

1. 电源变压器

交流电网提供 50 Hz、220 V(单相)或 380 V(三相)的正弦电压,但各种电子设备所需直流电压的幅值却各不相同。因此,常常需要将电网电压先经过电源变压器进行降压,将 220 V 或 380 V 的交流电变成大小合适的交流电以后再进行交、直流转换。当然,有的电源不是利用变压器而是利用其他方法降压的。

2. 整流电路

整流电路的主要任务是利用二极管的单向导电性,将变压器副边输出的正负交替的正弦交流电压整流成单方向的脉动电压。但是,这种单向脉动电压往往包含着很大的脉动成分,与理想的直流电压还差得很远,故不能直接供给电子设备使用。

3. 滤波电路

滤波电路一般由电容、电感等储能元件组成。它的作用是将整流电路输出的单向脉动电压中的交流成分滤除掉,变成比较平滑的直流电压输出。但是,当电网电压或负载电流发生变化时,滤波电路输出直流电压的幅值也将随之变化,在要求比较高的电子设备中,这种直流电压是不符合要求的。

4. 稳压电路

稳压电路往往是利用自动调整的原理,使得输出直流电压在电网电压或负载电流发生变化时保持稳定。

下面分别介绍各部分的具体电路和它们的工作原理。

9.2 整流电路

整流电路是利用二极管的单向导电性,将正负交替的正弦交流电压变换成单方向的脉动电压。在小功率的直流电源中,整流电路的主要形式有单相半波整流电路、单相全波整流电路和单相桥式整流电路。其中,单相桥式整流电路用得最为普遍。

9.2.1 单相半波整流电路

图 9.2(a)所示为单相半波整流电路,它是最简单的整流电路,由变压器、二极管和负载电阻组成。u_1是变压器初级线圈的输入电压,通常有效值为 220 V,频率为 50 Hz,u_2是变压器次

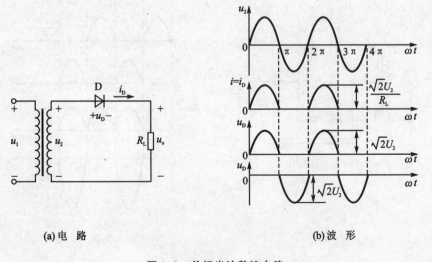

(a) 电　路　　　　　　　　　　　　(b) 波　形

图 9.2　单相半波整流电路

级的输出电压(也称副边电压)。一般设

$$u_2 = U_{2m}\sin\omega t = \sqrt{2}U\sin\omega t$$

u_2 的波形如图 9.2(b)所示。

设二极管为理想二极管,在电压 u_2 的正半周,二极管 D 正偏导通,电流 i_D 经二极管流向负载 R_L,在 R_L 上就得到一个上正下负的电压;在 u_2 的负半周,二极管 D 反偏截止,流过负载的电流为 0,因而 R_L 上电压为 0。这样一来,在 u_2 信号的一个周期内,R_L 上只有半个周期有电流通过,结果在 R_L 两端得到的输出电压 u_o 就是单方向的,且近似为半个周期的正弦波,所以称为半波整流电路。半波整流电路中各段电压、电流的波形如图 9.2(b)所示。

9.2.2 单相全波整流电路

为提高电源的利用率,可将两个单相半波整流电路合起来组成一个单相全波整流电路。它的指导思想是利用具有中心抽头的变压器与两个二极管配合,使两个二极管在 u_2 的正半周和负半周轮流导通,而且两种情况下流过 R_L 的电流保持同一方向,从而使正、负半周在负载上均有输出电压。

单相全波整流电路的原理图如图 9.3(a)所示。图中变压器的两个副边电压大小相等,同名端如图所示。在 u_2 的正半周,整流管 D_1 导通,电流 i_{D_1} 经过 D_1 流向负载 R_L,在 R_L 上产生上正下负的单向脉动电压,此时 D_2 因承受反向电压而截止;在 u_2 的负半周,整流管 D_2 导通,电流

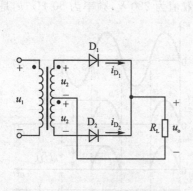

(a) 电 路

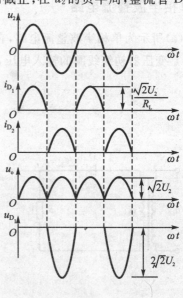

(b) 波形

图 9.3 单相全波整流电路

i_{D_2} 经过 D_2 流向负载 R_L，在 R_L 上也产生上正下负的单向脉动电压，此时 D_1 因承受反向电压而截止。这样，在 u_2 的整个周期内，R_L 上均能得到单方向的直流脉动电压，故称为全波整流电路，其波形如图 9.3(b) 所示。

由图 9.3(b) 所示波形可见，全波整流电路输出电压 u_o 的波形所包围的面积是半波整流电路的两倍，所以其平均值也是半波整流的两倍。另外，全波整流输出波形的脉动成分比半波整流时有所下降。但是，由图 9.3(a) 全波整流电路可知，在 u_2 的负半周时，D_2 导通，D_1 截止，此时变压器副边两个绕组的电压全部加到二极管 D_1 的两端，因此二极管承受的反向电压较高，其最大值等于 $2\sqrt{2}U_2$。此外，全波整流电路必须采用具有中心抽头的变压器，而且每个线圈只有一半时间通过电流，所以变压器的利用率不高。

9.2.3 单相桥式整流电路

针对单相全波整流电路的缺点，希望仍用只有一个副边线圈的变压器，而能达到全波整流的目的。为此，提出了如图 9.4(a) 所示的单相桥式整流电路。电路中采用了 $D_1 \sim D_4$ 4 个二极管，并且接成电桥形式，因此得名。

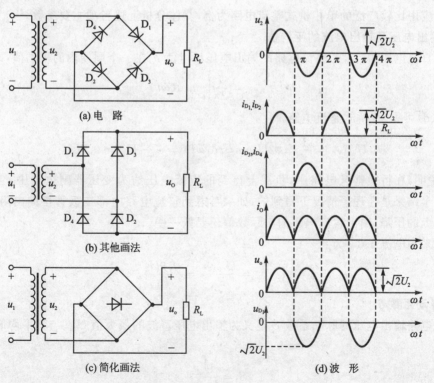

图 9.4 单相桥式整流电路

在变压器副边电压 u_2 的正半周，D_1、D_2 导通，D_3、D_4 截止，电流流经 D_1、R_L、D_2，在负载 R_L 上产生上正下负的单向脉动电压。在 u_2 的负半周，D_3、D_4 导通，D_1、D_2 截止，电流流经 D_3、R_L、D_4，在负载 R_L 上也产生上正下负的单向脉动电压。这样，在 u_2 的整个周期内，负载 R_L 上均能得到直流脉动电压，这与全波整流电路一样。它与全波整流电路不同之处是，每个半周均有两个二极管导通，且由于变压器副边只有一个绕组，因而每个二极管截止时所承受的反向电压 u_2 仅是全波整流电路的一半。所有波形如图 9.4(d) 所示。桥式整流电路还可以有其他画法，如图 9.4(b)、(c) 所示。

由图 9.4 可见，桥式整流电路无须采用具有中心抽头的变压器，仍能达到全波整流的目的。而且，整流二极管承受的反向电压也不高。但是电路中须用 4 个二极管。

9.2.4　整流电路的主要参数

描述整流电路技术性能的主要参数有以下几项：整流电路输出直流电压（即输出电压）及输出电流的平均值 $U_{o(AV)}$ 和 $I_{o(AV)}$，整流电路输出电压的脉动系数 S，整流二极管正向平均电流 $I_{D(AV)}$ 以及整流二极管承受的最大反向峰值电压 U_{RM}。

现以应用比较广泛的单相桥式整流电路为例，具体分析上述各项主要参数。

1. 输出电压及输出电流的平均值

输出直流电压 $U_{o(AV)}$ 是整流电路的输出电压瞬时值 u_o 在一个周期内的平均值，即

$$U_{o(AV)} = \frac{1}{2\pi}\int_0^{2\pi} u_o \mathrm{d}(\omega t)$$

由图 9.4(d) 可见，在桥式整流电路中

$$U_{o(AV)} = \frac{1}{\pi}\int_0^{\pi} \sqrt{2}U_2 \sin\omega t \mathrm{d}(\omega t) = \frac{2\sqrt{2}}{\pi}U_2 = 0.9U_2 \tag{9.1}$$

式(9.1)说明，在桥式整流电路中，负载上得到的直流电压约为变压器副边电压 u_2 有效值的 90%。这个结果是在理想情况下得到的，如果考虑到整流电路内部二极管正向内阻和变压器等效内阻上的压降，输出直流电压的实际数值还要低一些。

输出平均电流 $I_{o(AV)}$ 为

$$I_{o(AV)} = \frac{U_{o(AV)}}{R_L} = \frac{0.9U_2}{R_L} \tag{9.2}$$

2. 脉动系数 S

整流电路输出电压的脉动系数 S 定义为输出电压基波的最大值 U_{o1m} 与其平均值 $U_{o(AV)}$ 之比，即

$$S = \frac{U_{o1m}}{U_{o(AV)}}$$

为了估算 U_{o1m}，可将图 9.4(d) 中桥式整流电路的输出波形用傅里叶级数表示如下：

$$u_o = \sqrt{2}U_2\left(\frac{2}{\pi} - \frac{4}{3\pi}\cos 2\omega t - \frac{4}{15\pi}\cos 4\omega t - \frac{4}{35\pi}\cos 6\omega t \cdots\right)$$

式中,第一项为输出电压的平均值,第二项即是其基波成分。由上式可见,基波频率为 2ω,基波的最大值为

$$U_{o1m} = \frac{4\sqrt{2}}{3\pi}U_2$$

因此脉动系数为

$$S = \frac{\frac{4\sqrt{2}}{3\pi}U_2}{\frac{2\sqrt{2}}{\pi}U_2} = 0.67 \tag{9.3}$$

即桥式整流电路输出脉动系数为 67%。通过比较可知,桥式整流电路的脉动成分虽然比半波整流电路有所下降,但数值仍然比较大。

3. 二极管正向平均电流 $I_{D(AV)}$

温升是决定半导体器件使用极限的一个重要指标,整流二极管的温升本来应该与通过二极管的电流有效值有关,但是由于平均电流是整流电路的主要工作参数,因此在出厂时已将二极管允许的温升折算成半波整流电流的平均值,在器件手册中给出。

在桥式整流电路中,二极管 D_1、D_2 和 D_3、D_4 轮流导通,由图 9.4(d)所示波形图可以看出,每个整流二极管的平均电流等于输出电流平均值的一半,即

$$I_{D(AV)} = \frac{1}{2}I_{o(AV)} \tag{9.4}$$

当负载电流平均值已知时,可以根据 $I_{o(AV)}$ 来选定整流二极管的 $I_{D(AV)}$。在实际选用二极管时,要使得二极管的最大整流电流 $I_F \geqslant I_{D(AV)}$。

4. 二极管最大反向峰值电压 U_{RM}

每个整流管的最大反向峰值电压 U_{RM} 是指整流管不导电时,在它两端出现的最大反向电压。选管时应注意,二极管的最大反向工作电压 $U_R \geqslant U_{RM}$,以免被击穿。由图 9.4(d)波形容易看出,整流二极管承受的最大反向电压就是变压器副边电压的最大值,即

$$U_{RM} = \sqrt{2}U_2 \tag{9.5}$$

关于单相半波整流和单相全波整流的主要参数也可以利用上述方法进行分析,此处不再赘述。三种单相整流电路的主要参数如表 9.1 所列,以便读者进行查阅和比较。

表 9.1 中所列各参数是在忽略变压器内阻和整流管压降的情况下得到的。由表可知,在同样的 U_2 值之下,半波整流电路的输出直流电压最低,而脉动系数最高。桥式整流电路和全波整流电路当 U_2 相同时,输出直流电压相等,脉动系数也相同,但桥式整流电路中,每个整流管所承受的反向峰值电压比全波整流电路的低,因此它的应用比较广泛。

表 9.1 单相整流电路的主要参数

主要参数 电路形式	$U_{o(AV)}/U_2$	S	$I_{D(AV)}/I_{o(AV)}$	U_{RM}/U_2
半波整流	0.45	157%	100%	1.41
全波整流	0.90	67%	50%	2.83
桥式整流	0.90	67%	50%	1.41

例 9.1 已知交流电压 $u_1=220$ V，负载电阻 $R_L=50\ \Omega$，采用桥式整流电路，要求输出电压 $U_o=24$ V。试问如何选用二极管？

解：先求通过负载的直流电流

$$I_o = \frac{U_o}{R_L} = \left(\frac{24}{50}\right) \text{A} = 480 \text{ mA}$$

则二极管的平均电流

$$I_D = \frac{1}{2}I_o = 240 \text{ mA}$$

变压器次级电压有效值

$$U_2 = \frac{U_o}{0.9} = \left(\frac{24}{0.9}\right) \text{V} = 26.6 \text{ V}$$

选管时应满足

$$U_R \geqslant 2\sqrt{2}U_2 = (2\sqrt{2} \times 26.6) \text{ V} = 75.2 \text{ V}$$

因此可选用型号为 2CZ54C 的二极管，其最大整流电流为 500 mA，反向工作峰值电压为 100 V。

例 9.2 某电子设备要求电压值为 15 V 的直流电源，已知负载电阻 $R_L=50\ \Omega$，试问

(1) 若选用单相桥式整流电路，则电源变压器副边电压有效值 U_2 应为多少？整流二极管正向平均电流 $I_{D(AV)}$ 和最大反向电压 U_{RM} 各为多少？输出电压的脉动系数 S 等于多少？

(2) 若改用单相半波整流电路，则 U_2、$I_{D(AV)}$、U_{RM} 和 S 各为多少？

解：(1) 由式(9.1)可知

$$U_2 = \frac{U_{o(AV)}}{0.9} = \left(\frac{15}{0.9}\right) \text{V} \approx 16.7 \text{ V}$$

根据所给条件，可得输出直流电流为

$$I_{o(AV)} = \frac{U_{o(AV)}}{R_L} = \left(\frac{15}{50}\right) \text{A} = 0.3 \text{ A} = 300 \text{ mA}$$

由式(9.4)、式(9.5)可得

$$I_{D(AV)} = I_{o(AV)}/2 = (0.3/2) \text{ A} = 0.15 \text{ A} = 150 \text{ mA}$$

$$U_{RM} = \sqrt{2}U_2 \approx (\sqrt{2} \times 16.7) \text{ V} \approx 23.6 \text{ V}$$

此时脉动系数为
$$S = 0.67 = 67\%$$

(2) 若改用半波整流电路,则
$$U_2 = \frac{U_{o(AV)}}{0.45} = \left(\frac{15}{0.45}\right) \text{ V} \approx 33.3 \text{ V}$$
$$I_{D(AV)} = I_{o(AV)} = 300 \text{ mA}$$
$$U_{RM} = \sqrt{2}U_2 \approx (\sqrt{2} \times 33.3) \text{ V} \approx 47.1 \text{ V}$$
$$S = 1.57 = 157\%$$

9.3 滤波电路

为了降低整流电路输出电压的脉动成分,需要采取由电容或电感等储能元件组成的滤波电路进行滤波,以得到波形平滑的直流电压。

9.3.1 电容滤波电路

1. 电路组成及工作原理

图 9.5(a)所示为单相桥式整流的电容滤波电路,其中与负载并联的电容 C 称为滤波电容。图 9.5(b)所示为滤波电路的工作波形图。如前所述,在整流电路不接电容 C 时,负载 R_L 上的脉动电压波形如图 9.5(b)中虚线所示。

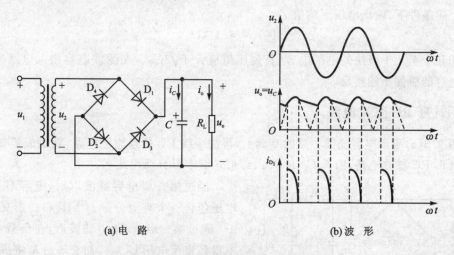

图 9.5 单相桥式整流的电容滤波电路

当电路接入滤波电容 C 之后,在 u_2 正半周里,D_1 和 D_2 导通,电源除向负载 R_L 提供电流 i_o 之外,还有一个电流 i_C 向电容充电。若忽略变压器绕组的内阻和二极管导通电阻,则电容上电

压 u_C 将随着 u_2 的上升很快充电到 u_2 的峰值 $\sqrt{2}U_2$。此后,u_2 按正弦规律从峰值开始下降。当 $u_2 < u_C$ 后,4 个二极管由于反偏而全部截止。电容 C 则通过 R_L 进行放电,同时电容上的电压 u_C(即负载 R_L 两端电压 u_o)按指数规律慢慢下降,下降的速度由放电时间常数 $\tau = R_L C$ 决定。放电波形如图 9.5(b) 中的实线所示。待到 u_2 的负半周 $|u_2| > u_C$ 时,D_3 和 D_4 导通,电源再次向负载提供电流并向电容充电。当 u_C 达到峰值之后,$|u_2|$ 又按正弦规律下降,电容再对负载放电。当 $|u_2| < u_C$ 时,4 个二极管又全部截止。随着放电的进行,$u_C(u_o)$ 再次按指数规律下降。如此循环,输出电压 u_o 变成了比较平滑的直流电压,如图 9.5(b) 中的实线所示。

输出电压 u_o 的平滑程度取决于滤波电容的放电时间常数 $\tau = R_L C$,τ 越大,放电过程越慢,将使得输出直流平均电压越高,脉动成分越小,滤波效果越好。除了滤波电容 C 的容量外,负载电阻 R_L 的大小也影响滤波效果。R_L 减小(或负载电流增大)将使输出电压平均值减小,同时输出脉动成分增大。所以,电容滤波电路适用于负载电流小且变化范围不大的场合。

2. 滤波电容的选择

由以上分析可知,滤波电容容量的大小直接影响到放电时间常数的大小,从而影响到滤波的效果。从理论上讲,滤波电容越大,放电过程越慢,输出电压越平滑,平均值也越高。但实际上,大容量的电容体积很大,并将使整流二极管流过更大的冲击电流。因此在实际电路中,对于全波或桥式整流电路,常根据经验公式来选择滤波电容的容量

$$R_L C \geqslant (3 \sim 5) \frac{T}{2} \tag{9.6}$$

式中 T 为电网交流电压的周期。

在上述条件下,输出电压平均值

$$U_{o(AV)} \approx 1.2 U_2 \tag{9.7}$$

一般选择几十至几千微法的电解电容,其耐压值应大于 $\sqrt{2}U_2$。在滤波电容接入电路时,要注意电解电容的极性不能接反。

9.3.2 Ⅱ 形 RC 滤波电路

在图 9.5(a) 所示电容滤波电路的基础上,再加一级 RC 低通滤波电路,就组成了如图 9.6 所示的Ⅱ形 RC 滤波电路,因其 C_1、R 和 C_2 形似希腊字母Ⅱ而得此名。

经过第一级电容滤波以后,电容 C_1 两端的电压包含一个直流分量 $U'_{o(AV)}$ 和一个交流分量 u'_o,通过第二级 R 和 C_2 滤波后,在负载电阻 R_L 上得到直流电压 $U_{o(AV)}$,而交流分量将进一步衰减。根据电路可得

$$U_{o(AV)} = \frac{R_L}{R + R_L} \cdot U'_{o(AV)} \tag{9.8}$$

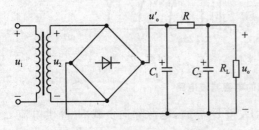

图 9.6　Ⅱ 形 RC 滤波电路

可见,增加一级 RC 滤波电路以后,使得输出电压更加平滑,但也使得直流电压有所衰减。为了维持原有的输出电压,就要适当提高 U_2 的大小,这是 Π 形 RC 滤波电路的缺点;而且负载电流越大,这个缺点越明显。

9.3.3 电感滤波电路和 LC 滤波电路

1. 电感滤波电路

利用电感具有阻止电流变化的特性,在整流电路的负载回路中串联一个电感,即可构成桥式整流电感滤波电路,如图 9.7 所示。

当整流后的脉动电流增大时,电感 L 将产生反电动势,阻止电流增大;当电流减小时,电感的反电动势将会阻止电流减小,从而使负载电流的脉动成分大大降低,达到滤波的目的。由于电感的交流阻抗很大,而直流电阻很小,因此交流分量在 $j\omega L$ 和 R_L 上分压后,很大部分降落在电感上,降低了输出电压中脉动成分,但直流分量经过电感后基本上没有损失。

所以,电感滤波电路适用于负载电流较大的场合,而且负载电流变化时,输出直流电压变化较小,即其外特性较硬。由图 9.7 可知,L 越大,R_L 越小,则滤波效果越好。采用电感滤波,整流二极管的导通角不会减小,避免了浪涌电流的冲击。这些都是电感滤波电路的优点。它的缺点是需要绕制一个体积较大的电感,而且往往是带铁心的电感,如图 9.7 中 L 的图形符号所示。

2. LC 滤波电路

为了进一步改善滤波效果,在电感滤波电路的基础上,再在 R_L 上并联一个电容,即构成 LC 滤波电路。如图 9.8 所示。

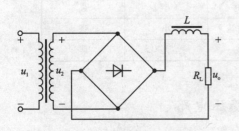

图 9.7 桥式整流电感滤波电路

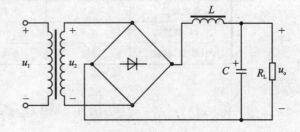

图 9.8 LC 滤波电路

在 LC 滤波电路中,如果电感 L 值太小,R_L 又很大时,该电路与电容滤波电路很相似,将呈现出电容滤波的特性。为了保证整流管的导电角仍为 $180°$,一般要求 L 值较大。对基波信号而言,应满足 $R_L < 3\omega L$。

在 LC 滤波电路中,由于 R_L 上并联了一个电容,交流分量在 $R_L // \dfrac{1}{j\omega C}$ 和 $j\omega L$ 之间分压,所以输出电压 u_o 的脉动成分比仅用电感滤波时更小。若忽略电感 L 上的直流压降,则 LC 滤波

电路的输出直流电压 U_o 为

$$U_o \approx 0.9 U_2 \tag{9.9}$$

LC 滤波电路在负载电流较大或较小时,均有良好的滤波作用。也就是说,它对负载的适应性比较强。此外,还有 Ⅱ 型 LC 滤波电路,如图 9.9 所示。

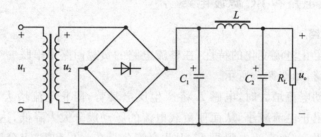

图 9.9　Ⅱ 型 LC 滤波电路

电感滤波和 LC 滤波克服了整流管冲击电流大的特点,滤波效果良好,而且电路的外特性较硬,但与电容滤波相比,输出直流电压较低,采用电感使体积和质量都大为增加。表 9.2 中列出了各种的滤波电路的性能。

表 9.2　各种滤波电路性能比较(电阻负载)

性能 类型	$U_{o(AV)}/U_2$	适用场合	整流管的 冲击电流	带负载能力
电容滤波	1.2	小电流	大	弱
Ⅱ 形 RC 滤波	<1.2	小电流	大	更弱
电感滤波	0.9	大电流	小	强
LC 滤波	0.9	大、小电流	小	强
Ⅱ 形 LC 滤波	1.2	小电流	大	弱

9.4　稳压管稳压电路

整流、滤波后得到的平滑直流电压会随电网电压的波动和负载的改变而变动。为了能够提供更加稳定的直流电压,需要在整流滤波后加上稳压电路,使输出直流电压在上述两种变化条件下保持稳定。稳压电路的种类和形式很多,本节首先介绍比较简单的稳压管稳压电路。

9.4.1　电路组成及稳压原理

稳压管的伏安特性和用稳压管组成的稳压电路如图 9.10(a)、(b)所示,稳压管稳压电路由稳压管 D_Z 和限流电阻 R 组成。

稳压管的正向特性和普通二极管相同。从它的反向特性可知,在图 9.10(b)所示电路中,如果能保证稳压管始终工作在它的稳压区,即保证稳压管的电流 $I_{Z,min} \leqslant I_{D_Z} \leqslant I_{Z,max}$,则 U_o 基本稳定,其值为 U_Z。按照国家标准,电网电压允许的波动范围为 $\pm 10\%$,而图 9.10(b)所示稳压电路中,输入电压 U_i 是整流滤波电路的输出电压,因此当电网电压波动时,U_i 将随之变化,使得 U_o 变化。另外,当整流滤波电路的负载电阻(电流)变化时,U_o 也将随之变化。所以应从电网电压波动和负载变化两个方面来分析电路是否有稳压作用。

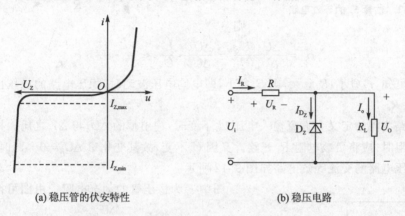

(a) 稳压管的伏安特性　　　　　　　(b) 稳压电路

图 9.10　稳压管稳压电路

1. 电网电压波动时输出电压基本不变

假设负载电阻 R_L 不变,当电网电压升高使 U_i 增大时,输出电压 U_o 也将随之增大。根据稳压管反向特性,稳压管两端电压的微小增加,将使流过稳压管的电流 I_{D_Z} 急剧增加,因为 $I_R = I_{D_Z} + I_o$,I_{D_Z} 增加使 I_R 增大,电阻 R 上的压降 U_R 随之增大,以此来抵消 U_i 的升高,从而使输出电压 U_o 基本不变。当电网电压降低时,U_i、I_{D_Z}、I_R 及 R 上电压的变化与上述过程相反,U_o 也基本不变。可见,在电网电压变化时,$\Delta U_R \approx \Delta U_i$,从而使得 U_o 稳定。

2. 负载电阻(电流)变化时输出电压基本不变

假设输入电压 U_i 保持不变,当负载电阻变小,即负载电流 I_o 增大时,造成流过电阻 R 的电流 I_R 增大,R 上压降也随之增大,从而使得输出电压 U_o 下降。但 U_o 的微小下降将使流过稳压管的电流 I_{D_Z} 急剧减小,补偿 I_o 的增大,从而使 I_R 基本不变,R 上压降也就基本不变,最终使输出电压 U_o 基本不变。当 I_o 减小时,I_{D_Z} 和 R 上电压变化与上述过程相反,U_o 也基本不变。可见,在负载电流变化时,$\Delta I_{D_Z} \approx -\Delta I_o$,从而使得 U_o 稳定。

9.4.2　主要稳压指标

稳压电路的主要性能指标有两项,稳压系数 S_r 和内阻 R_o。

1. 稳压系数 S_r

在负载电阻 R_L 不变时,输出电压的相对变化量与输入电压相对变化量之比称为稳压系

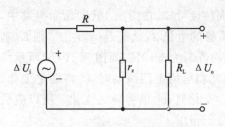

图 9.11 估算 S_r 的等效电路

数,用 S_r 表示。估算 S_r 的等效电路如图 9.11 所示。由图可得

$$\Delta U_o = \frac{r_Z \mathbin{/\mkern-6mu/} R_L}{(r_Z \mathbin{/\mkern-6mu/} R_L) + R} \cdot \Delta U_i$$

当满足条件 $r_Z \ll R_L, r_Z \ll R$ 时,上式可简化为

$$\Delta U_o \approx \frac{r_Z}{R} \Delta U_i$$

则

$$S_r = \frac{\Delta U_o / U_o}{\Delta U_i / U_i} = \frac{\Delta U_o}{\Delta U_i} \cdot \frac{U_i}{U_o} \approx \frac{r_Z}{R} \cdot \frac{U_i}{U_o} \tag{9.10}$$

由式(9.10)可知,r_Z 愈小,R 愈大,则 S_r 愈小,即电网电压波动时,稳压电路的稳压性能愈好。

2. 内阻 R_o

稳压电路内阻的定义为直流输入电压 U_i 不变时,输出端的 ΔU_o 与 ΔI_o 之比。根据定义,估算电路的内阻时,应将负载电阻 R_L 开路。又因 U_i 不变,故其变化量 $\Delta U_i = 0$。此时图 9.10(b) 中稳压管稳压电路的交流等效电路如图 9.12 所示。

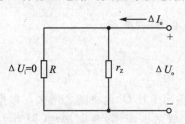

图 9.12 估算稳压电路 R_o 的等效电路

图中 r_Z 为稳压管的动态电阻。由图可得

$$R_o = \frac{\Delta U_o}{\Delta I_o} = r_Z \mathbin{/\mkern-6mu/} R$$

由于一般情况下能够满足 $r_Z \ll R$,故上式可简化为

$$R_o \approx r_Z \tag{9.11}$$

由此可知,稳压电路的内阻近似等于稳压管的动态内阻。r_Z 愈小,则稳压电路的内阻 R_o 也愈小,当负载变化时,稳压电路的稳压性能愈好。

9.4.3 限流电阻的选择

在图 9.10(b) 所示的稳压电路中,限流电阻 R 是个很重要的元件,其阻值必须选择合适才能保证稳压管既能稳压又不至于损坏。从图 9.10(b) 所示电路可知,R 中电流

$$I_R = \frac{U_i - U_o}{R} = I_{D_Z} + I_o$$

若 R 取值过小,则当负载电流最小且 U_i 最大(即电网电压产生 $+10\%$ 波动)时,流过稳压管的电流可能超过其允许的最大电流 $I_{Z,\max}$,造成稳压管损坏;若 R 取值过大,则当负载电流最大且 U_i 最小(即电网电压产生 -10% 波动)时,将使得流过稳压管的电流可能减小到最小工作电流 $I_{Z,\min}$ 以下,使稳压管失去稳压作用。因此,选择 R 的阻值应该满足下述关系:

$$\frac{U_{i,\max} - U_Z}{R} - I_{o,\min} < I_{Z,\max} \quad \text{或} \quad R > \frac{U_{i,\max} - U_Z}{I_{Z,\max} + I_{o,\min}} \tag{9.12}$$

第 9 章 直流稳压电源

$$\frac{U_{i,\min} - U_Z}{R} - I_{o,\max} > I_{Z,\min} \quad \text{或} \quad R < \frac{U_{i,\min} - U_Z}{I_{Z,\min} + I_{o,\max}} \tag{9.13}$$

综上所述应选择

$$\frac{U_{i,\max} - U_Z}{I_{Z,\max} + I_{o,\min}} < R < \frac{U_{i,\min} - U_Z}{I_{Z,\min} + I_{o,\max}} \tag{9.14}$$

例 9.3 在图 9.10(b)所示稳压管稳压电路中,设稳压管的 $U_Z = 6$ V,稳定电流 $I_Z = I_{Z,\min} = 5$ mA,额定功率 $P_Z = 300$ mW,当 I_Z 由 $I_{Z,\min}$ 变到 $I_{Z,\max}$ 时,U_Z 的变化量 ΔU_Z 为 0.45 V;稳压电路直流输入电压 U_i 为 $15(1\pm10\%)$ V,负载电阻 R_L 为 $200\sim600$ Ω。

(1) 选择限流电阻 R;
(2) 估算在上述条件下的稳压系数 S_r 和内阻 R_o。

解:(1) 由给定条件可知:

$$I_{Z,\min} = 5 \text{ mA}$$
$$I_{Z,\max} = P_Z/U_Z = (0.3/6) \text{ A} = 0.05 \text{ A} = 50 \text{ mA}$$
$$I_{o,\min} = U_Z/R_{L,\max} = (6/600) \text{ A} = 0.01 \text{ A} = 10 \text{ mA}$$
$$I_{o,\max} = U_Z/R_{L,\min} = (6/200) \text{ A} = 0.03 \text{ A} = 30 \text{ mA}$$
$$U_{i,\max} = [(1+10\%)\times 15] \text{ V} = 16.5 \text{ V}$$
$$U_{i,\min} = [(1-10\%)\times 15] \text{ V} = 13.5 \text{ V}$$

将上述参数代入式(9.14)得

$$\left(\frac{16.5-6}{0.05+0.01}\right) \Omega < R < \left(\frac{13.5-6}{0.005+0.03}\right) \Omega$$

可以取 $R = 200$ Ω。

电阻 R 上消耗的功率 P_R 为

$$P_R = \frac{(U_{i,\max} - U_Z)^2}{R} = \left[\frac{(16.5-6)^2}{200}\right] \text{W} \approx 0.6 \text{ W}$$

最后可选取 200 Ω、1 W 的碳膜电阻。

(2) 由给定条件可知

$$r_Z = \frac{\Delta U_Z}{\Delta I_{D_Z}} = \left(\frac{0.45}{0.05-0.005}\right) \Omega = 10 \text{ Ω}$$

所以此稳压电路的稳压系数 S_r 为

$$S_r \approx \frac{r_Z}{R} \cdot \frac{U_i}{U_o} = \frac{10}{200} \cdot \frac{15}{6} = 0.125 = 12.5\%$$

稳压电路内阻 R_o 为

$$R_o \approx r_Z = 10 \text{ Ω}$$

当输出电压不需要调节,负载电流比较小的情况下,稳压管稳压电路的效果较好,所以在小型的电子设备中经常采用这种电路。但是,稳压管稳压电路还存在两个缺点:一是输出电压由稳压管的型号决定,不可随意调节;二是电网电压和负载电流的变化范围较大时,电路将不能适应。为了改进以上缺点,可以采用串联型直流稳压电路。

9.5 串联型直流稳压电路

9.5.1 电路组成及工作原理

1. 电路组成

图 9.13 所示是串联型直流稳压电路。它由基准电压源、比较放大电路、调整电路和采样电路四部分组成。三极管 T 接成射极输出器形式,主要起调整作用。因为它与负载 R_L 相串联,所以这种电路称为串联型直流稳压电源。

稳压管 D_Z 和限流电阻 R 组成基准电压源,提供基准电压 U_Z。电阻 R_1、R_P 和 R_2 组成采样电路。当输出电压变化时,采样电阻将其变化量的一部分 U_F 送到比较放大电路。运算放大器 A 组成比较放大电路。采样电压 U_F 和基准电压 U_Z 分别送至运算放大器 A 的反相输入端和同相输入端,进行比较放大,其输出端与调整管的基极相接,以控制调整管的基极电位。

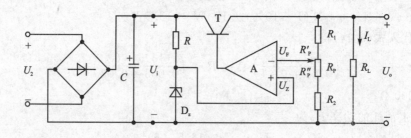

图 9.13 串联型直流稳压电路

2. 工作原理

当电网电压的波动使 U_i 升高或者负载变动使 I_L 减小时,U_o 应随之升高,采样 U_F 也升高,因基准电压 U_Z 基本不变,它与 U_F 比较放大后,使调整管基极电位降低,调整管的集电极电流减小,集电极-发射极之间电压增大,从而使输出电压 U_o 基本不变。

同理,当 U_i 下降或者 I_L 增大时,U_o 应随之下降,采样电压 U_F 也减小,它与基准电压 U_Z 比较放大后,使调整管基极电位升高,调整管的集电极电流增大,C-E 间电压减小,从而使输出电压 U_o 保持基本不变。由此可见,电路的稳压实质上是通过负反馈使输出电压维持稳定的过程。

3. 输出电压的调节范围

改变采样电路中间电位器 R_P 抽头的位置,可以调节输出电压的大小。

设 A 是理想运放并工作在线性放大区,故 $U_F = U_Z$。从采用电路可知

$$U_F = \frac{R_2 + R''_P}{R_1 + R_2 + R_P} \cdot U_o$$

所以

$$U_o = \frac{R_1 + R_2 + R_P}{R_2 + R''_P} \cdot U_Z \tag{9.15}$$

当电位器抽头调至 R_P 的上端时,$R''_P = R_P$,此时输出电压最小,即

$$U_{o,\min} = \frac{R_1 + R_2 + R_P}{R_2 + R_P} \cdot U_Z \tag{9.16}$$

当电位器抽头调至 R_P 的下端时,$R''_P = 0$,此时输出电压最大,即

$$U_{o,\max} = \frac{R_1 + R_2 + R_P}{R_2} \cdot U_Z \tag{9.17}$$

例 9.4 设图 9.13 所示串联型直流稳压电路中,稳压管为 2CW14,其稳定电压为 $U_Z = 7\ \text{V}$,采样电阻 $R_1 = 3\ \text{k}\Omega$,$R_P = 2\ \text{k}\Omega$,$R_2 = 3\ \text{k}\Omega$,试估算输出电压的调节范围。

解:根据式(9.16)和式(9.17)得

$$U_{o,\min} = \frac{R_1 + R_2 + R_P}{R_2 + R_P} \cdot U_Z = \left(\frac{3+3+2}{3+2} \times 7\right)\ \text{V} = 11.2\ \text{V}$$

$$U_{o,\max} = \frac{R_1 + R_2 + R_P}{R_2} \cdot U_Z = \left(\frac{3+3+2}{3} \times 7\right)\ \text{V} = 18.7\ \text{V}$$

由此可知,稳压电路输出电压的调节范围是 11.2～18.7 V。

9.5.2 稳压电路的保护电路

1. 限流型保护电路

图 9.14 所示是一种常用的具有限流保护作用的稳压电路,其中三极管 T_2 和电阻 R 组成限流保护电路。

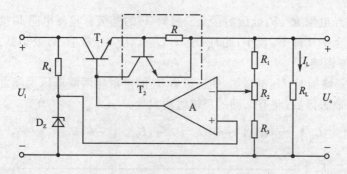

图 9.14 有限流保护的稳压电路

当稳压电路正常工作时,调整管 T_1 发射极电流在额定值范围内,电阻 R 上的电压不足以使三极管 T_2 发射结导通,故 T_2 处于截止状态,对稳压电路没有影响。当稳压电路输出电流过大时,由于流过 R 的电流加大,其两端电压大于 T_2 发射结的导通电压,使 T_2 导通,将调整管 T_1 的基极电流分走一部分,使 T_1 的发射极电流大大减小,从而保护了调整管。

这种保护电路的优点是当过流现象消除后,T_2 立即截止,电路能自动恢复正常工作。但是,当保护电路启动后,调整管仍有电流流过,而且管压降很大,所以调整管的功耗很大。

2. 截流型保护电路

限流型保护电路虽然能限制过大的输出电流,但是,当负载短路时,整流滤波后的输出直流电压 U_i 将全部加在调整管两端,而且此时通过调整管的电流也相当大,所以调整管消耗的功率很大。如果按照这种条件来选择调整管,势必要求其功率容量的额定值比正常情况大好几倍。这样显然是不经济的,而且调整管的工作可靠性仍难以保证,所以在功率容量较大的稳压电路中,希望一旦发生过载或负载短路的情况时,输出电压和输出电流都能下降到较低的数值。这样的保护电路称为截流型保护电路。图 9.15 所示为有截流保护的稳压电路。图中的三极管 T_2 与电阻 R_1、R_2、R_3、R_4 和检测电阻 R 组成截流型保护电路。

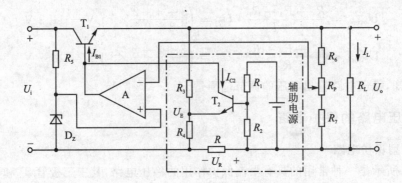

图 9.15 有截流保护的稳压电路

基准电压 U_Z 经电阻 R_1、R_2 分压后接至三极管 T_2 的基极。检测电阻 R 接在 R_2 与 R_4 之间。在正常工作时,R 上的压降 U_R 较小,此时 $U_{R_2} + U_R < U_{R_4}$,三极管 T_2 处于截止状态,因而对稳压电路的工作没有影响。

当负载电流 I_L 增加时,U_R 也增加,使三极管 T_2 的发射结两端电压也随之增加。若 U_{BE2} 值增大到使 T_2 进入放大区后,将有下面的反馈过程发生:

$$I_{C2} \uparrow \rightarrow I_{B1} \downarrow \rightarrow U_o \downarrow \rightarrow U_E \downarrow \rightarrow U_{BE2} \uparrow$$

$$I_{C2} \uparrow \longleftarrow$$

由于 U_{BE2} 和 I_{C2} 不断增加,使 T_2 迅速饱和,其集射极之间的压降迅速下降到 $U_{CES} \approx 0.3\ \text{V}$。

结果使输出电压 $U_\text{o} = (U_\text{CES} + U_{R_4}) - (U_\text{BE1} + U_R)$。因为 U_{R_4} 一般选定为 1 V 左右，U_R 的数值也较小，所以当保护电路启动后，输出电压 U_o 将下降到 1 V 左右的数量级。同时，调整管也因近于截止而功耗很小。

当负载两端的故障排除以后，由于 I_L 减小，U_R 也随之减小，只要三极管 T_2 能进入放大区，则输出电压将按以下的正反馈过程很快地恢复到原来的数值：

$$U_R \downarrow \rightarrow U_\text{BE2} \downarrow \rightarrow I_\text{C2} \downarrow \rightarrow I_\text{B1} \uparrow \rightarrow U_\text{o} \uparrow \rightarrow U_\text{E} \uparrow \rightarrow U_\text{BE2} \downarrow$$
$$I_\text{C2} \downarrow$$

这种保护电路在选择调整管时要注意，调整管的集射极反向击穿电压 $U_\text{(BR)CEO}$ 应大于整流滤波电路输出电压可能达到的最大值。

9.6 集成稳压电路

9.6.1 集成稳压电路概述

随着集成技术的发展，稳压电路也迅速实现集成化。从 20 世纪 60 年代末开始，集成稳压器已经成为模拟集成电路的一个重要组成部分。目前已能大量生产各种型号的单片集成稳压电路。集成稳压电路体积小，使用调整方便，性能稳定，而且成本低，因此应用日益广泛。

集成稳压电路的工作原理与分立元件的稳压电路是相同的。它的内部结构同样包括有基准电压源、比较放大器、调整电路、采样电路和保护电路等部分。它是通过各种工艺将元器件集中制作在一块小硅片上，封装后把整个稳压电路变成了一个部件，即集成电路。它以单体的形式参与电路工作，因此使用起来灵活方便。

集成稳压电路的类型很多。按其内部的工作方式可分为串联型、并联型、开关型；按其外部特性可分为三端固定式、三端可调式、多端固定式、多端可调式、正电压输出式、负电压输出式；按其型号分类又有 CW78 系列、CW79 系列、W2 系列、WA7 系列、WB7 系列、FW5 系列等。

9.6.2 三端集成稳压器简介

1. 电路组成

图 9.16 所示为三端集成稳压器的结构框图。

三端集成稳压器的内部是由启动电路、基准电源、放大电路、调整管、采样电路和保护电路等六部分组成。其中启动电路的作用是在刚接通直流输入电压时，使调整管、放大电路和基准电源等建立起各自的工作电流，而当稳压电路正常工作时启动电路被断开，以免影响稳压电路的性能。三端集成稳压器实际上就是由串联型直流稳压电路和保护电路所构成的。尽管在具体的电路中有很多改进,但基本工作原理与前述相同,这里不再赘述。由于它只有输入端、输出端和公共端 3 个引出端,故通常称为三端集成稳压器。

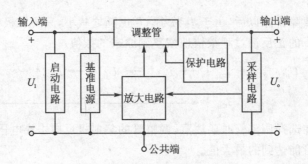

图 9.16　三端集成稳压器结构框图

2. 主要参数

三端集成稳压器目前已发展成为独立体系,它的规格齐全、型号种类多。在常用的三端集成稳压器中,有输出固定正电压的 CW78×× 系列、CW×40 系列等;输出固定负电压的 CW79×× 系列、CW×45 系列等。目前生产和应用最广的是 CW78×× 系列和 CW79×× 系列等。它们各有 7 种。其型号后两位数字为输出电压值。

无论固定正输出还是固定负输出的三端集成稳压器,它们的输出电压值通常可分为 7 个等级,即 ±5 V、±6 V、±8 V、±12 V、±15 V、±18 V 和 ±24 V 这 7 个等级。输出电流则有 3 个等级:1.5 A(W7800 及 W7900 系列)、500 mA(78M00 及 W79M00 系列)和 100 mA(W78L00 及 W79L00)系列)。现将输出正电压的 W7800 系列的 7 种三端稳压器的主要参数列于表 9.3 中,以供参考。

3. 型号组成及其意义

三端固定式集成稳压器的型号组成及其意义如图 9.17 所示。

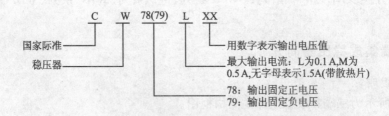

图 9.17　三端固定式集成稳压器型号组成及其意义

表 9.3　W7800 系列三端集成稳压器主要参数

参　数 \ 型　号			7805	7806	7808	7812	7815	7818	7824
输入电压	U_i	V	10	11	14	19	23	27	33
输出电压	U_o	V	5	6	8	12	15	18	24
电压调整率	S_U	V	0.007 6	0.008 6	0.01	0.008	0.006 6	0.01	0.011
电流调整率（5 mA≤I_o≤1.5 A）	S_I	mV	40	43	45	52	52	55	60
最小压差	U_i-U_o	V	2	2	2	2	2	2	2
输出噪声	U_N	μV	10	10	10	10	10	10	10
峰值电流	I_{oM}	A	2.2	2.2	2.2	2.2	2.2	2.2	2.2
输出温漂	S_T	mV/℃	1.0	1.0	1.2	1.2	1.5	1.8	2.4

4. 外形及图形符号

三端集成稳压器的外形及图形符号分别如图 9.18、图 9.19 所示。

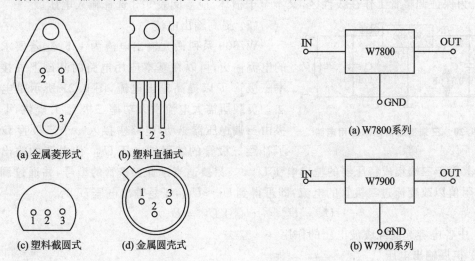

图 9.18　三端集成稳压器的外形　　　图 9.19　三端集成稳压器的图形符号

W7800 系列和 W7900 系列三端集成稳压器的引脚如表 9.4 所列。

表 9.4　W7800、W7900 系列三端集成稳压器的引脚

封装形式 型号	金属封装			塑料封装		
	IN	GND	OUT	IN	GND	OUT
W7800	1	3	2	1	2	3
W78M00	1	3	2	1	2	3
W78L00	1	3	2	3	2	1
W7900	3	1	2	2	1	3
W79M00	3	1	2	2	1	3
W79L00	3	1	2	2	1	3

5. 基本应用

(1) 基本应用电路

三端集成稳压器的基本应用电路如图 9.20 所示。直流输入电压 U_i 接在输入端(IN)和公共端(GND)之间，在输出端(OUT)即可得到稳定的输出电压 U_o。电容 C_1 可改善输入纹波电压，其容量一般为 $0.33\ \mu F$。电容 C_2 可消除电路的高频噪声，改善负载瞬态响应，一般取 $0.1\ \mu F$。为保证调整管工作在线性区，又不至于损坏，应参阅表 9.3 选择输入电压。

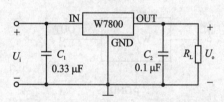

图 9.20　三端稳压器基本应用电路

(2) 提高输出电流

W7800 系列最大输出电流为 $1.5\ A$，若要求更大的电流输出，可以在基本应用电路的基础上外接大功率三极管 T 以提高输出电流，图 9.21 所示是电路接法。负载所需大电流由大功率三极管 T 提供，T 的基极由三端稳压器驱动，电路中接入一个二极管 D 是为了补偿三极管的发射结电压 U_{BE}，使电路的输出电压 U_o 基本上等于三端集成稳压器的输出电压 U_{xx}。只要适当选择二极管的型号，并通过调节电阻 R 的阻值以改变流过二极管的电流，即可得到 $U_D \approx U_{BE}$，于是输出电压 U_o 为

$$U_o = U_{xx} - U_{BE} + U_D = U_{xx}$$

图 9.21 中各电容起滤除纹波电压的作用。

(3) 扩展输出电压

W7800 系列是固定输出电压类型，在特殊需要场合可通过外接电路来改变输出电压值，从而提高输出电压的取值范围。在图 9.22 所示电路中，利用集成运放 A 并通过改变电位器 R_P 的滑动抽头来改变输出电压。

(4) 具有正负电压输出的稳压电源

当需要正负电压同时输出时，可用一块 W7800 正压单片稳压器和一块 W7900 负压单片稳压器连接成图 9.23 所示的电路。这两块稳压器有一个公共接地端，并共用整流电路。

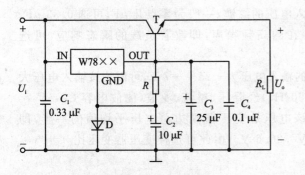

图 9.21 提高三端稳压器的输出电流

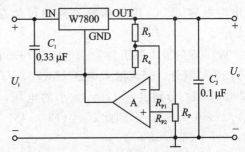

图 9.22 三端稳压器输出电压的扩展

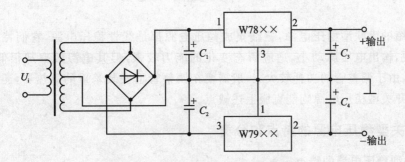

图 9.23 具有正负输出电压的稳压电源

例 9.5 试应用集成稳压器设计一个能固定输出 ±5 V 电压的直流稳压电源。

解:(1) 因所要设计的直流稳压电源是固定式输出,并且输出既有正电压也有负电压,故可选三端固定式集成稳压器(如 W7800 系列或 W7900 系列)。通过查阅集成手册可知 W7805 集成稳压器可输出 +5 V 直流电压、W7905 集成稳压器可输出 −5 V 直流电压,可以选用。

(2) 集成稳压器 W7800 系列(正电源)和 W7900 系列(负电源)的典型应用电路如图 9.24 所示。

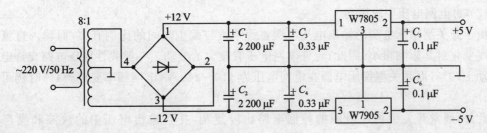

图 9.24 例 9.5 用图

图中输入端电容 C_3、C_4 主要用来改善输入电压的纹波,一般为零点几 μF,可选 0.33 μF。输出端电容 C_5、C_6 用来消除电路中可能存在的高频噪声,即改善负载的瞬态响应,可选 0.1 μF。

W7805 的输入电压为 7～30 V,W7905 的输入电压为 −25～−7 V,可以均按输入电压大小为 12 V 设计。交流输入电压 U_1(220 V/50 Hz)经降压、整流、滤波(滤波电容 $C_1 = C_2 = 2\ 200\ μF$)后,分别供给 12 V 大小的电压,该电压是变压器副边总电压平均值的一半,即 $(U_2/2) \times 0.9 = 12$ V,因此 $U_2 = (12/0.45)$ V ≈ 26.6 V。由此可选择变压器变压比 $n = U_1 : U_2 = 220 : 26.6 ≈ 8 : 1$。

9.7 开关型稳压电源

前面介绍的串联型稳压电源,三端集成稳压电源都是线性稳压电源,它们特点是结构简单,调整方便,输出电压脉动小,适应瞬态变化的能力较强,但其电源效率却很低,一般只有 20%～40%,由于调整管的功耗较大,一般需要在调整管上安装笨重的散热器,还要有良好的通风条件。开关型稳压电源则能克服上述缺点。

9.7.1 开关型稳压电源的特点和分类

1. 开关型稳压电源的特点

(1) 效率高

开关型稳压电源中调整管工作在开关状态,当调整管饱和导通时,集电极电流较大,但饱和压降很小,当调整管截止时,C-E 间承受的管压降较大,但集电极电流却几乎为 0,因此,调整管功耗很小。开关型稳压电路的效率高达 65%～90%。

(2) 体积小、质量轻

因调整管的功耗小,故散热器也可随之减小。而且,许多开关型稳压电源可省去 50 Hz 工频变压器,而开关频率通常为几十千赫,故滤波电感、电容的容量均可大大减小,所以,开关型稳压电源与同样功率的线性稳压电源相比,体积和质量都将小得多。

(3) 对电网电压要求不高

由于开关型稳压电源的输出电压与调整管导通与截止时间的比例有关,而输入直流电压的幅度变化对其影响很小,因此,允许电网电压有较大的波动。一般线性稳压电路允许电网电压波动 ±10%,而开关型稳压电源在电网电压为 140～260 V,电网频率变化 ±4% 时仍可正常工作。

此外,通常开关型稳压电源的控制电路比较复杂,并且输出电压中的纹波和噪声成分较大。

综上所述,开关型稳压电源具有非常突出的特点,所以广泛用于计算机、电视机、通信设备等直流电源供电系统。

2. 开关型稳压电源的分类

（1）按照工作在开关状态的调整管与负载的连接形式分类,开关型稳压电路可分为串联型和并联型。

（2）按照对调整管的控制方式分类,开关型稳压电路可分为:脉冲宽度调制(PWM)型,即开关工作频率不变,控制使开关导通的脉冲宽度;脉冲频率调制(PFM)型,即开关导通的时间不变,控制开关的工作频率;还有混合调制型,即上述两种控制形式结合,脉冲宽度和开关工作频率都发生变化。其中脉冲宽度调制型用得较多。

（3）按照是否使用工频变压器(即电源变压器)来分类,有低压开关型稳压电路,即50 Hz电网交流电压先经工频变压器降压,变成低压后再进入开关型稳压电路;高压开关型稳压电路,即无工频变压器型,将220 V交流电网电压直接进行整流滤波后进入开关型稳压电路。目前大量使用的主要是无工频变压器型开关稳压电路。

此外,按激励的方式分类,有自激式和他激式。按所用开关调整管的种类分,有双极型三极管、MOS场效应管和晶闸管开关电路等。

9.7.2 串联开关型稳压电源

1. 电路组成

图9.25所示为串联开关型稳压电源的结果框图。该电路由6部分组成。其中采样电路、比较放大器和基准电压三部分,在组成和功能上与前面在串联型稳压电路中所述的相同。不同的是开关脉冲发生器、开关调整管和储能滤波电路。

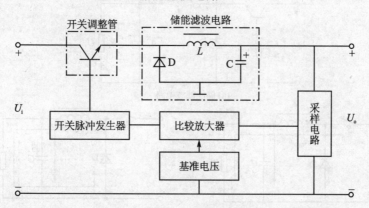

图9.25 串联开关型稳压电路框图

（1）开关脉冲发生器

它由多谐振荡器组成,产生控制调整管的脉冲。开关脉冲的宽度受比较放大器输出电压的控制。由于比较放大器、采样电路和基准电压构成负反馈系统,所以当输出电压U_o升高时,比较放大器的输出电压降低,使开关脉冲的宽度变窄;反之,开关脉冲增宽。

(2) 开关调整管

它由功率管组成,在开关脉冲的作用下工作在开关状态,饱和导通或截止,输出断续的脉冲电压,把整流滤波后的直流电压变成脉冲电压。开关脉冲的宽窄,控制着调整管导通与截止的时间比例。当开关脉冲的宽度增加时,调整管导通时间加大,截止时间减小;当开关脉冲宽度减小时,调整管的导通时间减小,截止时间加大。

(3) 储能滤波电路

它由电感 L、电容 C 和二极管 D 组成,能把调整管输出的断续脉冲电压变成连续的平滑直流电压。当调整管的导通时间长、截止时间短时,输出直流电压就高;反之,输出直流电压则低。

2. 串联开关型稳压电源的工作原理

(1) 储能滤波电路的工作原理

图 9.26(a)所示为储能滤波电路。T 是开关调整管,其基极电压受开关脉冲的控制,其发射极输出断续的脉冲电压。

当开关脉冲为高电平时,调整管 T 饱和导通,相当于开关闭合。这时二极管 D 处于反偏而截止,输入电压 U_i 加在电感 L 和负载 R_L 上。由于电感中的电流不能突变,所以电感电流随着 T 的导通而逐渐加大。开关脉冲的高电平宽度越窄,调整 T 导通时间则越长,电流增加得则越大。电感 L 中储存的磁场能量则越多。电感电流 i_L 除流过负载 R_L 之外,同时还对电容 C 充电。其电流流动情况如图 9.26(b)所示。

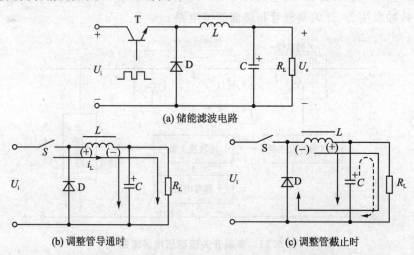

图 9.26 储能滤波电路的工作原理

当开关脉冲为低电平时,调整管 T 截止,相当于开关断开。由于电感中电流不能突变,故产生一个自感反电动势,极性左负右正。它使二极管 D 处于正向偏置而导通,从而为电感电流提供路径,以维持向负载供电和对电容放电。其电流流动情况如图 9.25(c)所示。在这个过程中,电感中储存的磁能释放出来,转化成电能,当电感电流下降到较小时,电容 C 开始放电,继续维持负载电流。当电容放电使其两端的电压明显下降,开关脉冲又变为高电平时,调整管 T 又饱和导通,输入电压 U_i 再次向负载和电容供电,电感再次储能。如此循环。这样,输出电压就成为基本维持在一定数值上的平滑直流电压。它的数值等于输入电压 U_i 的平均值,即

$$U_o = \frac{t_d}{T} U_i \qquad (9.18)$$

式中 T 为开关脉冲的周期,t_d 为调整管导通时间。

由以上分析可知,调整管中的断续脉冲电流,通过储能滤波电路可以输出连续的、波动不大的直流电压。通过控制调整管导通时间的长短,可以调整输出电压的大小。在储能滤波电路中,电感 L 起着储存和释放能量的作用;电容 C 除有储能作用外,还起着平滑滤波的作用;三极管 T 为电感释放能量提供通路,所以称为续流二极管。

(2) 开关脉冲发生器的工作原理

图 9.27 所示为一个简单的串联开关型稳压电源。其中 T_1 和 T_2 组成复合管,起开关调整管的作用。电感 L、二极管 D 和电容 C_2 组成储能滤波电路。三极管 T_4、稳压管 D_Z 和电阻 R_3、R_4、R_5、R_6 组成比较放大器、基准电压和采样电路。

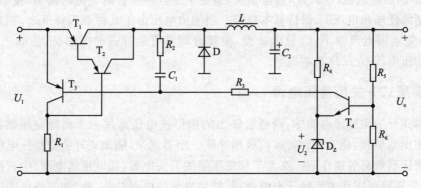

图 9.27 串联开关型稳压电源

开关脉冲发生器由三极管 T_3 和复合管 T_1、T_2 以及相关元件组成。它是一个多谐振荡电路,产生开关脉冲,从而控制调整管工作在开关状态。

在 T_1、T_2 和 T_3 组成的电路中,当三个三极管均处于放大状态时,存在着强烈的反馈。例如,当 T_3 管电流 i_{C3} 稍有增加,则会引起电阻 R_1 上的压降增大,使 T_2 的基极电位 u_{B2} 上升,从而复合管 T_1、T_2 的电流 i_{C1}、i_{C2} 减小,调整管 T_1 的管压降 u_{CE1} 增大,因此集电极电位 u_{C12} 下降。由于电容 C_1 上压降不能突变,故 u_{C12} 通过 R_2 和 C_1 使 T_3 的基极电位 u_{B3} 再下降,进而使 i_{C3} 更加增大。这个正反馈过程使 T_3 很快进入饱和状态。T_3 饱和后,其管压将 u_{CE3} 只有 0.3 V 左右,它

加在 T_1 和 T_2 的两个发射结上,必然使复合管 T_1、T_2 进入截止状态。

T_3 饱和并且复合管 T_1、T_2 截止后,T_3 的基极电流要向电容 C_1 充电,充电电压的极性是下正上负。随着 C_1 充电的进行,u_{B3} 逐渐升高,i_{C3} 又随之减小,使 T_2 管的基极电位也跟着下降。当 C_1 充电到一定值时,上述变化会使复合管 T_1、T_2 重新进入放大状态,使电路又产生一个强烈的正反馈过程。即

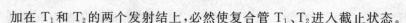

这样,很快又会使 T_3 截止,复合管 T_1、T_2 饱和。这时在 C_1 两端的充电电压通过 R_3 和 T_4 放电,又会使 u_{B3} 逐渐减小。当 u_{B3} 减小到使 T_3 进入放大状态时,则又会产生如前的正反馈过程,使电路的状态发生翻转。此时,T_3 管又进入饱和状态,复合管 T_1、T_2 又进入截止状态。如此周而复始,在 T_3 管上产生的开关脉冲电压,控制着复合管的基极电位,使其交替地导通和截止。

(3) 稳压原理

根据式(9.18)可知,调整管的导通时间 t_d 减小会使输出电压 U_o 降低,反之则增高。由图 9.27 可以看出,当输出电压 U_o 由于某种原因升高时,采样电阻 R_5、R_6 会使 T_4 基极电位升高,它与基准电压 U_Z 相比较,使 u_{BE4} 增大,因而 T_4 的集电极电流增大。因为 T_4 的集电极电流就是电容 C_1 的放电电流,所以,C_1 放电加快,缩短了复合调整管的导通时间 t_d,使输出电压 U_o 降低。其结果使输出电压 U_o 保持基本稳定。当输出电压由于某种原因降低时,同理会使 u_{BE4} 减小,T_4 的集电极电流减小,C_1 放电减慢,使复合调整管的导通时间加长,使输出电压升高。其结果使输出电压 U_o 保持基本稳定。

9.7.3 隔离式开关型稳压电源

在隔离式开关型稳压电源中,调整管输出的矩形波电压通过一个高频变压器接到 LC 滤波电路再输出到负载,调整管和等效负载相并联。顾名思义,隔离式开关型稳压电源的明显优点是高频变压器兼有隔离作用。在无工频变压器的开关电源(如电视机电源)中直接用单相交流电输入,采用隔离式开关型稳压电源电路,能将直流供电部分的"地"和交流电网侧的"地"隔离开来,使用更加安全。

1. 基本电路

隔离式开关型稳压电源的基本电路如图 9.28 所示。

图中省略了基极调制波形的产生电路,与串联开关型稳压电路的区别是调整管 T 和负载不再串联,而通过变压器耦合。

2. 工作原理

调整管 T 的基极输入调制信号为 u_B,当 u_B 为高电平时,T 导通;当 u_B 为低电平时,T 截止。T 的开关作用就使得变压器的副边输出矩形波电压 u_A。u_A 经 D_1 整流,再经 LC 滤波后,

供给负载平滑的直流电压。图 9.28 中 D_2 为续流二极管。如果忽略调整管饱和压降和变压器、整流以及滤波电路的损耗,输出电压在周期 T 时间内的直流平均值 U_o 近似为

$$U_o \approx \frac{T_1}{T} \cdot u_A = \frac{T_1}{T} \cdot \frac{N_2}{N_1} \cdot U_i = DNU_i \tag{9.19}$$

式中,D 为基极调制波形占空比,N 为变压器变压系数。

当电网波动或负载电流变化引起输出电压变化时,通过调节调整管基极调制脉冲的占空比,使得输出电压保持稳定。其调节过程和前述串联开关型稳压电源类似。

在图 9.28 所示电路中,用单个三极管作为开关管,在实际应用电路中,还有用推挽式、全桥式或半桥式的开关器件作调整管。

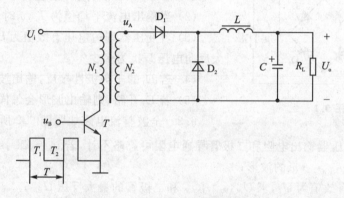

图 9.28 隔离式开关稳压电源基本电路

本章小结

(1) 稳压电源的种类很多,它们一般由变压器、整流、滤波和稳压电路等 4 部分组成,输出电压不受电网、负载及温度的影响,为各种精密电子仪表和家用电器正常工作提供能源保证。

(2) 稳压管稳压电路利用稳压管的稳压特性来实现负载两端电压稳定。这种电路只适用于输出电流较小、输出电压固定、稳压要求不高的场合。

(3) 串联型稳压电源是最常用的稳压电源。这种稳压电路,调整管串联在输入电压和负载之间。利用稳压管提供基准电压,再引入电压负反馈和放大环节,使输出电压保持稳定。其稳压性能较好,输出电压调节方便。因调整管工作在放大状态而功耗大,所以需要加保护电路。

(4) 集成稳压电路目前已得到广泛的应用,其中 CW78 系列、CW79 系列、W117、W217、W317 等是最常用的三端集成稳压器。它们既有固定式和可调式,又有正电压输出和负电压输出,使用方便,性能稳定。

(5) 开关型稳压电路中,由于调整管工作在开关状态,输出断续的脉冲电压,因此必须经

过储能滤波电路才能得到平滑的直流电压。开关脉冲发生器产生开关脉冲,控制调整管交替地饱和导通和截止。在开关型稳压电路中的采样电路、基准电路和比较放大器部分,其组成和功能都与串联型稳压电路相同。由于调整管工作在开关状态,所以本身功耗很小。这种稳压电源体积小,质量轻,效率高,但线路较复杂。

习题 9

9.1 单相桥式整流电路如题图 9.1 所示。试求:

(1) 若 $U_2=20$ V,则 u_o 的直流平均电压为多大?
(2) 当输出电流平均值为 $I_{o(AV)}$ 时,I_{D1} 为多大?
(3) 若变压器副边电压有效值为 U_2,则二极管的最大反向电压 U_{RM} 为多少?
(4) 若 D_1 的正负极性接反,输出波形会怎样变化?
(5) 若 D_1 开路,则输出波形会怎样?

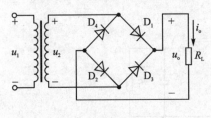

题图 9.1

9.2 全波整流电路如题图 9.2 所示。变压器次级中心抽头接地,变压器输出电阻和二极管导通电阻可忽略不计,若 $u_2=\sqrt{2}U_2\sin\omega t$ V,试求:

(1) 画出 u_2、i_{D1}、i_{D2}、u_o 的波形;
(2) 若 u_2 的有效值为 U_2,求 $U_{o(AV)}$、$I_{D(AV)}$ 和二极管的最大反压 U_{RM};
(3) 二极管 D_1 断开或反接会出现什么问题?

9.3 题图 9.3 所示是一种能输出两种电压的桥式整流电路,设变压器和二极管都是理想器件。

(1) 试分析二极管工作情况,当 $u_{21}=u_{22}=\sqrt{2}U_2\sin\omega t$ V 时,画出 u_{o1}、u_{o2} 的波形;
(2) 若 $U_2=10$ V,试求 u_{o1} 和 u_{o2} 的平均值;
(3) 每个二极管的 $I_{D(AV)}$ 和 U_{RM} 为多少?

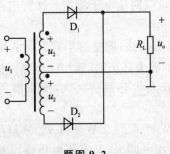

题图 9.2

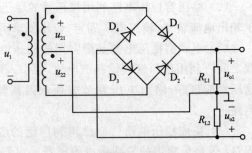

题图 9.3

9.4 试比较电容滤波、RC–π型滤波、电感滤波和 LC 滤波电路的优、缺点。在下列几种情况下,应该选用哪一种滤波电路比较合适。

(1) 负载电流为 10 A,负载电阻 $R_L=1\Omega$,纹波要求不高;

(2) 负载电流为 10 mA,负载电阻 $R_L=1$ kΩ,纹波要求一般,尽量减小直流损耗;

(3) 负载电阻为 100 Ω 可调,负载电流在 10 mA~1 A 范围可调,纹波要求一般,但要使 U_2 尽可能小;

(4) 对变压器次级电压及电路的直流损耗无严格要求。负载电阻 $R_L=1$ kΩ,负载电流为 5 mA 固定不变,要求纹波尽可能小。

9.5 在桥式整流电路中,$U_2=10$ V(有效值),$R_L=100$ Ω,$C=100$ μF。试问:(1) 正常时 $U_{o(AV)}=$?(2) 如果测得输出电压 $U_{o(AV)}$ 为 9 V 或 4.5 V,试分析分别出现了什么故障。

9.6 图 9.10(b)所示稳压电路中,已知稳压管的额定功耗 $P_Z=200$ mW,稳定电压 $U_Z=7$ V,最小稳定电流 $I_{Z,min}=5$ mA,电阻 $R=100$ Ω,负载电阻 R_L 可调范围为 400~600 Ω,试求输入电压 U_i 允许的变化范围。

9.7 在图 9.10(b)所示稳压电路中,已直输入电压 U_i 为 12~14 V;稳压管的稳定电流 $I_Z=5$ mA,最大功耗 $P_{ZM}=200$ mW,$U_Z=5$ V;负载电阻 $R_L=250$ Ω。

(1) 求限流电阻的取值范围;

(2) 若 $R=220$ Ω,则负载电阻能否开路,为什么?

9.8 试画出桥式整流、电容滤波加稳压管稳压的电路图。若变压器次级电压 $U_2=20$ V,稳压管 D_Z 的稳压值 $U_Z=10$ V,$I_{Z,min}=5$ mA,$I_{Z,max}=26$ mA,负载电阻 R_L 变化范围为 400~1 000 Ω。

(1) 设滤波电容 C 的容量足够大,加在稳压电路的输入电压 $U_{i(AV)}=$?

(2) 设电网电压稳定,稳压管中的电流何时最大?何时最小?

(3) 试求限流电阻 R 的取值范围。

9.9 在题图 9.4 所示图中,适当连接各元件,使之得到对地±15 V 的直流电压。

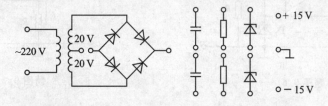

题图 9.4

9.10 在题图 9.5 所示稳压电路中,已知 $U_i=30$ V,$U_Z=12$ V,$R_1=R_2=500$ Ω,$R_3=1$ kΩ,$R_L=48$ Ω。试求:

(1) 变压器次级电压 $U_2=$?

(2) 输出电压 $U_{o,max}=?$ $U_{o,min}=?$

(3) 调整管的最大功耗 $P_{C,max}=?$（只计流过负载的电流产生的功耗）

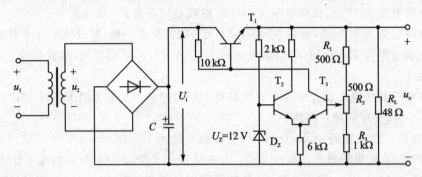

题图 9.5

9.11 题图 9.6 所示电路为串联型稳压电源。$R_1=R_3=300\ \Omega$。要求：

(1) 标出集成运放的同相输入端"+"和反相输入端"-"；

(2) 若要输出电压的调节范围为 7.5～15 V，则稳压管的稳定电压 U_Z 等于多少？电位器的阻值 R_2 等于多少？

9.12 电路如题图 9.7 所示，已知 W7805 公共端的电流 $I_P=8\ mA$，输入端和输出端之间电压的最小值 3 V；输出电压最大值 $U_{o,max}=25\ V$。要求：

(1) 若 $R_2=200\ \Omega$，求 R_1 应为多少？

(2) U_i 至少应取多少？

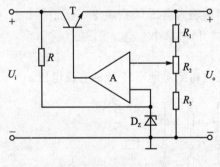

题图 9.6

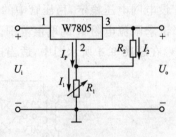

题图 9.7

9.13 试用电源变压器、桥式整流电路、滤波电容、三端稳压器组成一个输出电压为 5 V 的稳压电源，并画出其电路。

9.14 用 W7812 和 W7912 组成输出正、负电压的稳压电路，画出整流、滤波和稳压电路图。

9.15 在题图 9.7 所示电路中，已知 W7805 的输出电压为 5 V，$I_W=5\ mA$；$R_1=1\ k\Omega$，

$R_2 = 200\ \Omega$。试求输出电压 U_o 的调节范围。

9.16 在图 9.22 所示电路中,已知 W78×× 为 W7812,输出电压 U_o 的调节范围为 3～30 V,$R_3 = 200\ \Omega$,$R_P = 1\ k\Omega$。试问:

(1) R_4 等于多少?

(2) R_{P2} 的最大值等于多少?

(3) 若 $U_i = 40\ V$,则三端稳压器输入端和输出端之间承受的最大压降为多少?

9.17 电路如题图 9.8 所示,$R_1 = R_2 = R_3 = 200\ \Omega$,试求输出电压的调节范围。

9.18 在题图 9.9 所示稳压电路中,已知 W7805 输出电压为 5 V,$I_P = 50\ \mu A$,试求输出电压 $U_o = ?$

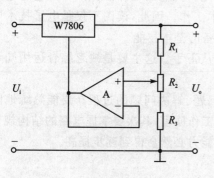

题图 9.8

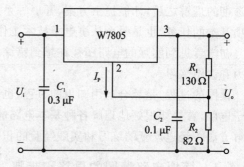

题图 9.9

第 10 章 模拟电路应用举例

10.1 模拟电路的读图

在电子产品的设计、维修、改进工作中,往往是首先研究它的电路图。只有对它的电路有了透彻的理解之后,才能提出方案,开展一系列的技术工作。因此,读图不仅是电子技术中的一项基本的任务,也是每个从事电子技术工作人员必备的基本技能。

初学者见到实际的电路图往往感到错综复杂,无从下手。这主要是缺乏综合运用知识的能力和读图练习。

读图的过程,是综合运用知识的过程,也是分析问题、解决问题的过程。要能熟练地阅读电子电路,首先要很好地理解各种基本电路的组成及工作原理;其次要掌握电路的结构规律和分解方法。经过反复的练习和实践经验的积累,读图能力必然会得到逐步提高。

10.1.1 模拟电路读图的思路和步骤

阅读电子设备的电路图,就是剖析电路的组成、电路的功能、工作原理、指标估算等。其一般思路和步骤如下:

1. 了解电路的用途和功能

读图之前,应首先了解所读的电路用于何处、有哪些功能、能达到什么技术指标。只有清楚地了解电路的用途和功能,才能明白电路的设计思想,总体结构;才能把所读的电路与已经学过的基本电路联系起来,才能运用已经掌握了的理论知识去分析和理解要阅读的电路。

2. 由浅入深、由表及里地逐步阅读

面对陌生的电路,不必急于深究细节,可首先进行观察。找到电路的输入端和输出端,从头至尾按种类找出组成电路的各个元器件。如三极管、二极管、电阻、电容、集成器件等,按其编号进行排列。实际的电路图一般都是从输入端开始,按照信号的传递顺序对元器件进行编号,而且紧密相关的元器件的编号也紧挨着。经过这样粗略地观察阅读,就对电路的组成、前后顺序有了大致的了解,为进一步的阅读分析做好了准备。

3. 分解电路

任何复杂的电路,都是由简单的基本电路组成的。在模拟电子电路中,电路的结构有其规律性。一般都可以分为:输入电路、中间电路、输出电路、电源电路、附属电路等几大部分。每一部分又可分解为几个基本的单元电路。可以用绘制框图的方法对整机电路进行分解,把电路分解成为几个组成方块,画出它们之间的联系。有些细节一时不能理解,可留待后面仔细研究。

4. 分析单元电路功能

运用所学过的基本电路的理论知识,逐一分析单元电路的组成、功能和工作原理。如果单元电路的组成仍比较复杂,可找出信号通路和决定电路功能的主要元器件,对电路进行简化。弄清楚基本功能和原理后,再分析次要环节。

在实际的电路中,往往遇到新的电路类型,很难一下子弄明白,这也是读图的难点和关键,需要查阅有关资料文献,运用对比分析的方法去弄明白这些环节的原理。应不断地扩充和更新自己的理论知识,积累经验,不断提高电路的阅读能力。

5. 统观整体

将各单元电路的功能进行综合,找出它们之间的分工和联系,从整体电路的输入端到输出端,分析信号在各级电路中的传递和变化,从而在整体上掌握电路的功能和工作原理。

在实际电路中,各个部分之间的联系往往比较复杂,尤其是存在着纵横交错的连接和各种功能转换,使人眼花缭乱。这也是读图的难点和关键。可以采用简化的方法,即先找出主要的联系和主要的转换方式,或者先找出在一种工作状态下的电路之间的联系,进行分析,依此类推,问题即迎刃而解。

6. 主要指标的估算

为了对电路的功能和原理有定量的了解,需要对电路的主要环节及主要指标进行估算。如要对电路进行改进,则通过估算,确定出可调整的参数、可修改的电路方案等。但是,实际电路中的计算往往比基本电路复杂得多,而且也很难计算出精确的结果。因此,要善于将条件和问题进行简化。

最后需要指出的是,读图时,应首先分析电路主要组成部分的功能和性能,必要时再对次要部分进一步分析。对于不同水平的读者和不同的电路,分析步骤也不尽相同。应根据具体电路灵活运用。

10.1.2 集成运放应用电路的识别方法

从前几章的分析可知,集成运算放大器、模拟乘法器和集成稳压器是常用的模拟集成电路,其中集成运放的应用最为广泛,可以实现各种模拟电路。

集成运放的应用电路种类繁多,千变万化,不可能一一列举,实际上也没必要一一列举。因为就集成运放的工作状态而言,只有两种情况,因而只要掌握集成运放工作状态的判断方法和两种状态下的分析方法,就不难弄清应用电路的工作原理和主要功能。

1. 集成运放工作状态的分析方法

集成运放的工作状态决定于其是否引入了反馈和引入反馈的极性。若集成运放引入了负反馈,则工作在线性区。通常,在近似分析中可以认为集成运放为理想运放,因而引入的都是深度负反馈,所以具有"虚短"和"虚断"的特点。若集成运放没有引入反馈(即开环)或仅仅引入了正反馈,则工作在非线性区。此时其输出仅有两种可能的情况:正的最大值$+U_{oM}$和负的最大值$-U_{oM}$。

熟练掌握反馈的判断方法,才能正确判断集成运放的工作状态。

2. 集成运放工作在不同状态时电路的分析方法

若电路中集成运放工作在线性区,则不管电路的目的是否要完成信号的某种运算,其输出信号与输入信号之间一定具有某种运算关系。因此,对于这种电路,应当利用"虚短"和"虚断"的特点求解运算关系式,进而研究其实现的功能。求解运算关系时,可利用节点电流法 KCL、叠加定理或二者相结合。

若电路中集成运放工作在非线性区,则电路必定实现某种判断,输出电压的高、低电平表明判断的结果。因此,对于这类电路,应当求解电压传输特性。电压传输特性具有三个要素,一是输出高、低电平,这决定于集成运放的最大输出幅值或限幅电路;二是阈值电压,它是使集成运放同相输入端和反相输入端电位相等的输入电压;三是输入电压过阈值电压时输出电压的跃变方向,即是从高电平跃变为低电平,还是从低电平跃变为高电平,它决定于输入信号作用于集成运放的同相输入端还是反相输入端。

可见,有无引入反馈及引入反馈的极性决定了集成运放的工作状态,集成运放的不同工作状态将组成不同类型的电路,而不同类型的电路应采用不同的分析方法。

10.2 电路举例

10.2.1 低频功率放大电路

图 10.1 所示为实用低频功率放大电路,最大输出功率为 7 W。其中 A 的型号为 LF356N,T_1 和 T_3 的型号为 2SC1815,T_4 的型号为 2SD525,T_2 和 T_5 的型号为 2SA1015,T_6 的型号为 2SB595。T_4 和 T_6 需安装散热器。

1. 分解电路

对于分立元件电路,应根据信号的传递方向,分解电路。

R_2 将电路的输出端与 A 的反相输入端连接起来,因而电路引入了负反馈;因为图 10.1 所示电路为放大电路,所以通常引入的是负反馈。

输入电压 u_i 作用于 A 的反相输入端,A 的输出又作用于 T_3 和 T_5 管的基极,故集成运放 A 为前置放大电路,且 T_3 和 T_5 为下一级的放大管;T_3 和 T_4、T_5 和 T_6 分别组成复合管,前者等效为 NPN 型管,后者等效为 PNP 型管,A 的输出作用于两个复合管的基极,而且两个复合管的发射极作为输出端,故第二级为互补输出级;因此可以判断出电路是两级电路。

因为信号不可能作用于 T_1、T_2 的基极和发射极,因而它们不是放大管;由于它们的基极和

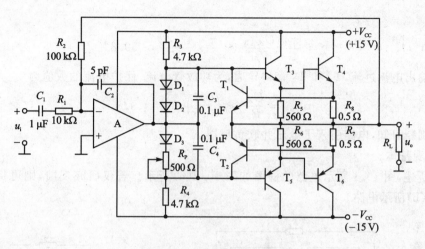

图 10.1 低频功率放大电路

发射极分别接 R_7 和 R_8 的两端,而 R_7 和 R_8 上的电流等于输出电流 i_o;故可以推测,当 i_o 增大到一定数值,T_1、T_2 才导通,可以为功放管分流,所以 T_1、T_2、R_7 和 R_8 构成过流保护电路。

2. 分析功能

对于功率放大电路,一般应分析其最大输出功率和效率。在图 10.1 所示电路中,由于电流取样电阻 R_7 和 R_8 的存在,负载上可能获得的最大输出电压幅值为

$$U_{o,\max} = \frac{R_L}{R_8 + R_L} \cdot (V_{CC} - U_{CES}) \tag{10.1}$$

式中 U_{CES} 为 T_4 管的饱和管压降。

最大输出功率为

$$P_{om} = \frac{\left(\dfrac{U_{o,\max}}{\sqrt{2}}\right)^2}{R_L} = \frac{U_{o,\max}^2}{2R_L} \tag{10.2}$$

在忽略静态损耗的情况下,效率为

$$\eta = \frac{\pi}{4} \cdot \frac{U_{o,\max}}{V_{CC}} \tag{10.3}$$

可见电流取样电阻使得负载上的最大不失真电压减小,从而使最大输出功率减小,效率降低。

设功放管饱和压降的数值为 3 V,负载为 10 Ω,则最大不失真输出电压幅值为

$$U_{o,\max} = \frac{R_L}{R_8 + R_L} \cdot (V_{CC} - U_{CES}) = \left[\frac{10}{10+0.5} \times (15-3)\right] \text{V} \approx 11.43 \text{ V}$$

最大输出功率为

$$P_{om} = \frac{U_{o,\max}^2}{2R_L} \approx \left[\frac{(11.43)^2}{2 \times 10}\right] \text{W} \approx 6.53 \text{ W}$$

效率

$$\eta = \frac{\pi}{4} \cdot \frac{U_{o,max}}{V_{CC}} \approx \frac{\pi}{4} \cdot \frac{11.43}{15} \approx 59.8\%$$

一旦输出电流过流,T_1 和 T_2 管将导通,为功放管分流,保护电流的数值为

$$i_{o,max} = \frac{U_{on}}{R_7} \approx \left(\frac{0.7}{0.5}\right) \text{A} = 1.4 \text{ A}$$

通过判断可知,电路引入了电压并联负反馈。

3. 统观整体

综上所述,图 10.1 所示电路的框图如图 10.2(a)所示。若仅研究反馈,则可将电路简化为图 10.2(b)所示电路。

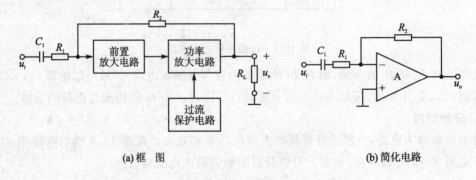

(a) 框　图　　　　　　　　　　　　(b) 简化电路

图 10.2　图 10.1 所示电路的框图和简化电路

根据图 10.2(b)所示电路,可以求得深度负反馈条件下电路的电压放大倍数为

$$A_{uF} \approx -\frac{R_2}{R_1} = -10$$

从而可得在输出功率最大时所需要的输入电压有效值为

$$U_i = \left|\frac{U_{o,max}}{\sqrt{2}A_{uF}}\right| \tag{10.4}$$

其他器件作用如下:

(1) C_2 为相位补偿电容,它改变了频率响应,可以消除自激振荡。

(2) R_3、D_1、D_2、D_3、R_P 和 R_4 构成偏置电路,使输出级消除交越失真。

(3) C_3 和 C_4 为旁路电容,使 T_3 和 T_5 的基极动态电位相等,以减少有用信号的损失。

(4) R_5 和 R_6 为泄漏电阻,用以减小 T_4 和 T_6 的穿透电流。其值不可过小,否则将使有用信号损失过大。

10.2.2　小型温度控制电路

图 10.3 所示为小型温度控制电路,适用于液体温度(如水温)、恒温箱等温度的控制,温控

范围为 10～100 ℃,静态功率为 5 W,可控 2 kW 以下的加热器。

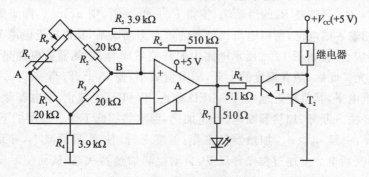

图 10.3　小型温度控制电路

1. 电路分解

按图 10.3 所示电路各部分的作用可将其画成框图,如图 10.4 所示。

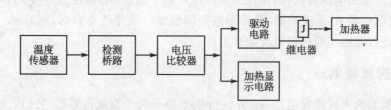

图 10.4　图 10.3 所示电路的框图

图中,传感器用于测量温度;桥路检测电路的输出反映温度变化情况;电压比较器用于判断温度是否降低到一定限度,即是否需要加热,同时驱动加热显示电路;驱动电路用于控制继电器动作,而继电器的吸合和释放将控制加热器的工作。继电器和加热器之间的关系如图 10.5 所示。

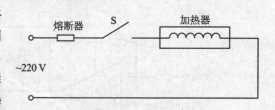

图 10.5　继电器和加热器连接

温度控制过程如下:当温度下降到一定数值时,电压比较器的输出电压从低电平跃变为高电平,启动驱动电路,使继电器吸合,此时,图 10.5 所示电路中的开关 S 闭合,加热器通电,温度上升,而当温度上升到一定数值时,电压比较器的输出电压从高电平跃变为低电平,驱动电路使继电器释放,图 10.5 所示电路中的开关 S 断开,加热器停止工作。此后温度将下降,一旦下降到一定数值,加热器又通电,重复上述过程,因此可使温度基本稳定在一个恒定值。

2. 工作原理分析

在图 10.3 所示电路中,热敏电阻 R_t 为温度传感器,它与 R_1、R_2、R_3 和 R_P 构成检测桥路,A 构成电压比较器,T_1 和 T_2 组成的复合管构成继电器的驱动电路,J 为继电器,R_7 和发光二极管

LED 组成加热显示电路。

取 $R_1=R_2=R_3$，若调整 R_P 的滑动端，使得 $R_t+R_P>R_3$，则 $u_B>u_A$，即集成运放同相输入端电位高于反相输入端电位，所以电压比较器的输出为高电平，其值接近电源 V_{CC}(5 V)，T_1 和 T_2 导通，继电器吸合，使得图 10.5 所示电路中的开关 S 闭合，加热器通电加热，与此同时发光二极管 LED 发光。此后，随着温度的上升，R_t 阻值减小，使 u_A 上升，当 $u_A>u_B$ 时，电压比较器的输出跃变为低电平，其值接近地(0 V)，LED 截止，T_1 和 T_2 也截止，继电器释放，使得图 10.5 所示电路中的开关 S 断开，加热器断电，停止加热，温度将因此下降。温度的下降使 R_t 阻值增大，导致 u_A 下降，一旦 $u_B>u_A$，加热器又工作；温度上升，使 R_t 阻值减小，导致 u_A 上升，一旦 $u_A>u_B$，加热器又断电。上述过程循环反复，自动控制加热器状态，从而使温度基本稳定在一个恒定值。

应当指出，为了防止在温控的临界状态下继电器频繁动作，电压比较器应具有滞回特性。由于电路通过电阻 R_6 引入正反馈，使得集成运放同相输入端的电位 u_B 不仅决定于检测桥路，还与集成运放的输出电压有关，因而构成滞回比较器。而且，R_6 值愈大，其两个阈值电压的差值愈小。调整电位器 R_P 的滑动端，即可调整控制温度。使用该电路时，可自制一个简易刻度盘与电位器联动，通过实验标出温度的数值。

10.2.3 火灾报警电路

图 10.6 所示为火灾报警电路，u_{i1} 和 u_{i2} 分别来源于两个温度传感器，它们安装在室内同一处。但是，一个安装在金属板上，产生 u_{i1}；而另一个安装在塑料壳体内部，产生 u_{i2}。

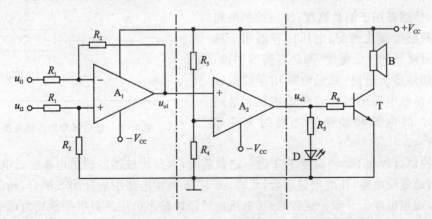

图 10.6 火灾报警电路

1. 了解用途

在正常情况下，即无火情时，两个温度传感器产生的电压相等，$u_{i1}=u_{i2}$，发光二极管不亮，蜂鸣器(扬声器)不响。有火情时，安装在金属板上的温度传感器因金属导热快而温度升高较快,而安装在塑料壳体内的温度传感器的温度上升得较慢,使 u_{i1} 与 u_{i2} 产生差值电压。差值电压增大到一定数值时,发光二极管发光,蜂鸣器鸣叫,同时报警。

2. 分解电路

分析由单个集成运放组成应用电路的功能时,可根据其有无引入反馈以及反馈的极性,来判断集成运放的工作状态和电路输出与输入的关系。

根据信号的流通,图10.6所示电路可分为三部分。A_1 引入了负反馈,故构成运算电路;A_2 没有引入反馈,工作在开环状态,故组成电压比较器;后面分立元件电路是声光报警电路。

3. 分析功能

输入级参数具有对称性,是双端输入的比例运算电路,也可实现差动放大,输出电压 u_{o1} 为

$$u_{o1} = \frac{R_2}{R_1}(u_{i1} - u_{i2}) \tag{10.5}$$

第二级电路的阈值电压 U_T 为

$$U_T = \frac{R_4}{R_3 + R_4} \cdot V_{CC} \tag{10.6}$$

当 $u_{o1} < U_T$ 时,$u_{o2} = U_{oL}$;当 $u_{o1} > U_T$ 时,$u_{o2} = U_{oH}$;电路只有一个阈值电压,故为单限比较器。u_{o2} 的高、低电平决定于集成运放输出电压的最大值和最小值。电压传输特性如图10.7所示。

当 u_{o2} 为高电平时,发光二极管因导通而发光,与此同时三极管 T 导通,蜂鸣器鸣叫。发光二极管的电流为

$$I_D = \frac{U_{oH} - U_D}{R_5} \tag{10.7}$$

三极管的基极电流为

$$I_B = \frac{U_{oH} - U_{BE}}{R_6} \tag{10.8}$$

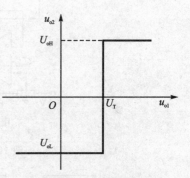

图 10.7 A_2 组成的电压比较器的电压传输特性

集电极电流,即蜂鸣器的电流为

$$I_C = \beta I_B$$

4. 统观整体

根据上述分析,图10.6所示电路的框图如图10.8所示。

图 10.8 火灾报警电路的框图

在没有火情时,$(u_{i1} - u_{i2})$ 的数值很小,$u_{o1} < U_T$,$u_{o2} = U_{oL}$,发光二极管和三极管均截止。

当有火情时,$u_{i1} > u_{i2}$,$(u_{i1} - u_{i2})$增大到一定程度,$u_{o1} > U_T$,u_{o2}从低电平跃变为高电平,$u_{o2} = U_{oH}$,使得发光二极管和三极管导通,发出报警。

10.2.4 多种波形发生电路

1. 分解电路

图 10.9 所示为一种简单的多种波形发生电路,它由 4 个运放和少量电阻、电容组成。以集成运放为核心器件,可将图 10.9 所示电路分为 4 个部分(如图中所标注),A_1 和 A_3 均工作在开环状态,故分别组成电压比较器电路;A_2 和 A_4 均通过电容引入负反馈,故分别组成积分电路;这 4 部分的电路串联,构成环路,其连接关系如图 10.10 所示。

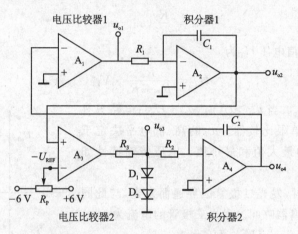

图 10.9 一种简单的多种波形发生电路

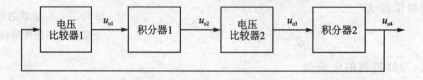

图 10.10 图 10.9 所示电路的框图

2. 功能分析

设集成运放输出电压的最大值为 $+U_{oM}$,最小值为 $-U_{oM}$。

在图 10.9 所示电路中,A_1 工作在开环状态,且同相输入端接地,故组成过零比较器,即电压比较器 1。其输出高、低电平决定于集成运放输出电压的幅值 $\pm U_{oM}$,电压传输特性如图 10.11(a)所示。

A_2、R_1 和 C_1 组成积分电路 1,其输出电压为

$$u_{o2} = -\frac{1}{R_1C_1}\int_{t_1}^{t_2} u_{o1}\,dt + u_{o2}(t_1)$$

由于 u_{o2} 不是 $+U_{oM}$ 就是 $-U_{oM}$，故上式可写成

$$u_{o2} = -\frac{1}{R_1C_1}u_{o1}(t_2-t_1) + u_{o2}(t_1) \tag{10.9}$$

A_3 组成的电压比较器 2 为单限比较器，其阈值电压为 $-U_{REF}$，输出高电平 $U_{oH3} = 2U_D \approx 1.4\ V$，输出低电平 $U_{oL3} = -U_{oM}$，故电压传输特性如图 10.11(b) 所示。

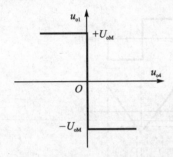 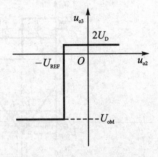

(a) 电压比较器1的电压电压传输特性　　　　(b) 电压比较器2的电压传输特性

图 10.11　电压传输特性

A_2、R_2 和 C_2 组成积分电路 2，其输出电压为

$$u_{o4} = -\frac{1}{R_2C_2}\int_{t_1}^{t_2} u_{o3}\,dt + u_{o4}(t_1)$$

由于 u_{o3} 不是高电平就是低电平，故上式可写成

$$u_{o4} = -\frac{1}{R_2C_2}u_{o3}(t_2-t_1) + u_{o4}(t_1) \tag{10.10}$$

3. 工作原理及波形分析

在分析非正弦波振荡电路的工作原理时，可首先设因某种原因使电压比较器的输出电压从低电平跃变为高电平(或从高电平跃变为低电平)，然后分析工作过程，若其经过一定的时间能够自动地从高电平跃变为低电平(或从低电平跃变为高电平)，并且再经过一定的时间又从低电平自动跃变为高电平(或从高电平跃变为低电平)，即电压比较器的输出不可能稳定在一个状态，则说明电路能够产生非正弦波振荡，否则不可能振荡。利用上述方法可分析图 10.9 所示电路的工作原理。

设图 10.9 所示电路中 A_1 的输出电压 u_{o1} 从低电平 $-U_{oM}$ 跃变为高电平 $+U_{oM}$，此时 u_{o3} 的输出应为高电平 $2U_D$，因而根据式(10.10)，积分器 2 的输出 u_{o4} 将随时间的增长线性下降，为负值。同理，根据式(10.9)，积分器 1 的输出 u_{o2} 也将随时间的增长线性下降，一旦 u_{o2} 下降至电压比较器 2 的阈值 $-U_{REF}$ 时，再稍有下降，u_{o3} 将从高电平 $2U_D$ 跃变为低电平 $-U_{oM}$，从而使积分器 2 改变积分方向，u_{o4} 将随时间的增长线性上升；此时 u_{o2} 依然随时间的增长而线性下

降,然而,一旦 u_{o4} 过 0 V 时,u_{o1} 就从高电平 $+U_{oM}$ 跃变为低电平 $-U_{oM}$,必导致积分器 1 改变积分方向,u_{o2} 也将随时间的增长线性上升。当 u_{o2} 上升至 $-U_{REF}$ 时,再稍上升,u_{o3} 将从 $-U_{oM}$ 跃变为 $2U_D$,使积分器 2 改变积分方向,u_{o4} 将随时间的增长线性下降;当 u_{o4} 过 0 V 时,u_{o1} 从 $-U_{oM}$ 跃变为 $+U_{oM}$,A_1 的输出电压返回到假设状态,电路将重复上述工作过程,而不可能稳定在某一状态,因此电路产生振荡。

根据上述分析,可以画出 $u_{o1} \sim u_{o4}$ 的波形,如图 10.12 所示。

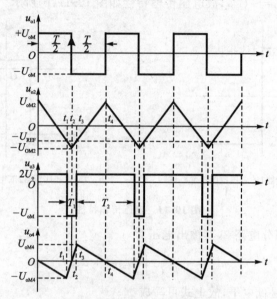

图 10.12　图 10.9 所示电路的波形分析

4. 振荡周期及幅值的估算

从图 10.12 所示波形可以看出 $u_{o1} \sim u_{o4}$ 在时间上的关系。设 $R_1 = R_2 = R$, $C_1 = C_2 = C$。若 u_{o2} 的峰-峰值 $2U_{oM2}$ 为 U_{oM}(U_{oM} 为集成运放的最大幅值),则从 t_2 到 t_4,即 $T/2$ 时间间隔内,u_{o2} 的表达式为

$$\frac{U_{oM}}{2} = \frac{1}{R_1 C_1} \cdot U_{oM} \cdot \frac{T}{2} - \frac{U_{oM}}{2}$$

因此振荡周期为

$$T = 2RC \tag{10.11}$$

u_{o2} 的峰-峰值 $2U_{oM2}$ 不同,振荡周期 T 也将不同。

在 t_1 到 t_2 的时间间隔内,u_{o2} 的表达式为

$$-U_{oM2} = -\frac{1}{R_1 C_1} U_{oM} (t_2 - t_1) - U_{REF}$$

因而

$$t_2 - t_1 = \frac{U_{oM2} - U_{REF}}{U_{oM}} \cdot RC \tag{10.12}$$

而在 t_1 到 t_2 的时间间隔内，u_{o4} 的表达式为

$$0 = -\frac{1}{R_2 C_2} U_{oM}(t_2 - t_1) - U_{oM4}$$

因而

$$t_2 - t_1 = \frac{U_{oM4}}{U_{oM}} \cdot RC \tag{10.13}$$

根据式(10.12)、式(10.13)可得两个积分器输出电压幅值的关系为

$$U_{oM4} = U_{oM2} - U_{REF} \tag{10.14}$$

可见，U_{REF} 必须小于 U_{oM2}，U_{oM2} 确定后，可以通过调整 U_{REF} 来改变 u_{o4} 的幅值 U_{oM4}。而为了保证三角波 u_{o2} 的线性度，U_{oM2} 应小于集成运放的最大输出幅值 U_{oM}。

U_{oM2}、U_{oM4} 确定后，可通过式(10.12)或式(10.13)求解出$(t_1 - t_2)$。在 u_{o3} 的波形中，$T_1 = 2(t_1 - t_2)$，$T_2 = T - 2(t_1 - t_2)$。

10.2.5 自动增益控制电路

自动增益控制电路如图10.13所示，为了便于读懂，这里作了适当简化。

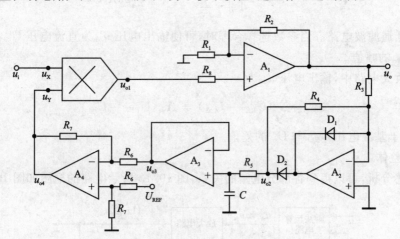

图 10.13 自动增益控制电路

1. 了解功能

图10.13所示电路用于自动控制系统中。输入电压为正弦波，当其幅值由于某种原因产生变化时，增益产生相应变化，使得输出电压幅值基本不变。

2. 分解电路

以模拟集成电路为核心器件分解图10.13所示电路，可以看出，每一部分都是一种基本电

路。第一部分是模拟乘法器。第二部分是由 A_1、R_1、R_2 和 R_8 构成的同相比例运算电路,其输出为整个电路的输出。第三部分是由 A_2、R_3、R_4、D_1 和 D_2 构成的精密整流电路。第四部分是由 A_3、R_5 和 C 构成的有源滤波电路。第五部分是由 A_4、R_6 和 R_7 构成的差动放大电路。A_4 的输出电压 u_{o4} 作为模拟乘法器的输入,与输入电压 u_i 相乘,因此电路引入了反馈,是一个闭环系统。

3. 功能分析

根据所学知识可知,模拟乘法器的输出电压为

$$u_{o1} = k u_X u_Y = k u_i u_{o4} \tag{10.15}$$

同相比例运算电路的输出电压 u_o 为

$$u_o = \left(1 + \frac{R_2}{R_1}\right) u_{o1} \tag{10.16}$$

设 $R_3 = R_4$,则精密整流电路的输出电压 u_{o2} 为

$$u_{o2} = \begin{cases} 0 & u_o > 0 \\ -u_o & u_o < 0 \end{cases} \tag{10.17}$$

因此为半波整流电路。

有源滤波电路的电压放大倍数为

$$\dot{A}_u = \frac{\dot{U}_{o3}}{\dot{U}_{o2}} = \frac{1}{1 + j\dfrac{f}{f_H}} \quad \left(f = \frac{1}{2\pi R_5 C}\right) \tag{10.18}$$

可见电路为低通滤波电路。当参数选择合理时,可使输出电压 u_{o3} 为直流电压 U_{o3},且 U_{o3} 正比于输出电压 u_o 的幅值。

在差动放大电路中,输出电压 u_{o4} 为

$$u_{o4} = \frac{R_7}{R_6}(U_{REF} - U_{o3}) = A_{u4}(U_{REF} - U_{o3}) \tag{10.19}$$

因而 u_{o4} 正比于基准电压 U_{REF} 与 U_{o3} 的差值。

4. 统观整体

根据上述分析,可以得到各部分电路的关系,图 10.13 所示电路的框图如图 10.14 所示。

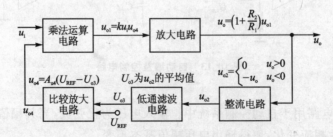

图 10.14 图 10.13 所示电路的框图

根据式(10.15)、式(10.16)、式(10.19),输出电压的表达式为

$$u_o = k u_i u_{o4} = k\left(1+\frac{R_2}{R_1}\right)\frac{R_7}{R_6}(U_{REF}-U_{o3})u_i \qquad (10.20)$$

设输入电压 u_i 幅值增大,则输出电压 u_o 的幅值随之增大,U_{o3}(U_{o3}正比于输出电压 u_o)必然增大,导致($U_{REF}-U_{o3}$)减小,从而使 u_o 幅值减小;若 u_i 幅值减小,则各部分的变化与上述过程相反。在参数选择合适的条件下,在一定的频率范围内,通过电路增益的自动调节,对于不同幅值的正弦波 u_i,u_o 的幅值可基本不变。

10.2.6 电压-频率转换电路(压控振荡器)

1. 了解用途

图 10.15 所示为电压-频率转换电路,功能是将直流电压转换成频率与其幅值成正比的矩形波,即用输出矩形波的频率来表示输入直流电压的大小,故电路完成了模拟量到数字量的转换。由于输出电压频率受输入直流电压的控制,故也称为压控振荡器。

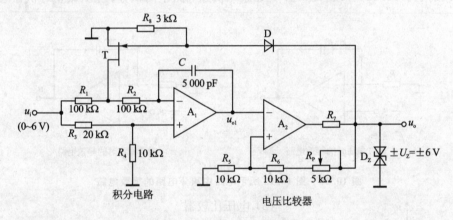

图 10.15 电压-频率转换电路

2. 分解电路及功能分析

图 10.15 中 A_1 通过电容 C 引入负反馈,构成积分电路;A_2 通过 R_6 和 R_P 引入正反馈,构成滞回比较器。N 沟道结型场效应管 T 为电子开关,其工作状态受输出电压 u_o 控制,当 $u_o=+U_Z$ 时导通,近似为开关闭合;当 $u_o=-U_Z$ 时截止,近似为开关断开。

(1) 积分电路

当 T 导通时,积分电路的等效电路如图 10.16(a)所示,集成运放 A_1 同相输入端的电位 u_{+1} 为

$$u_{+1} = \frac{R_4}{R_3+R_4}\cdot u_i = \frac{1}{3}u_i$$

反相输入端电位 $u_{-1}=u_{+1}$。积分电路的输出电压为

$$u_{o1} = -\frac{1}{R_2 C}\left(-\frac{1}{3}u_i\right)(t_1-t_0)+u_{o1}(t_0)$$

将数据代入,可得

$$u_{o1} = \frac{2\,000}{3} u_i (t_1 - t_0) + u_{o1}(t_0) \tag{10.21}$$

当 T 截止时,积分电路的等效电路如图 10.16(b)所示,u_{+1}、u_{-1} 不变,仍为 $u_i/3$。积分电路的输出电压为

$$u_{o1} = -\frac{1}{(R_1 + R_2)C}\left(u_i - \frac{1}{3}u_i\right)(t_2 - t_1) + u_{o1}(t_1) =$$
$$-\frac{1}{(R_1 + R_2)C} \cdot \frac{2}{3} u_i (t_2 - t_1) + u_{o1}(t_1)$$

将数据代入,可得

$$u_{o1} = -\frac{2\,000}{3} u_i (t_2 - t_1) + u_{o1}(t_1) \tag{10.22}$$

从式(10.21)、式(10.22)可以看出,当 T 导通时积分电路正向积分,当 T 截止时积分电路反向积分。

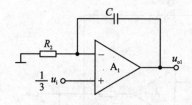
(a) T导通时的等效电路

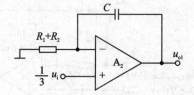
(b) T截止时的等效电路

图 10.16 图 10.15 所示电路中积分电路的等效电路

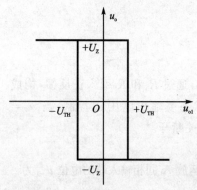

图 10.17 图 10.15 所示电路中电压比较器的电压传输特性

(2) 电压比较器

A_3 构成的是反相输入的滞回比较器,其输出电压 u_o 决定于由 R_7 和稳压管 D_Z 组成的限幅电路,输出高电平 $U_{oH} = +U_Z = 6$ V,输出低电平 $U_{oL} = -U_Z = -6$ V,阈值电压 U_{TH} 为

$$\pm U_{TH} = \pm \frac{R_5}{R_5 + R_6 + R_P} \cdot U_Z \tag{10.23}$$

当 R_P 的滑动端在最左端时,$\pm U_{TH} = \pm 3$ V;当 R_P 的滑动端在最右端时,$\pm U_{TH} = \pm 2.4$ V;电压传输特性如图 10.17 所示。

3. 工作原理及波形分析

设输入电压 u_i 为 0~6 V 中的一个确定值 U_i,输出电压 u_o 在 t_0 时刻从低电平 $-U_Z$ 跃变为高电平 $+U_Z$,因而二极管 D 截止,使得场效应管的栅-源电压为零,T 导通,积分电路的输出电压 u_{o1} 按式(10.21)变化,随时间线性增大;当 u_{o1} 增大到 $+U_{TH}$

时,再稍增大,必然导致 u_o 从高电平 $+U_Z$ 跃变为低电平 $-U_Z$,二极管 D 导通,使得场效应管的栅-源电压小于其夹断电压,从而截止,积分电路的输出电压 u_{o1} 按式(10.22)变化,随时间线性减小;当 u_{o1} 减小到 $-U_{TH}$ 时,再减小,必然导致 u_o 从低电平 $-U_Z$ 跃变为高电平 $+U_Z$,电路返回到初始状态,并重复上述过程,产生自激振荡。

根据上述分析可知,$u_o=+U_Z$ 时,积分电路正向积分,u_{o1} 的起始值为 $-U_{TH}$,终了值为 $+U_{TH}$;$u_o=-U_Z$ 时,积分电路反向积分,u_{o1} 的起始值为 $+U_{TH}$,终了值为 $-U_{TH}$。画出 u_o 和 u_{o1} 的波形如图 10.18 所示。

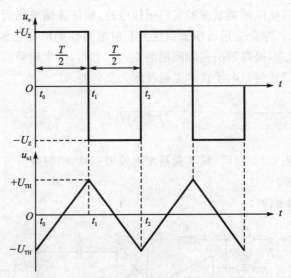

图 10.18 图 10.15 所示电路的 u_o 和 u_{o1} 的波形

4. 输入电压与输出电压的频率关系

根据图 10.18 所示波形可得,从 t_0 到 t_1 为 $\frac{1}{2}T$,通过式(10.21)可以求出周期 T,即

$$U_{TH} = \frac{2\,000}{3} \cdot U_i \cdot \frac{T}{2} - U_{TH}$$

$$T = \frac{6U_{TH}}{U_i} \times 10^{-3}$$

因此,输入直流电压 U_i 与振荡频率 f 的关系为

$$f = \frac{U_i}{6U_{TH}} \times 10^3 \tag{10.24}$$

可见振荡频率与输入电压值成正比。

式(10.24)中 U_{TH} 如式(10.21)所示,调整 R_P 的滑动端,可以改变 U_{TH} 的数值,因而可以调整 U_i 与 f 的关系。如果调整 $U_{TH} \approx 3.33$ V,则 $f \approx 0.5U_i \times 10^2$;当 $U_i = 0 \sim 6$ V 时,频率 $f \approx$

0～300 Hz。

本章小结

本章通过几个例子,复习了基本电路的分析方法,介绍了电子电路读图的一般方法,尤其是集成运放应用电路的读图方法。读图方法可简述为

了解用途→分解模块→分析功能→统观整体→估算指标

由于集成运放可以组成种类繁多的实用模拟电路,能够读懂集成运放应用电路,不但可以提高读者电路识别能力、综合应用所学知识能力和对电路性能的评估能力,还可以开阔视野、积累经验,从中获得启发,提高解决实际问题的能力。当然,本章所举实例有限,读者还需多读多看,不断提高水平,以达到对电子技术工程技术人员的要求。

习题 10

10.1 电路如题图 10.1 所示,其功能是实现模拟运算,求解微分方程。
(1) 求出微分方程;
(2) 简述电路工作原理。

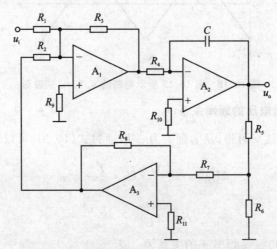

题图 10.1

10.2 题图 10.2 所示为三极管电流放大系数 β 的简易测量电路,该电路利用电压表测量输出电压的值,并通过简单计算便可得到 β 值。
(1) 分析电路的工作原理;
(2) 写出 β 的表达式并求出数值。

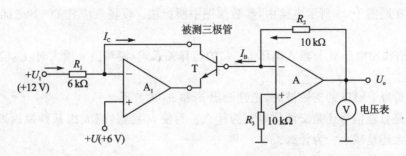

题图 10.2

10.3 题图 10.3 所示为反馈式稳幅电路,其功能是:当输入电压变化时,输出电压基本不变。其主要技术指标如下:

(1) 输入电压波动 20% 时,输出电压波动小于 0.1%;
(2) 输入信号频率从 50～2 000 Hz 变化时,输出电压波动小于 0.1%;
(3) 负载电阻从 10 kΩ 变为 5 kΩ 时,输出电压波动小于 0.1%。

要求:
(1) 以每个集成运放为核心器件,说明各部分电路的功能;
(2) 用框图表明各部分电路之间的相互关系;
(3) 简述电路的工作原理。

提示:场效应管工作在可变电阻区,电路通过集成运放 A_3 的输出控制场效应管的工作电流,来达到调整输出电压的目的。

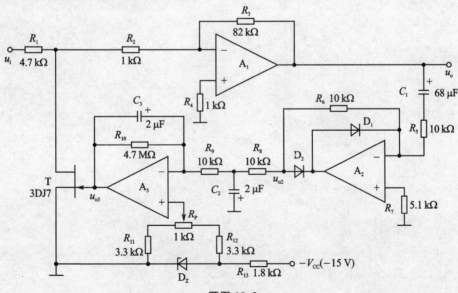

题图 10.3

10.4 在题图 10.3 所示电路中,参数如图中所标注。设场效应管 D-S 之间的等效电阻为 r_{DS}。

（1）求出输出电压 u_o 与输入电压 u_i、r_{DS} 的运算关系式;说明当 u_i 增大时,r_{DS} 应如何变化才能使 u_o 稳幅?

（2）当 u_i 为 1 kHz 的正弦波时,定性画出 u_o 和 u_{o2} 的波形。

（3）u_{o3} 是直流信号还是交流信号? 为什么? 为使 u_o 稳幅,当 u_i 因某种原因增大时,u_{o3} 的幅值应当增大还是减小? 为什么?

（4）电位器 R_P 的作用是什么?

第 11 章 可编程模拟器件 ispPAC 及其 EDA 软件设计

11.1 ispPAC 简介

11.1.1 可编程模拟器件概述

可编程模拟器件(programmable analog device),它首先是属于模拟集成电路,即电路的输入和输出甚至内部状态均为随时间连续变化的模拟信号;同时又是现场可编程的,即在现场系统中,可由用户通过改变器件的配置来获得所需的电路功能。设计者可通过相应 EDA 开发软件在计算机上快速、方便地进行模拟电路设计、修改,对电路的特性进行仿真,快捷地完成模拟电路的设计。

目前可编程模拟器件已在信号调理(包括微弱信号放大、有源滤波、增益调节、传感器特性纠正)、模拟计算(包括信号相加、相减、对数、指数、相乘、相除、求信号的平均值等)、工业控制、通信、仪器仪表、人工神经网络等方面得到了应用。按配置方式分类,可编程模拟器件可分为现场可编程模拟阵列 FPAA(field programmable analog array)和在系统可编程模拟器件 isp-PAC(in-system programmable analog circuit)两大类;按采用的核心技术分类,可分为连续时间、离散时间、电压模式、电流模式、和开关电容等不同类型;按使用时是否需要外接 RC 元件可分为单片应用型和非单片应用型;按器件内部是否包含逻辑功能单元可分为全模拟器件和数模混合器件两类。

11.1.2 在系统可编程模拟器件 ispPAC 简介

在系统可编程模拟器件 ispPAC 是美国 Lattice 半导体公司于 1999 年底推出的系列产品。它的问世翻开了模拟电路设计的新篇章,为 EDA 技术的应用开辟了更广阔的应用前景。

与数字在系统可编程大规模及超大规模集成电路(ispLSI、ispVLSI 等)一样,ispPAC 同样具有在系统可编程技术的优势和特点。设计者可通过基于 Windows 的 PAC-Designer 开发软件在计算机上快速、方便地进行模拟电路设计、修改,对电路的特性进行仿真,然后将设计方案下载到芯片中。同时还可以对已装配在印制板上的 ispPAC 进行校验、修改或重新设计。ispPAC 把高集成度的精确设计集于一体,取代了传统的分立元件或 ASIC 所能实现的功能,具有开发速度快、成本低、可靠性高、保密性强等特点。

在系统可编程模拟器件可实现三种功能：(1)信号调理；(2)信号处理；(3)信号转换。信号调理主要是能够对信号进行放大、衰减、滤波。信号处理是指对信号进行求和、求差、积分运算。信号转换是指能把数字信号转换成模拟信号。

ispPAC 芯片包含有可编程模拟宏单元(PAC 模块)，它可以是仪器放大器、求和放大器或其他功能单元，主要承担模拟信号的处理任务。PAC 块的输入、输出通过模拟布线区 ARP (analog routing pool)互相连接，ARP 在器件引脚和 PAC 块的输入、输出间提供了一个可编程的模拟线路网络，无需外部连接就可将 PAC 块级联使用。芯片中还包含有配置存储器，是电擦除的 E^2CMOS 存储器，可重复使用 10 000 次，且编程时无需专用编程电源，它以数据形式存储 PAC 块中选择的增益、反馈电容值、与反馈电阻串联的开关状态、PAC 块的输入、输出之间的连接和引脚之间的连接等信息。除此之外，ispPAC 中还包含有参考电压、自校正电路以及 isp 接口等电路。目前美国 Lattice 公司生产的 ispPAC 芯片有 ispPAC10、ispPAC20、ispPAC30、ispPAC80/81 等。

11.2 在系统可编程模拟电路的结构

11.2.1 ispPAC10 器件结构

1. ispPAC10 器件组成

ispPAC10 器件的结构由 4 个基本单元电路 PAC 块、模拟布线池、配置存储器、参考电压、自动校正单元和 ISP 接口组成，ispPAC10 器件的结构图如图 11.1 所示。

2. ispPAC10 的引脚和封装

ispPAC10 有 28 脚 PDIP 封装和 28 脚 SOIC 封装两种封装形式。图 11.1 所示是 28 脚 PDIP 封装结构，表 11.1 所列为其引脚说明。

3. ispPAC10 器件的原理

ispPAC10 器件的基本单元电路称为 PAC 块(PACblock)，它由两个仪表放大器 IA1、IA2 和一个输出放大器 OA1 所组成，配以滤波电容 C_F 和可选直流反馈允许开关，构成一个真正的差分输入、差分输出的基本单元电路，能实现两个主要功能：反馈允许即反馈电阻 R_F 连通时实现低通滤波器，反馈电阻 R_F 断开时实现积分器，如图 11.2 所示。IA 的增益 k 调整范围为 $-10 \sim +10$，步长为 1。输出放大器中的电容 C_F 有 128 种值可供选择。所谓真正的差分输入、差分输出是指每个仪表放大器 IA1、IA2 有 2 个输入端，输出放大器 OA1 也有两个输出端。PAC 块中电路的增益和特性都可以用编程的方法来改变。对于 ispPAC10 中的 4 个 PAC 块，采用一定的方法可以灵活地配置成 $1 \sim 10\ 000$ 倍的各种增益。器件中的基本单元可以独立地构成电路，也可以通过模拟布线池(analog routing pool)实现互联，以便实现各种电路的组合。

第11章 可编程模拟器件 ispPAC 及其 EDA 软件设计

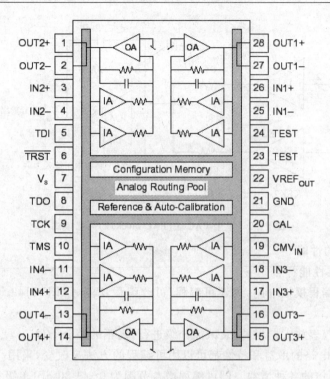

图 11.1 ispPAC10 器件结构图

表 11.1 ispPAC10 的引脚说明

PDIP 封装引脚号	符 号	功能说明
1,2,13~16,27,28	OUT	差分输出
3、4、11、12、17、18、25、26	IN	差分输入
5	TDI	串行接口数据输入,时钟上升沿有效,可为 JTAG 或 SPI 模式
6	$\overline{TRST}$	串行接口逻辑复位脚,异步复位,低电平有效
7	V_s	电源(正常时为 5 V),应通过 1 μF 和 0.01 μF 电容接地
8	TDO	串行接口数据输出,时钟下降沿有效,可为 JTAG 或 SPI 模式
9	TCK	串行接口时钟输入,可为 JTAG 或 SPI 模式,空闲时模拟性能最佳
10	TMS	串行接口模式选择,只能为 JTAG 模式
19	CMVIN	外部共模参考电压(可选),可代替 VREFOUT 作为共模输出电压(1.25~3.25 V)
20	CAL	自校正输入端,上升沿控制,自校准序列
21	GND	模拟地
22	VREFOUT	参考电压输出,正常为 2.5 V,必须通过 1 μF 电容接地
23、24	TEST	厂家测试用,一般接地,以获得器件额定性能

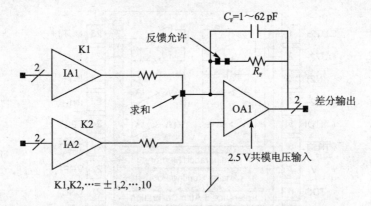

图 11.2 单个 PAC 块(PAC block)的简化模式

4. ispPAC10 的性能

ispPAC10 主要性能特点如下：

(1) 在系统可编程模拟电路，内建可编程/可改编程功能，IEEE 1149.1 JTAG 串行端口编程；

(2) 具有 4 个仪表放大器增益/衰减能分级进行，真正的差分 I/O；

(3) PAC 块中电路的增益和特性都可以用可编程的方法来改变，采用一定的方法器件可配置成 1 至 10 000 倍的各种增益。即可编程增益范围为 $0 \sim \pm 80$ dB(单级为 $0 \sim \pm 20$ dB)；

(4) 电路的输入阻抗为 109 Ω，输入电容为 2 pF，共模抑制比 K_{CMR} 为 69 dB；

(5) 单级带宽为 500 kHz$(G=1)$，330 kHz$(G=10)$；失真低，总谐波失真 THD<-74 dB @10 kHz；

(6) 精密有源滤波 $10 \sim 100$ kHz；

(7) 非易失性 E^2CMOS 单元(10 000)；

(8) 单电源 +5 V 供电，内部可提供 2.5 V 共模参考电压。

11.2.2　ispPAC20 器件结构

1. ispPAC20 器件的组成

ispPAC20 器件由两个基本单元电路 PAC 块，两个可编程、双差分比较器，一个 8 位的 D/A 转换器，配置存储器 E^2CMOS，参考电压，自动校正单元和 ISP 接口所组成，用户可灵活设置修改增益、比较器临界值和 DAC 输出值等。ispPAC20 器件的结构如图 11.3 所示。

2. ispPAC20 的引脚和封装

ispPAC20 具有 44 脚 PLCC 和 TQPF 两种封装形式。图 11.3 所示是 44 脚的 PLCC 封装结构，表 11.2 为其引脚说明。

第 11 章 可编程模拟器件 ispPAC 及其 EDA 软件设计

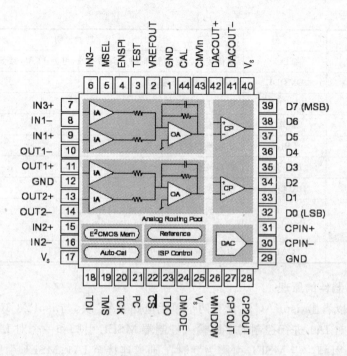

图 11.3　ispPAC20 器件的结构图

表 11.2　ispPAC20 的引脚说明

PDIP 封装引脚号	符　号	功能说明
1、12、29	GND	模拟地
17、25、40	V_S	电源(正常时为 5 V)，应通过 1 μF 和 0.01 μF 电容接地
6~9、15、16	IN	差分输入
10、11、13、14	OUT	差分输出
2	VREFOUT	参考电压输出，正常为 2.5 V，必须通过 1 μF 电容接地
3	TEST	厂家测试用，一般接地，以获得器件额定性能
4	ENSPI	SPI 模式使能端，高电平工作在 SPI 模式
5	MSEL	多路复用器控制 IA1 输入端
18	TDI	串行接口数据输入，时钟上升沿有效，可为 JTAG 或 SPI 模式
19	TMS	串行接口模式选择，只能为 JTAG 模式
20	TCK	串行接口时钟输入，可为 JTAG 或 SPI 模式，空闲时模拟性能最佳
21	PC	IA4 的极性控制端
22	$\overline{CS}$	片选输入端，SPI 和 DAC 并行接口时钟

续表 11.2

PDIP 封装引脚号	符 号	功能说明
23	TDO	串行接口数据输出,时钟下降沿有效,可为 JTAG 或 SPI 模式
24	DMODE	DAC 模式选择输入端
26	WINDOW	窗口比较输出端
27、28	CPOUT	逻辑输出端
30、31	CPIN	比较器的差分输入端
32～39	D0～D7	数模转换 DAC 的 8 位并行数字输入端
41、42	DACOUT	模拟差分输出
43	CMVIN	外部共模参考电压(可选),可代替 VREFOUT 作为共模输出电压(1.25～3.25 V)
44	CAL	自校正输入端,上升沿控制,自校准序列

3. ispPAC20 器件的原理

从图 11.3 可以看出,ispPAC20 具有两个单元电路 PAC 块,与 ispPAC10 的 PAC 块不同之处在于,增加了对 IA1 进行控制的多路输入控制端 MSEL 引脚和一个对 IA4 进行控制的增益极性控制端 PC 引脚。当 MSEL 引脚为 0 时,a 通道连接至 IA1;MSEL 引脚为 1 时,b 通道连接至 IA1。PC 引脚为 1 时,IA4 增益调整范围为 $-10\sim-1$;PC 引脚为 0 时,IA4 增益调整范围为 $1\sim10$。

ispPAC20 具有两个比较器 CP1、CP2 和一个 D/A 转换器。D/A 转换器可用于将数字信号通过内部 DAC 转换为模拟信号,也可作为外部的 DAC 或 ADC 提供参考电压等。比较器最常用的参考电压是取自 DAC 输出 DACOUT 信号,DAC 的输出可以提供 256 种不同的电压。此外,器件内部还提供 1.5 V 和 3 V 的固定电压,用固定电压作为比较器的输入,DAC 就可以用作其他用途,如减小系统偏差电压或给 DAC 提供参考电压等。DAC 接口方式可自由选择为:8 位的并行方式;串行 JTAG 寻址方式;串行 SPI 寻址方式。在串行方式中,数据总长度为 8 位,D0 处于数据流的首位,D7 为最末位。DAC 的输出是完全差分形式,可以与器件内部的比较器或仪表放大器相连,也可以直接输出。无论采用串行还是并行的方式,DAC 的编码均如表 11.3 所列。DAC 的寻址方式由两个外部引脚 DMODE 和 ENSPI 以及通过开发软件由用户编程设置的存储器 DSthru 位的数码决定,包括 JTAG/E2 寻址方式、并行寻址方式、JTAG 直接串行寻址方式和 SPI 串行寻址方式。

比较器连接能在可编程模拟器件内部直接被配置,或者使用外部的差分输入。比较器的极限电压能通过 DAC 设置,此外,单个比较器的输出能通过寄存器对其计数,或者以第二个比较器方式使用一个异或门,或用这个门来驱动 RS 触发器作为逻辑功能的扩展。比较器的基本工作原理与常规的比较器相同,当正的输入端电压相对负的输入端为正时,比较器的输出为高电平,否则输出为低电平。

表 11.3 DAC 输出对应输入的编码

$V_{ref\ input}/V$	Code		Nominal Voltage		$V_{out}(V_{diff})$
	DEC	HEX	$V_{out}+/V$	$V_{out}-/V$	V_{out}/V
−Full Scale(−FS)	0	00	1.0000	4.0000	−3.0000
	32	20	1.3750	3.6250	−2.2500
	64	40	1.7500	3.2500	−1.5000
	96	60	2.1250	2.8750	−0.7500
MS−1LSB	127	7F	2.4883	2.5117	−0.0234
Mid Scale(MS)	128	80	2.5000	2.5000	0.0000
MS+1LSB	129	81	2.5117	2.4883	0.0234
	160	A0	2.8750	2.1250	0.7500
	192	C0	3.2500	1.7500	1.5000
	224	E0	3.6250	1.3750	2.2500
+Full Scale(+FS)	255	FF	3.9883	1.0117	2.9766
LSB Step Size			×+0.0117	×−0.0117	0.0234
+FS+1LSB			4.0000	1.0000	3.0000

4. ispPAC20 器件的性能特点

ispPAC20 器件的主要性能特点如下:

(1) 内建可编程/可改编程序功能,经由软件做功能与参数的升级,IEEE 1149.1 JTAG 串行端口编程;

(2) 电路的输入阻抗为 10^9 Ω,输入电容为 2 pF,共模抑制比 K_{CMR} 为 69 dB;

(3) 含 8 位数模转换器 DAC 和双比较器;

(4) 精密滤波器范围 10~100 kHz;

(5) 精确的电压参考点与行程点;

(6) 窗口比较器;

(7) 可相加、相减模拟信号,有 on-chip 补偿校正;

(8) 非挥发性 E^2CMOS;

(9) 使用 SPI 接口做动态 DAC 更新;

(10) 单电源+5 V 供电,内部可提供 2.5 V 共模参考电压。

11.2.3 ispPAC30 器件结构

1. ispPAC30 器件的组成

ispPAC30 主要由 4 个输入仪表放大器 IA、2 个单端输出放大器 OA、2 个可调的乘法数模转换器 MDAC、I/O 布线池、求和布线池、配置存储器、2.5 V 参考电压和自校准等几部分组成，器件结构如图 11.4 所示。

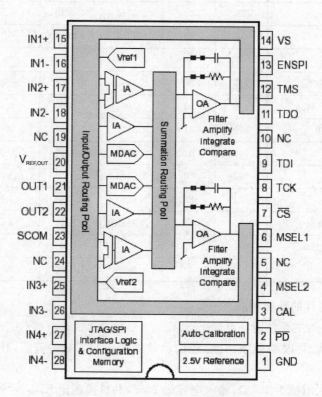

图 11.4 ispPAC30 器件的结构图

2. ispPAC30 的引脚和封装

ispPAC30 有 28 脚 PDIP 封装和 24 脚 SOIC 封装两种封装形式。图 11.4 所示是 28 脚 PDIP 封装结构，表 11.4 所列为其引脚说明。

3. ispPAC30 器件的原理

从图 11.4 可以看出，ispPAC30 提供可编程、多个单端或差分的输入方式，能设置精确的增益，具有补偿调整、滤波和比较等功能。除了 E^2CMOS 配置存储器外，它最主要的特性是能够通过 SPI 对器件进行实时动态重构。设计者可以改变和重构设计，应用于放大器增益控制或其他需要动态改变电路参数的场合。

第 11 章 可编程模拟器件 ispPAC 及其 EDA 软件设计

表 11.4 ispPAC30 的引脚说明

PDIP 封装引脚号	符 号	功能说明
1	GND	模拟地
2	$\overline{PD}$	低功耗使能端
3	CAL	自校正输入端
4	MSEL2	多路复用器 2 控制输入端,对 IA4 输入选择
5、10、19、24	NC	空脚
6	MSEL1	多路复用器 1 控制输入端,对 IA1 输入选择
7	$\overline{CS}$	片选,SPI 输入端
8	TCK	串行时钟输入,可为 JTAG 或 SPI 模式
9	TDI	串行数据输入,可为 JTAG 或 SPI 模式
11	TDO	串行数据输出,可为 JTAG 或 SPI 模式
12	TMS	串行模式选择,只能为 JTAG 模式
13	ENSPI	SPI 模式使能,ENSPI=1 时,为 SPI 输入模式
14	V_s	电源(正常时为 5 V),应通过 1 μF 和 0.01 μF 电容接地
15~18、25~28	IN	差分输入
20	VREFOUT	参考电压输出,正常为 2.5 V,必须通过 1 μF 电容接地
21、22	OUT	单端输出
23	SCOM	模拟信号公共端

任何输入引脚都可连接至 4 个输入仪表放大器(IA)、2 个二选一选择器、MDAC 或者它们的组合。输出放大器可以连接至所有输入单元。因此,ispPAC30 具有很大的灵活性,能方便地构成信号求和、级联增益块、复杂反馈电路等。直接接至输入引脚的输入信号范围(绝对值)为 0~2.8 V。使用差分输入时,信号可以是任意极性,只要最终输出放大器的输出不低于 0 V。采用单端输入时,把引脚 IN−接地。输入放大器 IA1,IA4 的输入通道前端带有二选一选择器,分别由外部引脚 MSEL1 和 MSEL2 来控制。MSEL=0 时选择 a 通道,MSEL=1 时选择 b 通道。器件中含有 2 个独立的参考电压 VREF1 和 VREF2,用以向 4 个输入仪表放大器(IA)、两个 MDAC 提供固定的参考电压。每个 VREF 有 7 种不同的电平,并可独立地编程。表 11.5 列出当 VREF 加至 MDAC 的输入时,二进制加权值,对应于最低有效位的关系。

器件中有两个 8 位的 MDAC,它接受的参考输入信号包括:外部信号、内部信号及固定的直

表 11.5 VREF 与 MDAC 最低有效位的关系

VREF/V	MDAC LSB/mV
0.064	0.5
0.128	1.0
0.256	2.0
0.512	4.0
1.024	8.0
2.048	16.0
2.500	19.5

流电压(如内部的 VREF)。MDAC 的功能是用一个值乘以(实际上是衰减)输入信号,这个值对应于 DAC 设置的码。使输出为输入信号的 100% 降至 1LSB(最低有效位)。MDAC 对应于输入码的精确输出如表 11.6 所列。MDAC 实际上用作外部输入信号的可调衰减器,提供分数增益、精确增益设置能力。它与内部的 VREF 组合起来能提供精密的直流源。例如,输入信号加至输入仪表放大器 IA 和 MDAC,并组合成求和连接。于是输入仪表放大器的 1~10 的增益加上 MDAC 的分数增益就可形成 -11~+11 的任何增益,分解度大于 0.01。

表 11.6 输出对应输入编码

Code			MDAC Equivalent Voltage Output vs. Vref input(in Volts)							Vref input/V
DEC	HEX		0.0640	0.128	0.256	0.512	1.024	2.048	2.5000	
0	00	-100.0%	-0.0640	-0.128	-0.256	-0.512	-1.024	-2.048	-2.5000	Full Scale
1	01	-99.2%	-0.0635	-0.127	-0.254	-0.508	-1.016	-2.032	-2.4805	Full Scale+1lsb
32	20	-75.0%	-0.0480	-0.096	-0.192	-0.384	-0.768	-1.536	-1.8750	
64	40	-50.0%	-0.0320	-0.064	-0.128	-0.256	-0.512	-1.024	-1.2500	
96	60	-25.0%	-0.0160	-0.032	-0.064	-0.128	-0.256	-0.512	-0.6250	
127	7F	-0.8%	-0.0005	-0.001	-0.002	-0.004	-0.008	-0.016	-0.0195	Bipolar Zero-1 lsb
128	80	0.0%	0.0000	0.000	0.000	0.000	0.000	0.000	0.0000	Bipolar Zero
129	81	0.8%	0.0005	0.001	0.002	0.004	0.008	0.016	0.0195	Bipolar Zero+1 lsb
160	A0	25.0%	0.0160	0.032	0.064	0.128	0.256	0.512	0.6250	
192	C0	50.0%	0.0320	0.064	0.128	0.256	0.512	1.024	1.2500	
224	E0	75.0%	0.0480	0.096	0.192	0.384	0.768	1.536	1.8750	
254	FE	98.4%	0.0630	0.126	0.252	0.504	1.008	2.016	2.4609	+Full Scale-1 lsb
255	FF	99.2%	0.0635	0.127	0.254	0.508	1.016	2.032	2.4805	+Full Scale
—	—	0.78%	0.00025	0.0005	0.001	0.002	0.004	0.008	0.0098	1 lsb(with sign)
		1.56%	0.00050	0.0010	0.002	0.004	0.008	0.016	0.0195	2 lsb(1 lsb, no sign)

ispPAC30 有两个输出放大器 OA,放大器的输出范围从 0 V 到 +5 V。输出放大器的输出端已在器件内部连接至输出引脚。输出可以联接至任意一个输入仪表放大器 IA 或 MDAC 的输入。每个 OA 都可配置成全带宽放大器、低通滤波器、积分电路或者比较器。

可通过将 PD 置为低电平,ispPAC30 工作在断电模式。此时电流消耗仅有几 μA,其模拟部分处于关闭状态,逻辑部分处于激活状态,模拟输出为高阻状态。除了整个器件可置为断电模式外,两个输出放大器可分别单独置为断电模式。

4. ispPAC30 器件的性能特点

ispPAC30 器件的主要性能特点如下:

(1) 内建可编程/可改编程序功能,经由软件做功能与参数的升级,IEEE 1149.1 JTAG 串行端口编程;

(2) 配置参数存储在非易失 E^2CMOS 单元中;

(3) 输入仪表放大器(IA)的增益可以通过编程方法加以调整,调整范围为 $-10 \sim +10$,调整步长为 1,通过 IA 和 MDAC 的级联可以使 VOUT/VIN 的可调整范围达到 $\pm 0.01 \sim \pm 400$;

(4) 具有 IA1 和 IA4 两个双端口放大器可以灵活地改变输入仪表放大器(IA)的输入;

(5) 输出放大器(OA)可设置为放大器、低通滤波器、比较器或积分器工作模式,且当其为滤波器工作模式时有 7 个滤波器截止频率(49 kHz~1.57 MHz)可供选择;

(6) 精细的增益设定(0.01 倍步长);

(7) 器件中的基本单元可以通过输入/输出布线池和求和布线池实现互联,以便实现各种电路的组合;

(8) 可 On-Chip 自动校准;

(9) 单电源 +5 V 供电,内部可提供 2.5 V 参考电压;

(10) 器件的可编程次数可达 10 000 次,用户可以在软件中设置保密方式以保护所设计的电路不被抄袭。

11.2.4 ispPAC80 器件结构

1. ispPAC80 器件的组成

ispPAC80 器件是个可实现 5 阶、连续时间、低通集成模拟滤波器,无需外部元件或时钟。用户能以 7 个以上的拓扑结构实现 8 000 多个模拟滤波器,频率范围从 50 kHz 到 750 kHz。ispPAC80 器件的结构如图 11.5 所示,包含一个增益为 1、2、5 或 10 可选的差分输入仪表放大

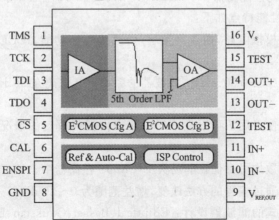

图 11.5 ispPAC80 器件的结构图

器 IA、一个差分输出求和放大器 OA、5 阶低通滤波器、两个非易失性在系统配置存储器、ISP 接口、参考电压及自校正电路。

2. ispPAC80 的封装与引脚

ispPAC80 有 16 脚的 PDIP 和 SOIC 封装两种封装形式。图 11.5 所示是 PDIP 封装结构，表 11.7 为其引脚说明。

表 11.7 ispPAC80 的引脚说明

PDIP 封装引脚号	符 号	功能说明
1	TMS	串行接口模式选择，只能为 JTAG 模式
2	TCK	串行接口时钟输入，可为 JTAG 或 SPI 模式，空闲时模拟性能最佳
3	TDI	串行接口数据输入，时钟上升沿有效，可为 JTAG 或 SPI 模式
4	TDO	串行接口数据输出，时钟下降沿有效，可为 JTAG 或 SPI 模式
5	$\overline{CS}$	片选，SPI 输入锁存端
6	CAL	自校正输入端，上升沿控制自校准序列
7	ENSPI	SPI 模式使能，ENSPI=1 时，为 SPI 输入模式
8	GND	模拟地
9	$V_{REF,OUT}$	参考电压输出，正常为 2.5 V，必须通过 1 μF 电容接地
10、11	IN	差分输入
13、14	OUT	差分输出
12、15	TEST	厂家测试用，一般接地，以获得器件额定性能
16	V_s	电源（正常时为 5 V），应通过 1 μF 和 0.01 μF 电容接地

3. ispPAC80 器件的性能特点

ispPAC80 的主要性能特点如下：

（1）在系统可编程模拟电路，内建可编程/可改编程序功能，IEEE 1149.1 JTAG 串行端口编程；

（2）精密有源滤波（50～750 kHz），滤波器的频率不会偏离在 50 kHz 和 750 kHz 之间的理想值的 3.5%；

（3）双配置存储器使得用户可以在不对电路板作任何改动的情况下，完成两个完全不同的滤波器设计；

（4）所有的配置参数均可存储在非易失 E^2CMOS 存储器中；

（5）电路增益可以通过编程的方法改变，增益范围为 0～20 dB；

（6）可实现多种形式的滤波器设计：Elliptical、Bessel、Gaussian、Butterworth、Legendre、Linear Phase 和 Chebyshev 等；

(7) 真正的差分输入、差分输出,输入阻抗为 10^9 Ω,共模抑制比为 58 dB;

(8) 失真低,总谐波失真 THD<-74 dB;

(9) 系统包含大约 3 000 个独立的电容器,相当于 7 个分辨率为 9~12 位的可编程电容器,因此设计精度非常高;

(10) 单电源+5 V 供电,内部可提供 2.5 V 共模参考电压。

ispPAC 器件内部的 5 阶滤波器简化结构示意图如图 11.6 所示,其中负值电阻表示反相。

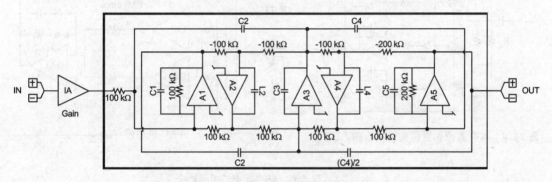

图 11.6 ispPAC80 内部的 5 阶滤波器简化结构示意图

11.3 PAC 的接口电路

模拟信号输入至 ispPAC 器件时,要根据输入信号的性质考虑是否需要设置外部接口电路。这主要分成以下 3 种情况:

(1) 若输入信号共模电压接近 $V_s/2$,则信号可以直接与 ispPAC 的输入引脚相连。

(2) 倘若信号中未含有这样的直流偏置,那么需要有外部电路,如图 11.7 所示。

(3) 倘若是交流耦合,外加电路如图 11.8 所示。此电路构成了一个高通滤波器,其截止频率为 $1/(2\pi RC)$,电路给信号加了一个直流偏置。电路中的 $V_{REF,out}$ 可以用两种方式给出。直接与器件的 $V_{REF,out}$ 引脚相连时,电阻最小取值为 200 kΩ;采用 $V_{REF,out}$ 缓冲电路,电阻最小取值为 600 Ω。

$V_{REF,out}$ 输出为高阻抗,当作为参考电压输出时,要进行缓冲,如图 11.9 所示。注意 PAC

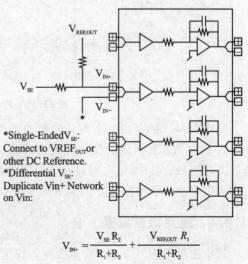

$$V_{IN+} = \frac{V_{SE} R_2}{R_1+R_2} + \frac{V_{REF,OUT} R_1}{R_1+R_2}$$

图 11.7 直流耦合偏置

块的输入不连接,反馈连接端要闭合。此时输出放大器的输出为 $V_{REF,out}$ 或 2.5 V,这样每个输出成为 $V_{REF,out}$ 电压源,但不能将两个输出端短路。

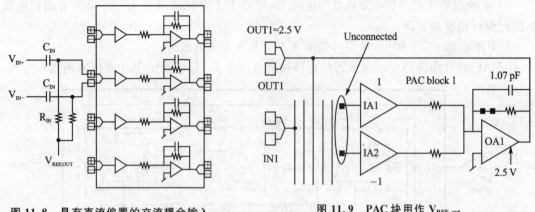

图 11.8 具有直流偏置的交流耦合输入　　　　图 11.9 PAC 块用作 $V_{REF,out}$

11.4 ispPAC 的增益调整方法

每片 ispPAC10 器件由 4 个集成可编程模拟宏单元(PAC block)组成的,图 11.10 所示的是 PAC block 的基本结构。

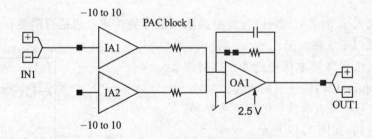

图 11.10 PAC block 结构示意图

每个 PAC block 由一个差分输出的求和放大器(OA)和两个具有差分输入的、增益为 ±1 至 ±10 以整数步长可调的仪用放大器组成。输出求和放大器的反馈回路由一个电阻和一个电容并联组成。其中,电阻回路有一个可编程的开关控制其开断;电容回路中提供了 120 多个可编程电容值以便根据需要构成不同参数的有源滤波器电路。

11.4.1 通用增益设置

通常情况下,PAC block 中单个输入仪用放大器的增益可在 ±1 至 ±10 的范围内按整数步长进行调整。如图 11.11 所示,将 IA1 的增益设置为 4,则可得到输出 V_{OUT1} 相对于输入 V_{IN1} 为 4

的增益；将 IA1 的增益设置为 -4，则可得到输出 V_{OUT1} 相对于输入 V_{IN1} 为 -4 的增益。

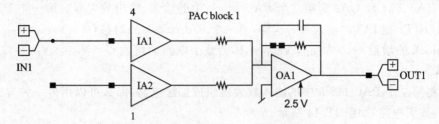

图 11.11　增益为 4 的 PAC block 配置图

设计中如果无须使用输入仪用放大器 IA2，则可在图 11.11 的基础上加以改进，得到最大增益为 ±20 的放大电路，如图 11.12 所示。

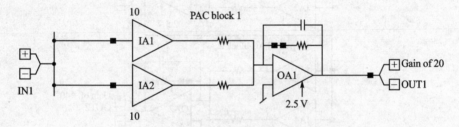

图 11.12　增益为 20 的 PAC block 配置图

在图 11.12 中，输入放大器 IA1、IA2 的输入端直接接信号输入端 IN1，构成加法电路，整个电路的增益 OUT1/IN1 为 IA1 和 IA2 各自增益的和。

如果要得到增益大于 ±20 的放大电路，可以将多个 PAC block 级联。图 11.13 所示是增益为 40 的连接方法。

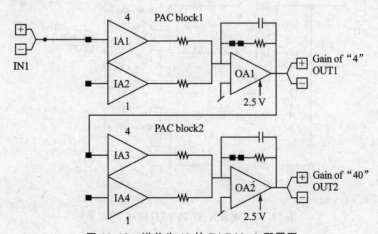

图 11.13　增益为 40 的 PAC block 配置图

图 11.13 中使用了两个 PAC block：IA1、IA2 和 OA1 为第一个 PAC block 中的输入、输出放大器，IA3、IA4 和 OA2 为第二个 PAC block 中的输入、输出放大器。第一个 PAC block 的输出端 OUT1 接 IA3 的输入端。这样，第一个 PAC block 的增益 $G1=V_{OUT1}/V_{IN1}=4$，第二个 PAC block 的增益 $G2=V_{OUT2}/V_{OUT1}=10$。整个电路的增益 $G=V_{OUT2}/V_{IN1}=G1*G2=4*10=40$。

如果将第二个 PAC block 中的输入放大器组成加法电路，那么可以用另一种方式构成增益为 40 的放大电路，如图 11.14 所示。

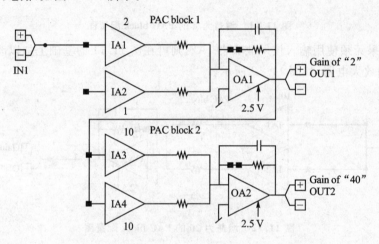

图 11.14　增益为 40 的另一种 PAC block 配置图

如果要得到非 10 倍数的整数增益，例如增益 $G=47$，可使用如图 11.15 所示的配置方法。

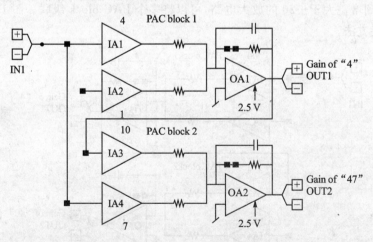

图 11.15　增益为 47 的 PAC block 配置图

在图 11.15 中，IA3 和 IA4 组成加法电路，因此有以下关系：

$$V_{out1} = 4 * V_{in1}$$
$$V_{out2} = 10V_{out1} + 7V_{in1}$$

整个电路增益 $G = V_{out2}/V_{in1} = 47$。

11.4.2 分数增益的设置法

除了各种整数倍增益外，配合适当的外接电阻，ispPAC 器件可以提供任意的分数倍增益的放大电路。例如，想得到一个 5.7 倍的放大电路，可按图 11.16 所示的电路设计。

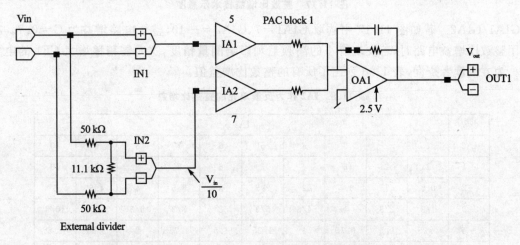

图 11.16 增益为 5.7 的 PAC block 配置图

图 11.16 中，通过外接两个 50 kΩ 和 11.1 kΩ 的电阻分压，得到输入电压为

$$V_{in2} = 11.1/(50+50+11.1)V_{in} = 0.0999V_{in} \approx V_{in}/10$$

而

$$V_{out1} = 5 * V_{in} + V_{in2} = 5 * V_{in} + 7 * (V_{in}/10) = 5.7V_{in}$$

因此

$$G = V_{out1}/V_{in} = 5.7$$

11.4.3 整数比增益设置法

运用整数比技术，ispPAC 器件提供给用户一种无需外接电阻而获得某些整数比增益的电路，如增益为 1/10、7/9 等。图 11.17 所示是整数比增益技术示意图。

在图 11.17 中，输出放大器 OA1 的电阻反馈回路必须开路。输入仅用放大器 IA2 的输入端接 OA1 的输出端 OUT1，并且 IA2 的增益需设置为负值以保持整个电路的输入、输出同相。在整数比增益电路中，假定 IA1 的增益为 GIA1，IA2 的增益为 GIA2，整个电路的增益为 G=

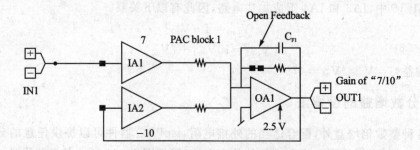

图 11.17　整数比增益技术示意图

$-GIA1/GIA2$。若如图 11.17 中选取 $GIA1=7,GIA2=-10$，整个电路增益为 $G=0.7$。在采用整数比增益电路时，若发现有小的高频毛刺影响测量精度，这时需稍稍增大 CF1 的电容值。为方便读者查询，表 11.8 列出了所有的整数比增益值。

表 11.8　IA2 作为反馈单元的整数比增益

IA2	IA1									
	1	2	3	4	5	6	7	8	9	10
−1	1	2	3	4	5	6	7	8	9	10
−2	0.5	1	1.5	2	2.5	3	3.5	4	4.5	5
−3	1/3	2/3	1	4/3	5/3	2	7/3	8/3	3	10/3
−4	0.25	0.5	0.75	1	1.25	1.5	1.75	2	2.25	2.5
−5	0.2	0.4	0.6	0.8	1	1.2	1.4	1.6	1.8	2
−6	1/6	1/3	0.5	2/3	5/6	1	7/6	4/3	1.5	5/3
−7	1/7	2/7	3/7	4/7	5/7	6/7	1	8/7	9/7	10/7
−8	0.125	0.25	0.375	0.5	0.625	0.75	0.875	1	1.125	1.25
−9	1/9	2/9	1/3	4/9	5/9	2/3	7/9	8/9	1	10/9
−10	0.1	0.2	0.3	0.4	0.5	0.6	0.7	0.8	0.9	1

11.5　滤波器设计

在一个实际的电子系统中，它的输入信号往往受干扰等原因而含有一些不必要的成分，应当把它衰减到足够小的程度。在另一些场合，需要的信号和别的信号混在一起，应当设法把前者挑选出来。为了解决上述问题，可采用有源滤波器。

这里主要叙述如何用在系统可编程模拟器件实现滤波器。通常用 3 个运算放大器可以实现双二阶型函数的电路。双二阶型函数能实现所有的滤波器函数，低通、高通、带通、带阻。双

第 11 章 可编程模拟器件 ispPAC 及其 EDA 软件设计

二阶函数的表达式如下：

$$T(s) = K \frac{ms^2 + cs + d}{ns^2 + ps + b}$$

式中，$m=1$ 或 0，$n=1$ 或 0。

这种电路的灵敏度相当低，电路容易调整。另一个显著特点是只需要附加少量的元件就能实现各种滤波器函数。首先讨论低通函数的实现，低通滤波器的转移函数如下：

$$T_{lp}(s) = V_0/V_{in} = \frac{-d}{s^2 + ps + b}$$

$$(s^2 + ps + b)V_0 = -dV_{in}$$

$$V_0 = -\frac{b}{s(s+p)}V_0 - \frac{d}{s(s+p)}V_{in}$$

上式又可写成如下形式

$$V_0 = (-1)\left(-\frac{k_1}{s}\right)\left[\left(-\frac{k_2}{s+p}\right)V_0 + \left(-\frac{d/k_1}{s+p}\right)V_{in}\right], \quad b = k_1 k_2$$

最后一个等式的框图如图 11.18 所列。

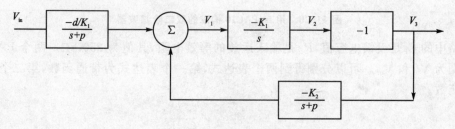

图 11.18 框　图

不难看出框图中的函数可以分别用反向器电路、积分电路、有损积分电路来实现。把各个运算放大器电路代入图 11.18 所示的框图即可得到如图 11.19 所示的电路。

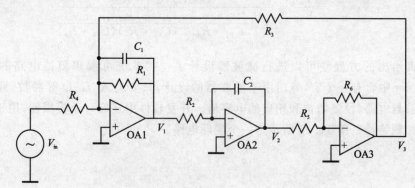

图 11.19 三运放组成的双二阶型滤波器

然而现在已不再需要用电阻、电容、运放搭电路,调试电路了。利用在系统可编程器件可以很方便的实现此电路。ispPAC10 能够实现方框图中的每一个功能块。PAC 块可以对两个信号进行求和或求差,K 为可编程增益,电路中把 k11、k12、k22 设置成＋1,把 k21 设置成 －1。因此三运放的双二阶型函数的电路用两个 PAC 块就可以实现。在开发软件中使用原理图输入方式,把两个 PAC 块连接起来,电路如图 11.20 所示。

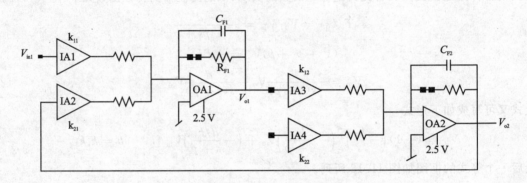

图 11.20　用 ispPAC10 构成的双二阶滤波器

电路中的 C_F 是反馈电容值,R_e 是输入运放的等效电阻,其值为 250 kΩ。两个 PAC 块的输出分别为 V_{o1} 和 V_{o2}。可以分别得到两个表达式,第一个表达式为带通函数,第二个表达式为低通函数。

$$T_{bp}(s) = \frac{V_{o1}}{V_{in1}} = \frac{\dfrac{-k_{11}s}{C_{F1}R_e}}{s^2 + \dfrac{s}{C_{F1} \cdot R_e} - \dfrac{k_{12}k_{21}}{(C_{F1} \cdot R_e)(C_{F2} \cdot R_e)}}$$

$$T_{lp}(s) = \frac{V_{o2}}{V_{in1}} = \frac{\dfrac{k_{11}k_{12}}{(C_{F1}R_e)(C_{F2} \cdot R_e)}}{s^2 + \dfrac{s}{C_{F1} \cdot R_e} - \dfrac{k_{12}k_{21}}{(C_{F1} \cdot R_e)(C_{F2} \cdot R_e)}}$$

根据上面给出的方程便可以进行滤波器设计了。在系统可编程模拟电路的开发软件 PAC-Designer 中含有一个宏,专门用于滤波器的设计,只要输入 f_0、Q 等参数,即可自动产生双二阶滤波器电路,设置增益和相应的电容值。开发软件中还有一个模拟器,用于模拟滤波器的幅频和相频特性。图 11.21 所示为一个实际电路。

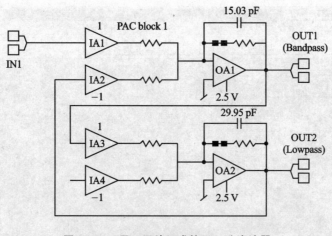

图 11.21 用三运放组成的双二阶滤波器

11.6 PAC-Designer 软件的使用方法

整个 ispPAC 系列由 PAC-Designer 软件工具支持,该软件提供一个综合的模拟设计环境,图形用户界面(GUI)非常简单、直观。设计者将 PAC-Designer 软件装到 PC 后,可通过基于 Windows 的开发软件 PAC-Designer 在计算机上设计、修改模拟电路原理图,并进行仿真,最后通过并行电缆将设计方案下载到芯片中。本章对 PAC-Designer 软件的使用方法加以介绍。

11.6.1 PAC-Designer 软件的安装

PAC-Designer 软件的安装步骤为:
(1) 在 PAC-Designer 软件的根目录下,运行 setup.exe,根据提示步骤进行安装。
(2) 安装完毕后重新启动计算机。
(3) PC 的每个硬盘均有一个 8 位的十六进制硬盘号,根据该硬盘号到 Lattice 公司网址上(www.latticesemi.com)申请一个运行 PAC-Designer 软件必须的许可文件 license.dat,并将其复制至 C:\PAC-Designer(假定按软件提示的目录未作改动进行了安装)目录下,软件就可以使用了。

11.6.2 PAC-Designer 软件的使用方法

在 Windows 中,按 Start→Programs→Lattice Semiconductor→PAC-Designer 菜单,进入 PAC-Designer 软件集成开发环境(主窗口),如图 11.22 所示。

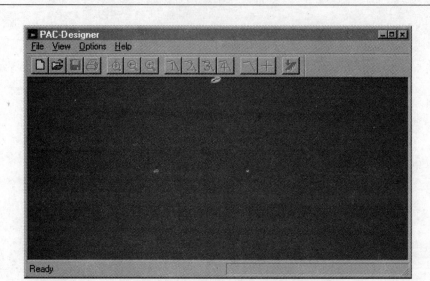

图 11.22　PAC-Designer 软件集成开发环境

PAC-Designer 软件提供给用户进行 ispPAC 器件设计的是一个图形设计输入接口。在 PAC-Designer 软件主窗口中按 File→New 菜单,将弹出如图 11.23 所示的对话框。

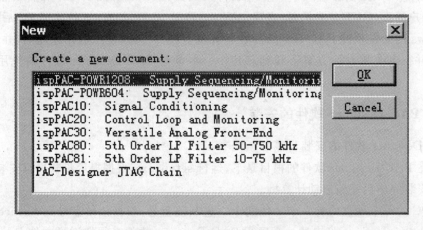

图 11.23　产生新文件的对话框

对话框中包括 ispPAC 各系列器件,以 ispPAC10 器件为例,在该对话框中选择"isp-PAC10:Signal Conditioning"栏,进入图 11.24 所示的图形设计输入环境:

图 11.24 所示的图形设计输入环境中清晰地展示了 ispPAC10 的内部结构:两个输入仪表放大器 IA 和一个输出运算放大器 OA 组成一个 PACblock;4 个 PACblock 模块组成整个 ispPAC10 器件。因此用户在进行设计时所须做的工作仅仅是在该图的基础上添加连线和选

第 11 章 可编程模拟器件 ispPAC 及其 EDA 软件设计

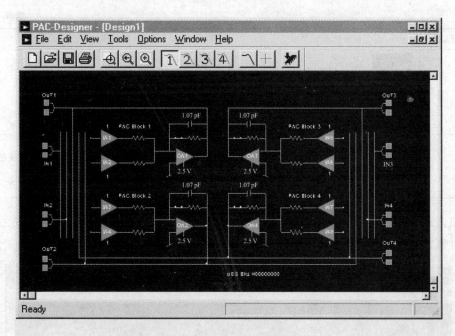

图 11.24 图形设计输入环境

择元件的参数。图形设计输入环境提供了良好的用户界面,绘制原理图的大部分操作可用鼠标来完成,下面对设计过程中鼠标所处的各种状态作一简单介绍,参见表 11.9。

表 11.9 PAC-Designer 软件中鼠标的类型

状态类型编号	鼠标状态	功能描述
①	标准类型	PAC-Design 图形输入环境中的标准鼠标类型
②	位于元件上方	该状态指示鼠标位于一个可编辑的元件上方。双击鼠表左键可编辑元件参数
③	位于连接点上方	该状态指示鼠标位于一个可编辑的连接点上方(尚未按鼠标时)。按下鼠标左键并移动开始画连接线
④	画一根连接线(鼠标位于一个有效的连接点上方)	将连线拖至一个有效的连接点上方时鼠标处于该状态。放开鼠标按钮将画上(或去除)一根连线

续表 11.9

状态类型编号	鼠标状态	功能描述
⑤	画一根连接线（鼠标位于一个无效的连接点上方）	将连线拖至一个无效的连接点上方时鼠标处于该状态。放开鼠标按钮将取消连线操作
⑥	选择放大区域	按 View→Zoom In Select 菜单或 Zoom In Select 快速按钮可进入该状态。该状态可选择要放大的矩形区域

为直观地介绍 PAC-Designer 的使用方法，这里选用 ispPAC10 器件设计一个双二阶滤波器的设计实例贯穿整个软件使用介绍。该双二阶滤波器的原理图如图 11.25 所示。

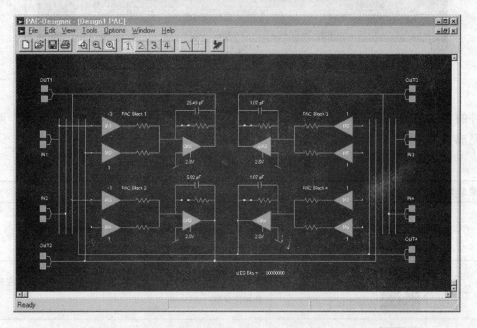

图 11.25　双二阶滤波器设计实例

要在图 11.25 的基础上完成这样一个滤波器，其步骤如下：

1. 添加连线

如先画 IN1 与 IA1 之间的连线。先将鼠标移至 IA1 的输入端，鼠标状态如表 11.9 中的类型③所示。按住鼠标左键将其移至 IN1 引线上，直至鼠标状态变为类型④，释放左键，连线就画上了。重复上述操作，添加所有连线。

2. 编辑元件

如先编辑元件 IA1 调整其增益。先将鼠标移至元件 IA1 的上方,鼠标状态如表 11.9 中的类型②所示。双击鼠标左键,弹出一个 Polarity & Gain Level 的对话框,在该菜单的滚动条中选择-3 后按 OK 钮。这样 IA1 的增益就被调整为-3。或者也可以用 Edit→Symbol 菜单来完成相同操作。按类似的操作步骤可完成 PAC block 中反馈电容的容值以及反馈电阻回路开断等的设定。

至此,双二阶滤波器的设计输入就完成了,按 File→Save 菜单存盘。

3. 设计仿真

当完成设计输入后,就要对设计作仿真以验证电路的特性是否与设计的初衷相一致。PAC-Designer 软件的仿真结果是以幅频特性和相频特性曲线的形式给出的。仿真的操作步骤如下:按 Operations→Simulator 菜单,产生如图 11.26 所示的仿真参数设置对话框。

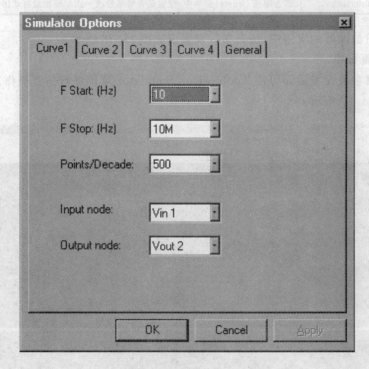

图 11.26 仿真参数设置对话框

对话框中各选项的含义如表 11.10 所列。

表 11.10 Simulator Options 中各选项的含义

选 项	含 义
Curve 1 至 4	仿真输出的幅频/相频特性曲线可同时显示四条不同的曲线。Curve 1 至 Curve4 这 4 个菜单分别设定 4 条曲线的参数
Fstart(Hz)	仿真的初始频率
Fstop(Hz)	仿真的截止频率
Points/Decade	绘制幅频/相频特性曲线时每 10 倍频率间隔所要计算的点数
Input Node	输入节点名,默认值为 IN1
Output Node	输出节点名,默认值为 OUT1
General	设置是否要每修改一次原理图就自动仿真的菜单
Run Simulator…	该选项在 General 菜单中,设置是否要每修改一次原理图就自动仿真

在本双二阶滤波器的实例中,仿真参数设置成如图 11.26 所示。

4. 执行仿真操作

在完成仿真参数设置后即可按 Tools→Run Simulator 菜单进行仿真操作。对于本实例,仿真结果如图 11.27 所示。

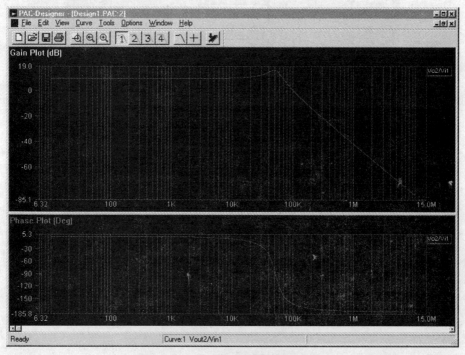

图 11.27 双二阶滤波器的仿真曲线

由于幅频相频曲线为对数曲线,为减少观看时的读数误差,PAC-Designer 软件提供了十字型读数标尺的功能:选中 View→Cross Hair 菜单,将鼠标移至曲线上某一点,单击鼠标左键,即可看见便于读数用的十字型标尺。与此同时,在窗口的右下角会显示对应的频率值、幅值和相位值。

5. 编程下载

完成设计输入和仿真操作后,就要对 ispPAC 器件进行编程下载。ispPAC 器件的硬件编程接口电路是 IEEE 1149.1-1990 定义的 JTAG 测试接口。用 25 脚并行电缆将 PC 的打印机接口和下载板的下载接口连接起来,下载板接入标准的+5 V 电源,在正确连接完硬件部分后,执行 Tools→Download 菜单即可完成整个器件编程下载工作。Tools→Verify 菜单是验证 ispPAC 中已编程的内容是否与原理图所示的一致。Tools→Upload 菜单是将 ispPAC 器件中已编程的内容读出并显示在原理图中。

6. PAC-Designer 软件的几个重要的功能

上面以 ispPAC10 器件介绍了 PAC-Designer 软件的主要操作流程。下面将介绍一下该软件的其他几个重要的功能:

(1) Tools→Design Utilities

该菜单具有根据用户定义的参数值自动生成满足条件的增益配置或双二阶、巴特沃斯(Butterworth)和切比雪夫(Chebyshev)等类型的滤波器。启动该菜单出现如图 11.28 所示的对话框。

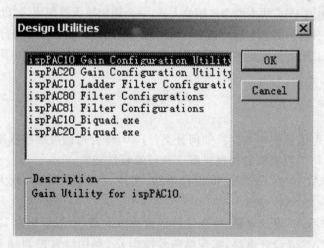

图 11.28 Design Utilities 对话框

该对话框中有 4 种可运行的应用程序:

① ispPAC10/ispPAC20 Gain Configuration Utility:产生适用于 ispPAC10 或 ispPAC20 器件的增益配置;

319

② ispPAC10 Ladder Filter Configurations：产生适用于 ispPAC10 器件的巴特沃斯(Butterworth)、切比雪夫(Chebyshev)等类型的滤波器；

③ ispPAC80/ispPAC81 Filter Configurations：产生适用于 ispPAC80/ispPAC81 器件的各种类型示波器；

④ ispPAC10/ ispPAC20 Biquad.exe：产生适用于 ispPAC10/ ispPAC20 器件的双二阶滤波器；

(2) File→Browse Library

安装完 PAC-Designer 软件后，会在存放该软件目录下的\libarary 子目录下生成一系列 .pac 的设计源文件作为库文件，用户可在设计中按 File→Browse Libarary 菜单调用这些文件并在此基础上改进从而方便地完成自己的设计。用户也可将自己已有的设计文件(*.pac)放入该目录下作为新的库文件，以备以后的设计调用。

(3) Edit→Security

该菜单可以用来选择设计下载至 ispPAC 器件后能否允许被读出，起加密保护作用。

本章小结

(1) 在系统可编程模拟器件的最大特点在于其现场可编程性，即可以通过外部对器件进行重构配置以改变其内容连接和元件参数，从而实现用户所需要的电路功能。

(2) 基本单元电路 PAC 块由两个仪用放大器、一个输出放大器组成，配以电阻、电容构成一个真正的差分输入、差分输出的基本单元电路。利用基本单元电路的组合可进行放大、求和、积分、滤波；可以构成低通双二阶有源滤波器和梯形滤波器，且无须在器件外部连接电阻、电容元件。

习题 11

11.1 什么是可编程模拟器件？如何分类？Lattice 公司的可编程模拟器件有哪些品种？

11.2 在系统可编程模拟器件提供哪 3 种可编程性能？

11.3 用 ispPAC10 或 ispPAC20 设计电路，实现比例运算电路，放大倍数分别为 $A1=1.5, A2=6.9, A3=39, A4=3.1$。

11.4 用 ispPAC10 设计电路，实现二阶低通滤波电路，上限频率为 120 kHz。

11.5 用 ispPAC20 设计电路，实现精密检波电路(利用极性控制端 PC，改变输入，输出相位)。

11.6 用 ispPAC20 设计电路，实现压控振荡器。

11.7 设计一个数字电压表，要求利用内部的 DAC 设计电压表电路，尽可能达到最好的线性度。

习题参考答案

习题 1

1.5 正向电阻越大,反向电阻越小,二极管的单向导电性越好。

1.6 √,√,×,×,×,×,√,√。

1.7 (1) B,A;(2) C;(3) C;(4) A,B;(5) B,A;(6) A,B;
(7) A,A,B,B,B,C,C;(8) A,C,B,D;(9) B,A,C;(10) A,B。

1.8 在 u_i 的正半周,二极管导通,相当于开关闭合,$i_D=u_i/R_L$,$u_D=0$,$u_o=u_i$;在 u_i 的负半周,二极管截止,相当于开关断开,$i_D=0$,$u_D=u_i$,$u_o=0$。波形略。

1.9 $i=-3$ mA,$U=-18$ V。

1.10 (1) $u_o=U_Z$, (2) $u_o=u_i$。

1.11 (a) 二极管阳极电位为 -3 V,阴极电位为 -9 V,阳极电位大于阴极电位,所以二极管正偏导通,相当于开关闭合,根据 KVL 得到,$u_o=3$ V;

(b) 二极管阳极电位为 -9 V,阴极电位为 -6 V,阳极电位小于阴极电位,所以二极管反偏截止,相当于开关断开,此时 $u_o=-6$ V。波形略。

1.12 (a) 当 $u_i>2$ V 时,二极管导通,相当于开关闭合,$u_o=u_i-2$;当 $u_i\leq 2$ V 时,二极管截止,相当于开关断开,$u_o=0$,u_o 的波形如解题图 1.1(a) 所示。

(b) 当 $u_i>-2$ V 时,二极管导通,$u_o=u_i+2$;当 $u_i\leq -2$ V 时,二极管截止,$u_o=0$,u_o 的波形如解题图 1.1(b) 所示。

1.13 0.34 V。

1.14 串联时: 16 V,8.2 V,9.2 V,1.4 V;并联时: 0.7 V,7.5 V。

1.15 (a) -6 V;(b) -12 V;(c) 0 V;(d) -6 V。

1.16 (a) 0 V;(b) -6 V。

1.18 (1) $P_Z=U_Z\left(\dfrac{U_i-U_Z}{R_1}-\dfrac{U_Z}{R_2}\right)$;(2) $P_{R_2}=\dfrac{U_Z^2}{R_2}$;(3) $P_{R_1}=\dfrac{(U_i-U_Z)^2}{R_1}$。

1.19 (1) 6 V;(2) 6 V;(3) 6 V;(4) 4.8 V。

1.20 选后者,I_{CEO} 大,温度稳定性好。

1.21 (a) 放大;(b) 截止;(c) 放大;(d) 饱和;(e) 截止;(f) 临界饱和;(g) 放大;(h) 放大。

1.22 在解题图 1.2(a) 中做出 $U_{DS}=15$ V 的直线,如解题图 1.2(a) 中虚线所示,可得:MOS 管的开启电压 $U_T=2$ V,对应 $U_{GS}=3$ V、3.5 V、4 V、4.5 V 时的漏极电流 I_D 分别近似

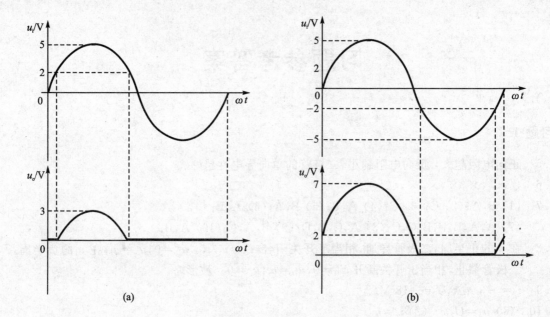

解题图 1.1　习题 1.2 用图

为：0.5 mA、1.25 mA、2.55 mA、4.05 mA，用描点法近似作出 $U_{DS}=15$ V 时的转移特性曲线如解图 1.2(b)所示。

又因为 I_{D0} 为 $u_{GS}=2U_T$ 时的 i_D，故由图 5.12(b)所示的转移特性曲线可以看出，$I_{D0} \approx 2.5$ mA。

跨导 $g_m=2.6$ mS。

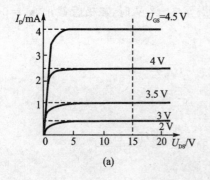
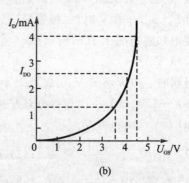

解题图 1.2　习题 1.22 用图

1.23　(a)为锗管，2 脚为集电极，1 脚为发射极，3 脚为基极；(b)为硅管，1 脚为集电极，2 脚为发射极，3 脚为基极。

1.24　(1) $I_Z=14$ mA；(2) $I_Z=24$ mA；(3) $I_Z=17$ mA。

1.25 (a) N 沟道结型，V_{DD} 的极性为正，V_{GG} 的极性为负；(b) P 沟道结型，V_{DD} 的极性为负，V_{GG} 的极性可正可负；(c) N 沟道耗尽绝缘栅型，V_{DD} 的极性为正，V_{GG} 的极性为负；(d) N 沟道增强绝缘栅型，V_{DD} 的极性为正，V_{GG} 的极性为正；(e) P 沟道耗尽绝缘栅型，V_{DD} 的极性为负，V_{GG} 的极性可正可负；(f) P 沟道增强绝缘栅型，V_{DD} 的极性为负，V_{GG} 的极性为负。

习题 2

2.1 ×，√，×，√，×。

2.2 (1) $R_B = (V_{CC} - U_{BEQ})/R_B \approx 565$ kΩ；(2) $A_u = -U_o/U_i \approx -120$。

2.3 (1) A；(2) C；(3) B；(4) B。

2.4 (a) 电源极性接反了；(b) 由于 C_1 的隔直作用使偏流 $I_B = 0$，发射结无偏置；(c) 输入信号 u_i 经 C_1 和电源，交流短路，信号无法加到三极管的发射结上；(d) $R_C = 0$，信号经放大后虽有 i_C 变化，但 $u_{CE} = V_{CC}$，输出信号为零；(e) $I_B = 0$，发射结零偏，集电结反偏，三极管截止；(f) 符合放大电路组成应遵循的原则。电源极性连接正确，使发射结正偏，集电极结反偏；信号有输入、输出回路，二极管反偏不会影响信号输入。

2.5 (a) 将 $-V_{CC}$ 改为 $+V_{CC}$；(b) 在 $+V_{CC}$ 与基极之间加 R_B；(c) 将 V_{BB} 反接，且在输入端串联一个电阻；(d) 在 V_{BB} 支路加 R_B，在 $-V_{CC}$ 与集电极之间加 R_C。

2.6 空载时：$I_{BQ} = 20$ μA，$I_{CQ} = 2$ mA，$U_{CEQ} = 6$ V；最大不失真输出电压峰值约为 5.3 V，有效值约为 3.75 V。带载时：$I_{BQ} = 20$ μA，$I_{CQ} = 2$ mA，$U_{CEQ} = 3$ V；最大不失真输出电压峰值约为 2.3 V，有效值约为 1.63 V。

2.7 (1) $I_{BQ} = 60$ μA，$I_{CQ} = 6$ mA，$U_{CEQ} = 6$ V；(2) 略。

2.8 ×，×，×，√，×，×，×，√，√，×，×，√。

2.9 (1) 基极静态电流 $I_{BQ} = \dfrac{V_{CC} - U_{BE}}{R_{B2}} - \dfrac{U_{BE}}{R_{B1}} \approx 0.022$ mA，$U_C = V_{CC} - I_{CQ}R_C \approx 6.4$ V；

(2) 由于 $U_{BE} = 0$ V，T 截止，$U_C = 12$ V；(3) 临界饱和基极电流 $I_{BS} = \dfrac{V_{CC} - U_{CES}}{\beta R_C} \approx$ 0.045 mA，实际基极电流 $I_B = \dfrac{V_{CC} - U_{BE}}{R_{B2}} \approx 0.22$ mA，由于 $I_B > I_{BS}$，故 T 饱和，$U_C = U_{CES} = $ 0.5 V；

(4) T 截止，$U_C = 12$ V；(5) 由于集电极直接接直流电源，$U_C = V_{CC} = 12$ V。

2.10 $I_{BQ} = 22$ μA，$I_{CQ} = 1.76$ mA，$U_{CEQ} = 6.2$ V；$\dot{A}_u = -\dfrac{\beta R_C}{r_{be}} \approx -308$，$R_i = R_B // r_{be} \approx r_{be} \approx$ 1.3 kΩ，$R_o = R_C = 5$ kΩ。

2.11 (a) 饱和失真，增大 R_B，减小 R_C；(b) 截止失真，减小 R_B；(c) 同时出现饱和失真和截止失真，应增大 V_{CC}。

2.12 (1) $I_{CQ} \approx \beta \dfrac{V_{CC}}{R_1}$, $U_{CEQ} = V_{CC} - I_{CQ}(R_2+R_3)$；(2) $A_u = -\dfrac{\beta(R_2 /\!/ R_L)}{r_{be}}$, $R_i = R_1 /\!/ r_{be}$, $R_o = R_2$；(3) 将使 A_u 和 R_o 增大。

2.13 (1) R_P 滑至最下方时 $|A_u|$ 最大；(2) $R_B = 640$ kΩ，即 R_P 滑至中间位置时，$U_{o,max} = 3.79$ V（有效值）；(3) U_S 的最大幅值为 40 mV。

2.14 (1) $R_B \approx 565$ kΩ；(2) $R_L = 1.5$ kΩ。

2.15 (1) $U_{BQ} = 2$ V, $I_{EQ} = 1$ mA, $I_{BQ} = 10$ μA, $U_{CEQ} = 5.7$ V；$r_{be} = 2.73$ kΩ, $\dot{A}_u = -7.7$, $R_i = 3.73$ kΩ, $R_o = 5$ kΩ；(2) R_i 增大，$R_i \approx 4.1$ kΩ；$|\dot{A}_u|$ 减小，$\dot{A}_u \approx -\dfrac{R'_L}{R_F+R_E} \approx -1.92$。

2.17 $I_{BQ} = \dfrac{V_{CC}-U_{BEQ}}{R_1+R_2+(1+\beta)R_C}$, $I_{CQ} = \beta I_{BQ}$, $U_{CEQ} = V_{CC}-(1+\beta)I_{BQ}R_C$；

$\dot{A}_u = -\beta\dfrac{R_2 /\!/ R_3}{r_{be}}$, $R_i = r_{be} /\!/ R_1$, $R_o = R_2 /\!/ R_3$。

2.18 $I_{BQ} = \left(\dfrac{R_3}{R_2+R_3}V_{CC}-U_{BEQ}\right)\Big/[R_2 /\!/ R_3+(1+\beta)R_1]$, $I_{CQ} = \beta I_{BQ}$, $U_{CEQ} = V_{CC}-I_{CQ}R_C+U_{BEQ}$, $\dot{A}_u = \dfrac{\beta R_4}{r_{be}}$, $R_i = R_1 /\!/ \left(\dfrac{r_{be}}{1+\beta}\right)$, $R_o = R_4$。

2.19 (1) $A_{u1} = -1$, $A_{u2} \approx +1$；(2) 波形略。

2.20 (1) $I_{BQ} = 32.3$ μA, $I_{EQ} = 2.61$ mA, $U_{CEQ} = 7.17$ V；(2) $R_L = \infty$ 时，$R_i = 110$ kΩ, $A_u \approx 0.996$，$R_L = 3$ kΩ 时，$R_i = 76$ kΩ, $A_u \approx 0.992$；(3) $R_o = R_e /\!/ \left(\dfrac{R_S /\!/ R_B + r_{be}}{1+\beta}\right) \approx 37$ Ω。

2.21 (1) $I_{BQ} = 31$ μA, $I_{CQ} = 1.86$ mA, $U_{CEQ} = 4.56$ V；$A_u = -95$, $R_i = 952$ Ω, $R_o = 3$ kΩ；(2) 设 $U_S = 10$ mV, $U_i = 3.2$ mV, $U_o = 304$ mV；若 C_3 开路，$U_i = 9.6$ mV, $U_o = 14.4$ mV。

2.22 $I_{BQ1} = 0.1$ mA, $I_{CQ1} = 4.5$ mA, $U_{CEQ1} = 4.7$ V, $I_{BQ2} = 0.45$ mA, $I_{CQ2} = 18$ mA, $U_{CEQ2} = 11$ V；如果 I_{CQ1} 增加 1%，$U_o = 15.9$ V，比原来升高了 0.9 V，约升高 6%。

2.23 (1) C,B；(2) A；(3) A,C；(4) A,B；(5) B,C,A。

2.24 (1) ①、①；(2) ③、①；(3) ③、②。

2.27 $R_{i2} = R_5 /\!/ [r_{be}+(1+\beta_2)(R_6 /\!/ R_L)]$, $R'_L = R_6 /\!/ R_L$, $A_{u1} = -\dfrac{\beta_1(R_3 /\!/ R_{i2})}{r_{be}}$, $A_{u1} = \dfrac{(1+\beta_2)R'_L}{r_{be2}+(1+\beta_2)R'_L}$, $R_i = R_{B1} /\!/ R_{B2} /\!/ r_{be1}$, $R_o = R_6 /\!/ \left(\dfrac{r_{be2}+R_3 /\!/ R_5}{1+\beta_2}\right)$。

2.28 (1) $U_o = 4.59$ V；(2) $A_u = 136.9$。

习题 3

3.1 $f_L = \dfrac{1}{2\pi(R_4+R_L)C_2}$。

习题参考答案

3.2 $\dot{A}_u = \dfrac{A_{um}}{\left(1+\dfrac{10^2}{\mathrm{j}f}\right)\left(1+\mathrm{j}\dfrac{f}{10^7}\right)}$; $20\lg|\dot{A}_{um}|=40$ dB, $f_L=100$ Hz, $f_H=10$ MHz。

3.3 (1) $\dot{A}_{um}=-100, f_L=10$ Hz, $f_H=10^5$ Hz; (2) 频率特性曲线略。

3.4 (1) $\dot{A}_{um}=10^3, f_L=5$ Hz, $f_H=10^4$ Hz; (2) 频率特性曲线略。

3.5 (1) $60, 10^4$; (2) $10, 10$;

(3) $\dot{A}_u = \dfrac{\pm 10^3}{\left(1+\dfrac{10}{\mathrm{j}f}\right)\left(1+\mathrm{j}\dfrac{f}{10^4}\right)\left(1+\mathrm{j}\dfrac{f}{10^5}\right)}$ 或 $\dot{A}_u = \dfrac{\pm 100\mathrm{j}f}{\left(1+\mathrm{j}\dfrac{f}{10}\right)\left(1+\mathrm{j}\dfrac{f}{10^4}\right)\left(1+\mathrm{j}\dfrac{f}{10^5}\right)}$。

说明：该放大电路的中频放大倍数可能为"+"，也可能为"-"。

3.6 $\dot{A}_u \approx \dfrac{-32}{\left(1+\dfrac{10}{\mathrm{j}f}\right)\left(1+\mathrm{j}\dfrac{f}{10^5}\right)}$ 或 $\dot{A}_u \approx \dfrac{-3.2\mathrm{j}f}{\left(1+\mathrm{j}\dfrac{f}{10}\right)\left(1+\mathrm{j}\dfrac{f}{10^5}\right)}$。

3.7 $|\dot{A}_{uSm}|$将减小，因为在同样幅值的$\dot{U}_i$作用下，$|\dot{I}_B|$将减小，$|\dot{I}_C|$随之减小，$|\dot{U}_o|$必然减小；f_L减小，因为少了一个影响低频特性的电容；f_H增大，因为C'_π会因电压放大倍数数值的减小而大大减小，所以虽然C'_π所在回路的等效电阻有所增大，但时间常数仍会减小很多，故f_H增大。

3.8 $f_L \approx \dfrac{1}{2\pi RC_E}, R \approx 20\ \Omega, C_e \approx \dfrac{1}{2\pi R f_L} \approx 133\ \mu F$。

3.9 (1) $f_L = \dfrac{1}{2\pi(R_S+r_{be})} \approx 5.3$ Hz; (2) $f_H=316$ kHz, $\dot{A}_{uSm} \approx -76, 20\lg|\dot{A}_{uSm}|\approx 37.6$ dB。

3.10 (1) $g_m \approx 69.2$ mA/V, $|\dot{A}_{uSm}| \approx -178$; (2) $C_\pi \approx 214$ pF, $C'_\pi \approx 1\,602$ pF; (3) $f_H = \dfrac{1}{2\pi RC'_\pi} \approx 175$ kHz, $f_L = \dfrac{1}{2\pi(R_S+R_i)C} \approx 14$ Hz; (4) $20\lg|\dot{A}_{uSm}| \approx 45$ dB。

3.11 (1) $\dot{A}_{uSm} \approx -23.2$; (2) $f_L=442$ Hz; (3) $f_H=0.63$ MHz。

习题 4

4.2 $I_{C2}=5.65$ mA, $U_{CE2}=6.35$ V;

4.3 (1) $I_{BQ1}=I_{BQ2}=0.01$ mA, $I_{CQ1}=I_{CQ2}=0.5$ mA, $U_{CEQ1}=U_{CEQ2}=4.35$ V; (2) $A_{ud}=-9.8, R_{id}=26$ kΩ, $R_o=10.2$ kΩ。

4.4 (1) 256; (2) -2.3 mV。

4.5 (1) $I_{CQ1}=0.25$ mA, $U_{CEQ1}=5.7$ V; (2) $R_{id}=25.6$ kΩ, $R_o=80$ kΩ; (3) $A_{ud}=-104$; (4) $U_{odm}=2.4$ V。

4.6 (1) $I_{BQ}=5\ \mu A, I_{CQ}=0.5$ mA, $U_{CEQ1}=4.2$ V, $U_{CEQ2}=7.7$ V; (2) $R_{id}=21.2$ kΩ, $R_o=10$ kΩ; (3) $A_{ud}=-23.6$; (4) $A_{uc}=-0.218$; (5) $K_{CMR}=108$。

4.7 (1) $I_{BQ}=6.25\ \mu A, I_{CQ}=0.5$ mA, $U_{CEQ1}=8.2$ V, $U_{CEQ2}=5.7$ V; (2) $R_{id}=34.9$ kΩ, $R_o=$

105 kΩ;(3) $A_{ud}=23$;(4) $A_{uc}=0.34$;(5) $K_{CMR}=68$。

4.8 (1) $I_{EQ1}=I_{EQ2}\approx I_{CQ1}\approx 0.83$ mA,$I_{BQ1}=I_{BQ2}\approx 13.8$ μA,$U_{CEQ1}=U_{CEQ2}=4.4$ V;(2) $A_{ud}=-49.2$;(3) $R_{id}=24.2$ kΩ,$R_o=20$ kΩ;(4) $K_{CMR}\to\infty$。

4.9 (1) $I_{EQ1}=I_{EQ2}=0.5$ mA,$I_{BQ1}=I_{BQ2}=6.3$ μA,$U_{CEQ1}=U_{CEQ2}=7.47$ V;(2) $A_{ud}=44.4$;(3) $R_{id}=9$ kΩ,$R_o=10$ kΩ。

4.10 (1) $U_{C1}=U_{C2}=9$ V;(2) $A_{ud}=110$。

4.11 (1) C_2;(2) C_1;(3) A;(4) B。

4.12 $U_o=1.27$ V;$U_{o1}=0.64$ V。

4.13 (1) -5 V;(2) 10 V;(3) -10 V;(4) 不能,因为$U_{io}>U_{i,max}=1$ V。

4.15 (1) 均为 1 mV;(2) 150 mV;(3) u_{o1}与u_{id}反相,u_{o2}与u_{id}同相;(4)$A_{ud}=999.5$,$A_{uc}=2$,$K_{CMR}=499.8$。

4.16 (1) $I_{BQ}\approx 0.0013$ mA,$I_{CQ}\approx 0.13$ mA,$U_{CQ}=10.32$ V,$U_{BQ}\approx -3.5$ mV;(2) $A_{ud}\approx -40$;(3) $R_{id}=36.1$ kΩ,$R_o=72$ kΩ。

4.17 (1) $I_{CQ1}=I_{CQ2}\approx\frac{1}{2}I_{CQ3}=0.1$ mA,$U_{C1Q}=U_{C2Q}=4.3$ V,$I_{BQ1}=I_{BQ2}\approx I_{CQ1}/\beta\approx 3.3$ μA,$U_{B1Q}=U_{B2Q}=-33$ mV;(2) $A_{ud}\approx -13.47$。

习题 5

5.1 (1) C;(2) D;(3) C;(4) D;(5) E;(6) F;(7) B;(8) A。

5.2 (a) R_B起反馈作用,引入的是电压并联负反馈;
(b) R_E起反馈作用,引入的是电压串联负反馈;
(c) R_E起反馈作用,引入的是电压串联负反馈;
(d) 前级R_3起反馈作用,引入的是电压串联负反馈,后级R_6起反馈作用,引入的是电压串联负反馈,两级之间R_5起反馈作用,引入的是电压串联负反馈。

5.3 (a) 直流负反馈;(b) 交流正反馈;(c) 交直流负反馈,交流负反馈的组态为电压串联负反馈;(d) 交直流反馈,交流反馈的组态为电压串联负反馈;(e) 交直流反馈,交流反馈的组态为电流并联负反馈。

5.4 (1) 局部反馈:R_{E1}引入的是电压串联负反馈,R_{E2}引入的是电压串联负反馈;级间反馈:R_{F1}引入的是电压串联负反馈,R_{F2}引入的是电流并联负反馈;
(2) 如果要求R_{F1}只引入交流反馈,则需将R_{F1}的取样端从电容C_2的正极改接到负极;R_{F2}只引入直流反馈,则应在电阻R_{E2}两端并接上一个电容。(图略)
(3) 由R_{F1}构成的反馈支路只影响电路的动态性能,由R_{F2}构成的反馈支路只起到稳定静态工作点的作用。

5.5 (1) 串联负反馈。可从C_3通过R_{F1}接到B_2;(2) 电流负反馈。可从E_3通过R_{F2}接到B_1;

(3) 直流负反馈。可从 E_3 通过 R_{F2} 接到 B_1，同时在 R_{E3} 两端并联电容；也可从 C_3 通过 R_{F1} 接到 B_2 同时在 B_2 到地之间接上电容。

5.6 (1) 应接 R_F 从 C_3 到 E_1；(2) 应接 R_F 从 C_3 到 B_1。（图略）

5.7 (1) R_{F1} 从 E_2 引回 T_1 基极，构成电流并联负反馈；R_{F2} 从 C_2 引回 T_1 射极构成电压串联负反馈；

(2) R_{E1} 两端并联电容，R_{F2} 支路串联电容。

5.8 (1) 图(a)电路为电压串联负反馈，图(b)电路为电压并联负反馈；(2) 图(a)中引入的电压串联负反馈能够稳定输出电压、提高输入电阻、降低输出电阻；图(b)中引入的电压并联负反馈能够稳定输出电压、降低输入电阻和输出电阻；(3) 图(a)中 $A_{uf}=11$，图(b)中 $A_{uf}=-10$。

5.9 (1) $U_{C1Q}=11.25$ V，$U_{EQ}=-0.7$ V；(2) $U_{C1}=11.19$ V，$U_{C2}=11.31$ V；(3) B_3 应与 C_1 连接；(4) $R_F=9$ kΩ。

5.10 图(a)为电压串联负反馈，$A_{uf}=1+\dfrac{R_2}{R_1}$；图(b)为电压并联负反馈，$A_{uf}=-\dfrac{R_3}{R_2}$；

图(c)为电流串联负反馈，$A_{uf}=-\dfrac{(R_2+R_3+R_5)R_4}{R_2R_5}$；

图(d)为电流并联负反馈，$A_{uf}=-\dfrac{(R_3+R_5)R_4}{R_1R_5}$。

5.11 图(a)为电压串联负反馈，$A_{uf}=\dfrac{U_o}{U_i}=1+\dfrac{R_7}{R_2}$；图(b)为电压并联负反馈，$A_{uf}=-\dfrac{R_7}{R_1}$。

5.12 (1) B；(2) B，C；(3) B。

习题 6

6.1 解题表 6.1 习题 6.1 用表

u_i/V	0.1	0.5	1.0	1.5
u_{o1}/V	−1	−5	−10	−14
u_{o2}/V	1.1	5.5	11	14

6.2 (1) $R_3=R_1 // R_2=5$ kΩ，$R_4=R_5 // R_6=(20/3)$ kΩ；

(2) A_1 组成同相比例电路，$u_{o1}=\left(1+\dfrac{R_2}{R_1}\right)u_{i1}$，$A_2$ 组成的也是同相比例电路，$u_{o2}=\left(1+\dfrac{R_5}{R_6}\right)u_{i2}$，$A_3$ 组成的是差动输入比例电路，$u_o=-\dfrac{R_9}{R_7}(u_{o1}-u_{o2})$；

(3) $u_o=-0.9$ V。

6.3 (1) $u_o=10\left(1+\dfrac{R_2}{R_1}\right)(u_{i2}-u_{i1})$ 或 $10 \cdot \dfrac{R_P}{R_1}(u_{i2}-u_{i1})$；(2) $u_o=100$ mV；

(3) $10 \cdot \dfrac{R_P}{R_{1,\min}}(u_{i2}-u_{i1})=14$, $R_{1,\min}\approx 143\ \Omega$, $R_{2,\max}=R_P-R_{1,\min}\approx 9.86\ \mathrm{k\Omega}$。

6.4 (a) $u_o=-\dfrac{R_F}{R_1}\cdot u_{i1}-\dfrac{R_F}{R_2}u_{i2}+\dfrac{R_F}{R_3}u_{i3}=-2u_{i1}-2u_{i2}+5u_{i3}$;

(b) $u_o=-\dfrac{R_F}{R_1}\cdot u_{i1}+\dfrac{R_F}{R_2}u_{i2}+\dfrac{R_F}{R_3}u_{i3}=-10u_{i1}+10u_{i2}+u_{i3}$;

(c) $u_o=\dfrac{R_F}{R_1}(u_{i2}-u_{i1})=8(u_{i2}-u_{i1})$;

(d) $u_o=-\dfrac{R_F}{R_1}\cdot u_{i1}-\dfrac{R_F}{R_2}u_{i2}+\dfrac{R_F}{R_3}u_{i3}+\dfrac{R_F}{R_4}=-20u_{i1}-20u_{i2}+40u_{i3}+u_{i4}$。

6.5 $u_o=-\dfrac{1}{RC}u_i(t_2-t_1)+u_o(t_1)=-100u_i(t_2-t_1)+u_o(t_1)$

若 $t=0$ 时，$u_o=0$，则 $t=5\ \mathrm{ms}$ 时，$u_o=(-100\times 5\times 5\times 10^{-3})\ \mathrm{V}=-2.5\ \mathrm{V}$
$t=15\ \mathrm{ms}$ 时，$u_o=[-100\times(-5)\times 10\times 10^{-3}+(-2.5)]\ \mathrm{V}=2.5\ \mathrm{V}$。

6.6 (a) $u_M=-R_3\left(\dfrac{u_{i1}}{R_1}+\dfrac{u_{i2}}{R_2}\right)$，$u_o=-\left(R_3+R_4+\dfrac{R_3R_4}{R_5}\right)\left(\dfrac{u_{i1}}{R_1}+\dfrac{u_{i2}}{R_2}\right)$;

(b) $u_o=\left(1+\dfrac{R_5}{R_4}\right)(u_{i2}-u_{i1})$; (c) $u_o=10(u_{i1}+u_{i2}+u_{i3})$。

6.7 (a) 本题是差动输入比例电路，$u_o=-\dfrac{R_2}{R_1}\cdot u_{i1}+\left(1+\dfrac{R_2}{R_1}\right)\cdot u_{i2}$;

(b) 本题是同相求和运算电路，$u_o=u_{i1}+\dfrac{R_2}{R_1}\cdot u_{i2}$;

(c) 本题是积分电路，$u_o=-\dfrac{R_2}{R_1}u_i-\dfrac{1}{R_1C}\int u_i\mathrm{d}t$。

6.8 A_1 组成同相比例电路，$u_{o1}=\left(1+\dfrac{R_2}{R_1}\right)u_{i1}$，$A_2$ 组成差动输入比例电路，由叠加定理得

$$u_o=-\dfrac{R_1}{R_2}u_{o1}+\left(1+\dfrac{R_1}{R_2}\right)u_{i2}=-\dfrac{R_1}{R_2}\left(1+\dfrac{R_2}{R_1}\right)u_{i1}+\left(1+\dfrac{R_1}{R_2}\right)u_{i2}=$$
$$-\dfrac{R_1}{R_2}u_{i1}-u_{i1}+u_{i2}+\dfrac{R_1}{R_2}u_{i2}=\left(1+\dfrac{R_1}{R_2}\right)(u_{i2}-u_{i1})。$$

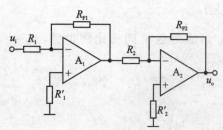

解题图 6.1　习题 6.9 用图

6.9 本题可用两个反相比例电路实现，使 $A_{uf}=-0.5$，$A_{uf}=-1$，如解题图 6.1 所示。图中各电阻参数值可取：

$R_1=100\ \mathrm{k\Omega}$，$R_{F1}=50\ \mathrm{k\Omega}$，$R'_1=R_1//R_{F1}=33.3\ \mathrm{k\Omega}$，
$R_2=R_{F2}=20\ \mathrm{k\Omega}$，$R'_2=R_2//R_{F2}=10\ \mathrm{k\Omega}$。

6.10 (a) $u_o=\dfrac{R_2R_7}{R_1R_5}\cdot u_{i1}-\dfrac{R_7}{R_4}\cdot u_{i2}-\dfrac{R_7}{R_6}u_{i3}$;

(b) $u_o = -\dfrac{R_2 R_4}{R_1 R_3}(u_{i2} - u_{i1}) + 0.5\left(1 + \dfrac{R_4}{R_3}\right)(u_{i3} + u_{i4})$;

(c) $u_o = -\dfrac{1}{R_1 C}\int u_i \mathrm{d}t$; (d) $u_o = -\left(1 + \dfrac{R_2}{R_1}\right)\dfrac{1}{R_4 C}\int u_{i1}\mathrm{d}t - \dfrac{1}{R_5 C}\int u_{i2}\mathrm{d}t$。

6.11 可用两个反相求和电路实现。使 $U_{o1} = -(2U_{i1} + U_{i3})$，$U_o = -(U_{o1} + 0.5U_{i2})$，根据以上关系式，可选择相应的电阻参数值(图略)。

6.12 (1) 带阻滤波器；(2) 带通滤波器；(3) 低通滤波器；(4) 低通滤波器。

6.13 (a) 为一阶高通滤波器；(b) 为二阶高通滤波器；(c) 为二阶带通滤波器；(d) 为二阶带阻滤波器。

6.14 $\dot{A}_{up} = 4$，$20\lg|\dot{A}_{up}| \approx 12$。

6.15 (a) $A_u(s) = -\dfrac{R_2}{R_1 + \dfrac{1}{sC}} = -\dfrac{sR_2 C}{1 + sR_1 C}$，为高通滤波器；

(b) $A_u(s) = \dfrac{R_2 \cdot \dfrac{1}{sC} \Big/ \left(R_2 + \dfrac{1}{sC}\right)}{R_1} = -\dfrac{R_2}{R_1} \cdot \dfrac{1}{1 + sR_2 C}$，为低通滤波器。

6.16 各电路电压传输特性如解题图 6.2 所示。

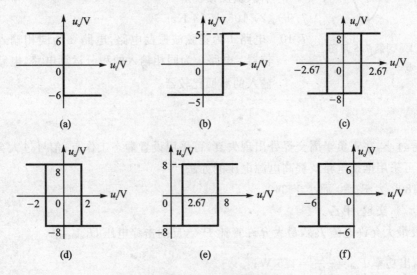

解题图 6.2 习题 6.16 用图

6.18 $u_{o1} = \begin{cases} -6\ \mathrm{V}\ (u_i > 0) \\ 6\ \mathrm{V}\ (u_i < 0) \end{cases}$ $u_{o2} = -8\sin\omega t\ \mathrm{V}$

图(c)所示为反相输入滞回比较器，$\pm U = \pm 2.5\ \mathrm{V}$；$u_{o4} = 10\cos\omega t\ \mathrm{V}$。

习题 7

7.1　(1) A；(2) B；(3) C。

7.2　(a) 不能；(b) 可能；(c) 不能；(d) 可能；(e) 不能；(f) 可能。

7.3　(1) 增大；(2) $\dfrac{1}{2\pi RC}$；(3) 为零；(4) 失真。

7.4　(1) 集成运放的同相输入端和反相输入端互换；
　　(2) 选频网络串联的 RC 和并联的 RC 互换；
　　(3) 将 D_1 或 D_2 反接。

7.5　u_{o1}、u_{o2} 和 u_{o3} 的波形如解题图 7.1 所示。

7.6　(a) 变压器原边上端和副边上端为同名端；(b) 变压器原边下端和副边上端为同名端。

7.7　(1) A,C；　(2) B,C。

7.8　A_1 为上"－"下"＋"，因为它组成滞回比较器，需引入正反馈；A_2 也为上"－"下"＋"，因为它组成积分运算电路，需引入负反馈。

7.9　(2) 105～753 Hz。

7.10　电路 1 为正弦波振荡电路，电路 2 为同相输入的过零比较器，电路 3 为同相输入的积分运算电路，电路 4 为反相输入的滞回比较器。

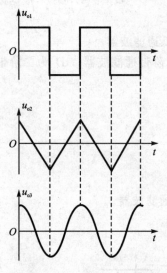

解题图 7.1　习题 7.5 用图

习题 8

8.2　若信号过小,在正负半周交界处出现失真,可采用设置静态工作点；信号过大会出现截止失真,可采用推挽电路及提高电源电压的办法。

8.3　360°,180°,大于 180°而小于 360°。

8.5　效率,π/4,交越,甲乙。

8.6　集电极最大允许电流 I_{CM}，最大允许管耗 P_{CM}，反向击穿电压 $U_{(BR)CEO}$。

8.7　(1) 输出功率 $P_{om} = \dfrac{V_{CC}^2}{2R_L} = 4.5\ \text{W}$；

　　(2) 每管允许的管耗 $P_{T_1} \geqslant 0.2 V_{CC} = 0.9\ \text{W}$；

　　(3) 每管的耐压 $U_{(BR)CEO} \geqslant 2V_{CC} = 24\ \text{V}$。

8.8　(1) $V_{CC} \geqslant \sqrt{2R_L P_{om}} = 12\ \text{V}$；

　　(2) $I_{CM} \geqslant \dfrac{V_{CC}}{R_L} = 1.5\ \text{A}$，

$U_{(BR)CEO} \geqslant 2V_{CC} = 24$ V；

(3) $P_V = 2V_{CC} \cdot I_{C(AV)} = \dfrac{2V_{CC}^2}{\pi R_L} = 11.46$ W；

(4) $P_T \geqslant 0.2 P_{om} = 1.8$ W；

(5) $U_i \approx U_o \approx V_{CC}/\sqrt{2} \approx 8.49$ V。

8.9 (1) $U_i = 10$ V 时

$P_o = 12.25$ W；$P_T = 2P_{T1} = 10.04$ W；$P_V = 22.29$ W；$\eta \approx 54.96\%$；

(2) $U_{im} = V_{CC} = 20$ V 时

$P_o = 25$ W；$P_T = 2P_{T1} \approx 6.85$ W；$P_V = 31.85$ W；$\eta \approx 78.5\%$。

8.10 由 $P_{om} = \dfrac{V_{CC}^2}{8R_L}$，得：$V_{CC} \geqslant \sqrt{8R_L P_{om}} = 24$ V。

8.11 (1) $U_{C2} = (1/2)V_{CC} = 6$ V，调整 R_1 或 R_3 可满足这一要求；

(2) 若 u_o 出现交越失真，可增大 R_2；

(3) 若 D_1、D_2 或 R_2 中与一个开路，则由于 T_1、T_2 的静态功耗为：$P_{T1} = P_{T2} = \beta I_B U_{CE} = \beta \cdot \dfrac{V_{CC} - 2U_{BE}}{R_1 + R_3} \cdot \dfrac{V_{CC}}{2} = 1\,156$ mW，即 $P_{T1} = P_{T2} \geqslant P_T$，所以会烧坏功放管。

8.12 (a) 不合理。前级管的输出电流与后级管的输入电流实际方向不一致。

(b) 不合理。电流不能构成通路。

(c) 合理。NPN 型。各引脚如图所示。

(d) 不合理，三极管不能与场效应管复合。

习题 9

9.1 (1) 18 V；(2) $I_o/2$；(3) $2\sqrt{2}U_2$；

(4) 无波形且变压器或整流管损坏；

(5) 只有半周波形。

9.2 (1) u_2、i_{D1}、i_{D2}、u_o 的波形如解题图 9.1 所示。

(2) $U_{o(AV)} = \dfrac{2\sqrt{2}}{\pi}U_2 \approx 0.9U_2$，$I_{D(AV)} = \dfrac{1}{2} \cdot \dfrac{U_{o(AV)}}{R_L}$，$U_{RM} = 2\sqrt{2}U_2$。

9.3 (1) 当 u_i 为正半周时，u_{21} 和 u_{22} 的极性都是上正下负，u_{21} 使二极管 D_1 导通，在 R_{L1} 上形成正向电压 u_{o1}；u_{22} 使二极管 D_3 导通，在 R_{L2} 上形成负向电压 $-u_{o1}$；当 u_i 为负半周时，u_{21} 和 u_{22} 的极性都是上正下负，u_{21} 使二极管 D_4 导通，在 R_{L2} 上形成负向电压 $-u_{o2}$；u_{22} 使二极管 D_2 导通，在 R_{L1} 上形成正向电压 u_{o2}。依此可画出 u_{o1}、u_{o2} 的波形（略）。

(2) $U_{o1(AV)} = 9$ V，$U_{o2(AV)} = -9$ V；

(3) $I_{D(AV)} = \dfrac{4.5}{R_L}$ A，$U_{RM} = 2\sqrt{2}U_2 = 28.28$ V。

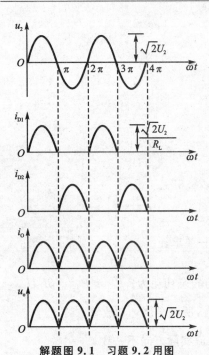

解题图 9.1 习题 9.2 用图

9.4 （1）选用电感滤波。在负载电流很大，负载电阻很小，而纹波要求不高的条件下，多选用电感滤波。在一些大功率电源设备和一些三相可控和不可控整流电路中，大都采用电感滤波；

（2）选用电容滤波电路。因为本题要求的负载电流较小且固定，R_L 也较大，纹波要求一般，所以选用简单的电容滤波。由于本题对直流损耗有要求，为减小损耗故不选 $RC-\pi$ 型滤波；

（3）选用 LC 滤波电路。由于本题要求负载电流可变，负载电阻值较小，而对纹波要求也不高，所以选用负载适应性较强的 LC 滤波器。因为电感上无直流压降，所以可减小 U_2 的电压值；

（4）选用 $RC-\pi$ 型滤波电路。由于本题要求负载电流较小且固定不变，而且对直流损耗要求不严格，所以选用 $RC-\pi$ 型滤波电路。因为这种滤波电路虽然 R 上有直流损耗，但纹波系数较低，只是外特性较软，能满足上述要求。

9.5 （1）$U_{o(AV)}=1.2\,U_2=12$ V；（2）如果 $U_{o(AV)}=9$ V，说明滤波电容开路，只输出桥式整流后的电压；如果 $U_{o(AV)}=4.5$ V，说明不仅电容开路，而且桥式整流电路中，有一个二极管断开，只能进行半波整流所得的输出电压。

9.6 $U_{i,max}\approx 11$ V，$U_{i,min}=9.25$ V，因此，输入电压 U_i 允许的变化范围为 $9.25\sim 11$ V。

9.7 （1）$R=150\sim 280\ \Omega$；（2）不能开路，因为当输入电压最高时，稳压管的电流约为 41 mA，大于其最大稳定电流 40 mA，所以稳压管有可能因管耗过大而损坏。

9.8 （1）$U_{i(AV)}=1.2\,U_2=24$ V；（2）当 $R_L=1\,000\ \Omega$ 时，I_Z 最大；当 $R_L=400\ \Omega$ 时，I_Z 最小；根据 $\dfrac{U_{i(AV)}-U_o}{I_{Z,max}+I_{L,min}}<R<\dfrac{U_{i(AV)}-U_o}{I_{Z,min}+I_{L,max}}$，可求得 $389\ \Omega<R<467\ \Omega$。

9.9 连接后的电路如解题图 9.2 所示。

9.10 （1）$U_2=\dfrac{U_i}{1.2}=\left(\dfrac{30}{1.2}\right)$ V $=25$ V；（2）$U_{o,max}=\left(\dfrac{0.5+0.5+1}{1}\times 12\right)$ V $=24$ V，$U_{o,min}=\left(\dfrac{0.5+0.5+1}{0.5+1}\times 12\right)$ V $=16$ V；（3）经分析可知，本题中最大管耗应发生在输出电压最小时，其值为：$P_{C,max}=(U_i-U_{o,min})\cdot\dfrac{U_{o,min}}{R_L}=\left[(30-16)\times\dfrac{16}{48}\right]$ W $=4.67$ W。

9.11 （1）上"−"下"＋"；（2）$U_Z=5$ V，$R_2=300\ \Omega$。

9.12 （1）$R_2\approx 610\ \Omega$；（2）$U_{i,min}=28$ V。

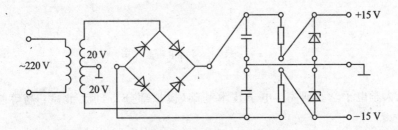

解题图 9.2 习题 9.9 用图

9.14 **参阅例题 8.5。**

9.15 $5\text{ V} \leqslant U_\circ \leqslant 38\text{ V}$。

9.16 (1) $R_4 = 600\ \Omega$;(2) $R_{\text{w,max}} = 900\ \Omega$;(3) $U_{(\text{in-out}),\max} = 37\text{ V}$。

9.17 $9\text{ V} \leqslant U_\circ \leqslant 18\text{ V}$。

参考文献

[1] 华中理工大学电子学教研室. 电子技术基础(模拟部分). 4版. 北京：高等教育出版社，1999.
[2] 童诗白. 模拟电子技术基础. 3版. 北京：高等教育出版社，2003.
[3] 陈大钦. 模拟电子技术基础. 2版. 北京：高等教育出版社，2000.
[4] 杨素行. 模拟电子技术基础简明教程. 2版. 北京：高等教育出版社，1997.
[5] 王远. 模拟电子技术. 北京：机械工业出版社，1994.
[6] 华成英. 电子技术. 北京：中央广播电视大学出版社，1996.
[7] 宋学君. 模拟电子技术. 北京：科学出版社，2003.
[8] 西安交通大学电子学教研室. 电子技术导论(上、下册). 北京：高等教育出版社，1999.
[9] 冯民昌. 模拟集成电路基础. 北京：中国铁道出版社，1991.
[10] 任为民. 计算机电路基础(2). 北京：中央广播电视大学出版社，2001.
[11] 奏世才，贾香鸢. 模拟集成电子学. 天津：天津科学技术出版社，1996.
[12] 张虹. 电路与电子技术. 北京：北京航空航天大学出版社，2006.
[13] 赵不贿. 在系统可编程器件与开发软件. 北京：机械工业出版社，2001.
[14] 刘蒙仁. 用ISP器件设计现代电路与系统. 西安：西安电子科技大学出版社，2002.
[15] 李国洪，沈明山. 可编程器件EDA技术与实践. 北京：机械工业出版社，2004.
[16] Lattice Semiconductor Corporation. ISP PAC Handbook. Version 1(2)，2000.

相关教材推荐书目

书　名	书　号	定价/元
电路与电子技术(第2版)*	ISBN 978-7-81077-965-4	33.00
电路与电子技术学习和实验实习指导(第2版)	ISBN 978-7-81077-985-2	24.00
数字电路与数字逻辑	ISBN 978-7-81124-014-6	26.00(估)
模拟电子技术	ISBN 978-7-81124-024-5	32.00
电路分析	ISBN 978-7-81124-034-4	27.00(估)

注：* 为普通高等教育"十一五"国家级规划教材。